Peter Wiedemann

Vorsorgeprinzip und Risikoängste

Peter Wiedemann

Vorsorgeprinzip und Risikoängste

Zur Risikowahrnehmung
des Mobilfunks

Bibliografische Information der Deutschen Nationalbibliothek
Die Deutsche Nationalbibliothek verzeichnet diese Publikation in der
Deutschen Nationalbibliografie; detaillierte bibliografische Daten sind im Internet über
<http://dnb.d-nb.de> abrufbar.

1. Auflage 2010

Alle Rechte vorbehalten
© VS Verlag für Sozialwissenschaften | GWV Fachverlage GmbH, Wiesbaden 2010

Lektorat: Katrin Emmerich / Sabine Schöller

VS Verlag für Sozialwissenschaften ist Teil der Fachverlagsgruppe
Springer Science+Business Media.
www.vs-verlag.de

Das Werk einschließlich aller seiner Teile ist urheberrechtlich geschützt. Jede Verwertung außerhalb der engen Grenzen des Urheberrechtsgesetzes ist ohne Zustimmung des Verlags unzulässig und strafbar. Das gilt insbesondere für Vervielfältigungen, Übersetzungen, Mikroverfilmungen und die Einspeicherung und Verarbeitung in elektronischen Systemen.

Die Wiedergabe von Gebrauchsnamen, Handelsnamen, Warenbezeichnungen usw. in diesem Werk berechtigt auch ohne besondere Kennzeichnung nicht zu der Annahme, dass solche Namen im Sinne der Warenzeichen- und Markenschutz-Gesetzgebung als frei zu betrachten wären und daher von jedermann benutzt werden dürften.

Umschlaggestaltung: KünkelLopka Medienentwicklung, Heidelberg
Druck und buchbinderische Verarbeitung: Rosch-Buch, Scheßlitz
Gedruckt auf säurefreiem und chlorfrei gebleichtem Papier
Printed in Germany

ISBN 978-3-531-17027-5

Inhalt

Verzeichnis: Tabellen 9
Verzeichnis: Abbildungen 11
Einleitung 13
1   Risiko und Risikoregulation 17
    1.1   Risiko 17
    1.2   Risikoabschätzung und Risikobewertung 19
    1.3   Risikomanagement 22
    1.4   Risikokommunikation 25
2   Instrumente des Risikomanagements 27
    2.1   Grenzwerte 27
    2.2   Vorsorge 29
        2.2.1   Vorsorge und Gefahrenabwehr 30
        2.2.2   Vorsorge und Prävention 31
        2.2.3   Vorsorge und andere Vorsichtsmaßnahmen ... 31
3   Das Regelwerk der Vorsorge 33
    3.1   Operationalisierung von Vorsorge 33
    3.2   Entscheidung für Vorsorge 36
    3.3   Auswahl von Vorsorgeoptionen 37
    3.4   Evaluation von Vorsorgemaßnahmen 38
    3.5   Kooperations- und Konsensverfahren bei der Risikoregulation 39
4   Das Beispiel: EMF des Mobilfunks 43
    4.1   Regulationskontext 43
    4.2   Gesetzliche Grundlagen 44
    4.3   Risikoabschätzung 45
    4.4   Risikobewertung 47
    4.5   Risikomanagement 50
    4.6   Risikokommunikation 52
    4.7   Zusammenfassung und Bewertung 53

5	Vorsorge beim Mobilfunk	55
5.1	Risikobewertung und Vorsorgeoptionen	55
5.2	Gesundheitsschutzbezogene Maßnahmen	57
5.3	Prozessbezogene Maßnahmen	60
5.4	Forschungsbezogene Maßnahmen	63
5.5	Zusammenfassung	64
6	Risikokommunikation als Gegenstand wissenschaftlicher Forschung	65
6.1	Definitorische Abgrenzungen	65
6.2	Modelle und Theorien der Risikokommunikation	67
7	Befunde der Forschung zur Risikowahrnehmung	75
7.1	Intuitive Risikobewertung	75
7.2	Schwierigkeiten beim Verständnis von Risikoinformation	79
7.3	Schwierigkeiten beim Verständnis von Unsicherheit	82
7.4	Bedingungen und Korrelate der Wahrnehmung von Risiko und Unsicherheit	84
7.4.1	Biases und Heuristiken	84
7.4.2	Stigmatisierung	86
7.4.3	Risiko-Stories	87
7.4.4	Risiko-Verstärkung	89
7.5	Risikowahrnehmung und Mobilfunk	90
8	Ableitung der Forschungsstrategie zur Vorsorge	95
9	Interindividuelle Unterschiede bei der EMF-Risikowahrnehmung	97
9.1	Einleitung	97
9.2	Fragestellungen	100
9.3	Untersuchungsansatz	100
9.4	Stichprobe	101
9.5	Ergebnisse	103
9.5.1	Soziodemographische Differenzen	103
9.5.2	Gruppenanalyse	104
9.5.3	Risikoeinstellung, Engagement und subjektive Betroffenheit	108
9.5.4	Risikorelevante Einstellungen und Überzeugungen in den Gruppen	110
9.6	Diskussion	129

Inhalt 7

10	Vorsorge und Risikowahrnehmung (Studie 2)	135
10.1	Einleitung	135
10.2	Fragestellungen	136
10.3	Untersuchungsansatz	137
10.4	Stichprobe	137
10.5	Studienteil A: Conjoint-Analyse	138
10.5.1	Vorgehensweise	138
10.5.2	Ergebnisse	140
10.6	Studienteil B: Information über den SAR-Wert und Risikowahrnehmung	144
10.6.1	Vorgehensweise	144
10.6.2	Ergebnisse	145
10.7	Diskussion	148
11	Vorsorge und Risikowahrnehmung (Studie 3)	151
11.1	Einleitung	151
11.2	Fragestellungen	152
11.3	Untersuchungsansatz	153
11.4	Experiment A	153
11.4.1	Vorgehensweise	153
11.4.2	Stichprobe	155
11.4.3	Ergebnisse	155
11.5	Experiment B	157
11.5.1	Vorgehensweise	157
11.5.2	Stichprobe	158
11.5.3	Ergebnisse	159
11.6	Diskussion	160
12	Vorsorge und Risikowahrnehmung (Studie 4)	165
12.1	Einleitung	165
12.2	Fragestellungen	166
12.3	Untersuchungsansatz	167
12.4	Vorgehensweise	169
12.5	Stichprobe	169
12.6	Ergebnisse	170
12.6.1	Vorsorgemaßnahmen und Risikowahrnehmung	170
12.6.2	Thematisierung von Unsicherheit und Risikowahrnehmung	172
12.7	Diskussion	174

13	Vorsorge und Beteiligung (Studie 5)	177
	13.1 Einleitung	177
	13.2 Fragestellungen	178
	13.3 Untersuchungsansatz	180
	13.4 Stichprobe	182
	13.5 Ergebnisse	183
	13.6 Diskussion	186
14	Zusammenfassende Diskussion und Schlussfolgerungen	189
15	Literatur	201
16	Anhang: Fragebogen zu Studie 1	223
17	Anhang: Materialien zu Studie 2	242
18	Anhang: Fragebogen zu Studie 3	250
19	Anhang: Fragebogen zu Studie 4	256
20	Anhang: Textbausteine und Fragebogen zu Studie 5	259
21	Fragebogen	268

Verzeichnis: Tabellen

Tabelle 1: Risikoabschätzung und Risikobewertung der SSK von 2001 49
Tabelle 2: Ausgewählte Vorsorgeforderungen 55
Tabelle 3: Gesundheitsbezogene Vorsorgestrategien 59
Tabelle 4: Idealtypische Schwerpunkte der Kommunikation über Hazard und Risiko 66
Tabelle 5: Probleme der Risikokommunikation 68
Tabelle 6: Gruppeneinteilung 106
Tabelle 7: Geschlechterverteilung in den Gruppen 106
Tabelle 8: Handybesitz in den Gruppen 107
Tabelle 9: Wohnen in der Nähe einer Basisstation 108
Tabelle 10: Argumente in der aktuellen Diskussion um Mobilfunkrisiken 118
Tabelle 11: Informationsszenarien in den Varianten „Warnen" und „Entwarnen" 122
Tabelle 12: Bildungsabschlüsse der Pbn (N=240) 138
Tabelle 13: Merkmale und Merkmalsausprägungen für die Conjoint-Analyse 139
Tabelle 14: Beispielprofile 139
Tabelle 15: Ergebnisse der Conjoint-Analyse (aggregierte Nutzenwerte) 142
Tabelle 16: Gewichte der Merkmale in den Gruppen „Unbesorgte", „Besorgte", und „Unsichere" 143
Tabelle 17: Im Experiment verwendete Texte 145
Tabelle 18: Textbausteine Experiment A 154
Tabelle 19: Textbausteine Experiment B 158
Tabelle 20: Textbausteine Faktor „Vorsorgemaßnahmen" 168
Tabelle 21: Textbausteine Faktor „Unsicherheit der Angemessenheit der Schutzmaßnahmen" 168
Tabelle 22: Merkmale der Stichproben 170
Tabelle 23: Beispiel Textbaustein zur Kombination A2B2 181
Tabelle 24: Ergebnisse der Krusal-Wallis-Tests für die beiden experimentellen Bedingungen 183

Verzeichnis: Abbildungen

Abbildung 1: Übersicht zu Vorsorgeoptionen ... 58
Abbildung 2: HAPA-Modell nach Schwarzer et al. (2003) ... 73
Abbildung 3: Dauer der Handynutzung von Handybesitzern ... 102
Abbildung 4: Platzierung im rotierten Hauptkomponentenraum ... 105
Abbildung 5: Boxplot der Altersverteilung für die drei Gruppen ... 107
Abbildung 6: Risikoeinstellung und Vertrauen/Misstrauen ... 109
Abbildung 7: Engagement und subjektive Betroffenheit ... 110
Abbildung 8: Subjektive Einschätzung des Informationsstandes ... 111
Abbildung 9: Glaubwürdigkeit von Informationsquellen ... 113
Abbildung 10: Glaubwürdigkeit bzgl. Sicherheit des Mobilfunks ... 114
Abbildung 11: Glaubwürdigkeit bzgl.Technik des Mobilfunks ... 115
Abbildung 12: Glaubwürdigkeit bzgl. Einhaltung der Grenzwerte ... 116
Abbildung 13: Risikowahrnehmung aktueller Risikothemen ... 117
Abbildung 14: Mittelwerte für Überzeugungskraft der Argumente ... 120
Abbildung 15: Überzeugungskraft von Argumenten für Gruppen ... 121
Abbildung 16: Bereitschaft zur Veränderung der Risikoeinschätzung ... 124
Abbildung 17: Bereitschaft zur Erhöhung der Risikoeinschätzung ... 125
Abbildung 18: Bereitschaft zur Verminderung der Risikoeinschätzung ... 126
Abbildung 19: Bereitschaft der Besorgten zur Risikoerhöhung ... 127
Abbildung 20: Bereitschaft der Unsicheren zur Risikoerhöhung ... 128
Abbildung 21: Bereitschaft der Unbesorgten zur Risikoerhöhung ... 129
Abbildung 22: Platzierung im rotierten Hauptkomponentenraum ... 141
Abbildung 23: Verteilung der Sicherheitsurteile der SAR-Werte ... 146
Abbildung 24: Sicherheitsurteile unter den drei Bedingungen ... 147
Abbildung 25: Sicherheitsurteile von SAR-Werten ... 148
Abbildung 26: Ergebnisse von Experiment A ... 156
Abbildung 27: Ergebnisse von Experiment B ... 160
Abbildung 28: Wirkung der Information von Vorsorgemaßnahmen ... 171
Abbildung 29: Wirkung der Nennung von Vorsorgemaßnahmen ... 172

Abbildung 30:	Wirkung der Thematisierung von Unsicherheit	173
Abbildung 31:	Einfluss der Faktors „Information"	184
Abbildung 32:	Einfluss des Faktors „Beteiligung"	185
Abbildung 33:	Mittelwerte und 95%-Konfidenz-Intervalle	186

Einleitung

Technologie und Hightech-Produkte brauchen Akzeptanz. An dieser Binsenweisheit kommt keiner vorbei, wie das gescheiterte Versenken der Brent Spar, der berühmte Elchtest mit der A-Klasse von Daimler und der gegenwärtige Umgang mit der Biotechnologie und Gen-Food zeigen. Selbst Wissenschaftszweige wie die Stammzellforschung können in Bedrängnis kommen, wenn sie in der Öffentlichkeit auf Vorbehalte stoßen.

Wird die politische Tragweite fehlender Akzeptanz ignoriert oder unterschätzt, drohen ökonomisch relevante Konsequenzen. Beispiele dafür sind Konsumboykotte oder schmerzhafte politische Eingriffe in den unternehmerischen Handlungs- und Entscheidungsspielraum etwa durch Auflagen für Produktion oder Vermarktung. Vertrauens-, Glaubwürdigkeitsverluste und Imageschäden können folgen.

Ein Kernpunkt ist dabei das Risiko: Seit Ulrich Becks „Risikogesellschaft"[1] wissen wir um diesen unsichtbaren Gefährten des technischen Fortschritts. Risiko ist die Brille durch welche die Gesellschaft jede neue Technologie betrachtet. Dabei werden auch „Risiken" diskutiert, für die noch gar nicht geklärt ist, ob sie überhaupt Risiken sind.

Dieser Risikotypus steht im Weiteren im Mittelpunkt. Hier sind die Kontroversen oftmals besonders heftig. Deshalb suchen die Politik, aber auch Unternehmen und andere Beteiligte besonders angestrengt nach Lösungen: Was tun, um Akzeptanz zu erreichen? Dabei spielte der Vorsorgegedanke eine wichtige Rolle. Allerdings wird Vorsorge selbst kontrovers diskutiert. Worum geht es dabei?

In einem Roman von Jean Paul lässt Schulmeisterlein Wuz aus Auenthal bei Reisen immer einen zweiten Postwagen hinterher fahren, beladen mit Arm- und Beinschienen, Binden und medizinischen Geräten aller Art, um auch wirklich auf alle Risiken einer Reise vorbereitet zu sein.[2] Dieses Bild illustriert, warum Opponenten des Vorsorgeprinzips dieses Prinzip und damit die Risikomüdigkeit

---

1 Beck, U.: Risikogesellschaft. Auf dem Weg in eine andere Moderne, Suhrkamp, Frankfurt/M. 1986
2 Ich verdanke die Fundstelle Peter Menke-Glückert: Thesen globaler Risiko-Ethik. In: Markert, B. & Konschak, R. (Hrsg.): Mögliche Wege zu einem gesellschaftsfähigen Ethik-Konsens. Was können Hochschulen leisten? Peter Lang, Frankfurt/M, 2003

unserer Gesellschaft beklagen. Sie versuchen uns klar zu machen, dass das größte Risiko eben das Nicht-Eingehen von Risiken ist. Risiko – so ihr Credo – ist ein Wagniskapital, das für die Zukunftsvorsorge unerlässlich ist. Dem widersprechen – wie sollte es auch anders sein – die Befürworter der Vorsicht. Wissenschaft und Technik werden hier vor allem als Risikoerzeuger betrachtet, die uns alle in ihre Experimente verwickeln, deren Ausgang ungewiss ist. Der Wahlspruch lautet deshalb „Weniger Risiko, mehr Vorsicht".

Und genau hier setzt die vorliegende Arbeit an. Im Mittelpunkt steht die Frage, ob die Verfahren, die in Bezug auf die Vorsorge vor den möglichen Gefahren implementiert oder vorgeschlagen werden, auch das erreichen, was sie erreichen sollten: Die Diskussion zu versachlichen und das Vertrauen in das Risikomanagement zu stärken. Es geht um die Kommunikation über Vorsorge und deren Wirkungen: Wie wirken sich Informationen über vorsorgende Maßnahmen zum Schutz vor möglichen, aber eben nicht nachgewiesenen Risiken aus? Wirken sie beruhigend oder sorgen sie selbst für Aufregung?

Zu diesen Fragen werden im Weiteren experimentelle und quasi-experimentelle Arbeiten[3] vorgestellt, die eine zusammenfassende Schlussfolgerung darüber erlauben, ob Vorsorgestrategien helfen Risikobefürchtungen abzubauen. Damit trägt die vorliegende Arbeit zu einer evidenzbasierten Risikokommunikation bei, die ihre Verfahren und Botschaften nicht nur auf guten Absichten gründet, sondern sorgfältig überprüft: Wird das, was erreicht werden soll, auch wirklich erreicht? Denn, um mit Sherlock Holmes zu sprechen: "It is a capital mistake to theorise before you have all the evidence. It biases the judgement."[4]

---

3 Wiedemann, P.M, & Schütz, H. (2005). The Precautionary Principle and Risk Perception: Experimental Studies in the EMF Area. Environmental Health Perspectives, 113, 402-405.
Wiedemann, P. M.; Schütz, H.; Sachse, K.; Jungermann, H. (2006): SAR-Werte von Mobiltelefonen. Sicherheitsbewertung und Risikowahrnehmung Bundesgesundheitsblatt, Gesundheitsforschung, Gesundheitsschutz, 49), 2, 211 – 216.
Wiedemann, P.M.; Schütz, H.; Thalmann, A.; Grutsch, M. (2006) Mobile Fears? – Risk Perceptions Regarding RF EMF. In: C. del Pozo, D. Papameletiou, P. Wiedemann, P. Ravazzani, (Eds.) Risk Perception and Risk Communication: Tools, Experiences and Strategies in Electromagnetic Fields Exposure.Roma: Servizio Pubblicazioni e Informazioni e Scientifiche, 2006, 35- 47.
Wiedemann, P.M., Thalmann, A.T., Grutsch, M.A., Schütz, H. (2006). The Impacts of Precautionary Measures and the Disclosure of Scientific Uncertainty on EMF Risk Perception and Trust. Journal of Risk Research, 9, 361-372.
Wiedemann, P.M., Schütz, H., Clauberg, M. (2007): Risk Perception and Information about Mobile Phone SAR Values. Bioelectromagnetics, accepted for publication.
Wiedemann.P.M. & Schütz, H. (2007): Information and Participation in the Siting of Mobile Communication Base Stations: What works? Health, Risk and Society, manuscript submitted
4 Doyle, Sir A. C. (1979): A study in scarlet Longman: London. 156pp

Einleitung

Der vorliegenden Arbeit liegt folgende Gliederung zugrunde: Im Kapitel über Risiko und Risikoregulation wird eine Einführung in die Risikothematik gegeben. Darüber hinaus werden die Kernbegriffe definiert und die Grundlagen des Risikomanagements erläutert. Im anschließenden Kapitel geht es um die Optionen und Instrumente des Risikomanagements. Im Mittelpunkt stehen das Grenzwertkonzept und das Vorsorgeprinzip, das im Kapitel „Regelwerk der Vorsorge" genauer erläutert wird. Es geht dabei um die Frage, wann man sich auf Grund welcher Anlässe für welche Art der Vorsorge entscheiden sollte. Diskutiert wird auch, wie Vorsorgemaßnahmen sich evaluieren lassen.

Schließlich wird das Beispielsrisiko, auf das sich die vorliegende Arbeit bezieht – die elektromagnetischen Felder (EMF) des Mobilfunks und ihre befürchteten Auswirkungen auf die Gesundheit – vorgestellt. Es wird dargestellt, warum es sich um ein undeutliches, d.h. vermutetes, aber eben nicht bewiesenes Risiko handelt und wie die gegenwärtige Risikoregulation aufgebaut ist. Dabei geht es auch um die Risikokommunikation. Im Mittelpunkt steht, zu welchen Aspekten und für welche Fragen Risikokommunikation geleistet werden sollte.

Das darauf folgende Kapitel behandelt die Anwendung des Vorsorgeprinzips auf die elektromagnetischen Felder des Mobilfunks. Hier werden die verschiedenen Varianten vorgestellt, die im Zusammenhang mit dem Mobilfunk diskutiert und praktiziert werden. Es wird herausgearbeitet, dass es bislang nicht erforscht ist, welche Wirkungen Informationen über Vorsorge entfalten können.

Anschließend wird in die Forschung zur Risikokommunikation eingeführt. Zuerst geht es um einen Überblick zu den Modellen und Theorien der Risikokommunikation. Daran schließt sich ein Kapitel zu den Befunden der Forschung zur Risikokommunikation an. Adressiert wird auch die Risikokommunikation zu EMF.

Das anschließende Kapitel erläutert die eigene Forschungsstrategie und gibt einen Überblick über die nachfolgenden eigenen empirischen Arbeiten zur Vorsorge. Danach werden in fünf Kapiteln diese Arbeiten im Einzelnen dargestellt.

Zuerst geht es um die interindividuellen Unterschiede bezüglich psychologischer Determinanten und Korrelate der Risikowahrnehmung zum Mobilfunk. Im Mittelpunkt stehen dabei die risikorelevanten Überzeugungen und Einstellungen sowie die Bereitschaft zur Veränderung der Risikoeinschätzung angesichts möglicher neuer wissenschaftlicher Einschätzungen des Mobilfunkrisikos. Anders ausgedrückt: Unter welchen Umständen wären die Befragten bereit, ihre Risikowahrnehmungen zu verändern?

Die zweite Studie befasst sich mit Information über Vorsorge beim Handy. Dabei geht es um den SAR-Wert, der die maximale Sendeleistung eines Handys angibt, die in Form von Energie im Kopf einer telefonierenden Person aufgenommen werden kann. Zum vorsorglichen Schutz vor dieser Belastung hat das Bundesamt für Strahlenschutz zusätzlich zur Grenzwertregelung einen Vorsorgewert festgelegt, unter dem strahlungsarme Handys liegen sollten. Zuerst wird untersucht, ob Konsumenten diese Information über die Unterschreitung des Vorsorgewerts als kaufrelevantes Merkmal einschätzen und wie sie den SAR-Wert gegenüber anderen Merkmalen wie Preis, Ausstattung und Design bewerten. Im zweiten Teil wird untersucht, ob der Vorsorgewert die Risikowahrnehmung beeinflusst. Vereinfacht und zugespitzt: Schätzt eine Person, die weiß, dass ihr Handy einen SAR-Wert hat, der unter dem Vorsorgewert liegt, ihr Handy als sicherer ein als eine Person, die nicht über diese Information verfügt?

Die dritte und vierte Studie befassen sich mit der Bewertung von Informationen über Vorsorge bezüglich der Basisstationen des Mobilfunks. Bei der dritten Studie geht es dabei um verschiedene expositionsmindernde Maßnahmen. Ziel ist es, herauszufinden, ob solche Informationen das Vertrauen in das Risikomanagement steigern und somit die Risikowahrnehmung reduzieren? Konkret: Wirkt die Information, dass bei der Wahl von Basisstationen für den Mobilfunk, z.B. Bereiche mit Kindergärten oder Schulen ausgespart bleiben, sich angstreduzierend aus?

In der fünften Studie geht es schließlich um die Frage, ob partizipative Verfahren, d.h. verschiedene Formen des Einbezugs der Anwohner in die Standortfindung einer Basisstation, Einfluss auf Vertrauen in das Risikomanagement, Risikowahrnehmung sowie auf die Konfliktlösung haben.

Im Abschlusskapitel werden diese Studien zusammenfassend interpretiert und Schlussfolgerungen für eine evidenzbasierte Vorsorge- und Risikokommunikation gezogen. Denn: „Risk communication is not just a matter of good intentions and a thoughtful analysis of motivations. Risk messages must be understood by the recipients, and their impacts and effectiveness must be understood by communicators. To that end, it is not longer appropriate to rely on hunches and intuitions regarding the details of message formulation." (Morgan und Lave, 1990, 358).

1 Risiko und Risikoregulation

1.1 Risiko

In erster Annäherung ist Risiko ein Erwartungskonzept – es bezieht sich auf künftige schädigende Ereignisse, die noch im Reich des Möglichen verharren. Es kommt also darauf an, das Mögliche – so gut es geht – zu bestimmen. Dabei sind drei Aspekte zu bedenken: Was kann passieren? Wie schlimm wäre es? Und: Wie sicher bzw. unsicher ist das?

Anders als im alltäglichen Sprachgebrauch, wo Gefahr und Risiko häufig synonym verwendet werden, wird im wissenschaftlichen Kontext zwischen diesen beiden Konzepten unterschieden. Gefahr meint hier das Potenzial einer Risikoquelle adverse Effekte[5] zu verursachen. Auch die soziologische Risikoforschung unterscheidet zwischen Risiko und Gefahr, und zwar bezüglich des Zustandekommens einer negativen Erwartung (Luhmann 1991). Gefahr steht für etwas Bedrohliches, das sich ereignet, etwa in Form einer Naturkatastrophe. Risiko dagegen wird als mögliche zukünftige Folge der Wahl einer bestimmten Handlungsoption und daher als grundsätzlich beeinflussbar angesehen.

Die Ausformulierung des Risiko-Konzepts fällt in verschiedenen Wissenschaftsdisziplinen unterschiedlich aus. Ein spezielles Verständnis liegt der Verwendung des Risikobegriffs im juristischen Bereich zugrunde.[6] Risiko wird dort im Rahmen der Begriffstrias Gefahr, Risiko und Restrisiko betrachtet. Von Gefahr wird gesprochen, „wenn eine Sachlage bei ungehindertem Ablauf des objektiv zu erwartenden Geschehens mit hinreichender Wahrscheinlichkeit zu einem Schaden führt, d.h. zu einer nicht unerheblichen Beeinträchtigung eines rechtlich geschützten Gutes" (SRU 1999, 39). Gefahren müssen nach deutschem Recht abgewehrt werden. Risiko wird dagegen verstanden als Möglichkeit, dass ein Schaden lediglich mit einer Gewissheit eintritt, die nicht ausreicht, um das Vor-

---

5 Die WHO (1994, 20) gibt folgende Definition für den Begriff „adverser Effekt": „change in morphology, physiology, growth, development or life span of an organism which results in impairment of functional capacity or impairment of capacity to compensate for additional stress or increase in susceptibility to the harmful effects of other environmental influences. Decisions on whether or not any effect is adverse require expert judgement."
6 Die Ausführungen zum juristischen Risikobegriff basieren im Wesentlichen auf SRU (1999).

handensein einer Gefahr zu begründen. Restrisiken schließlich bezeichnen die von der Gesellschaft hinzunehmenden Risiken. Diese beruhen, wie das Bundesverfassungsgericht in seiner berühmten Kalkar-Entscheidung sinngemäß formuliert hat, auf Ungewissheiten jenseits der Schwelle der praktischen Vernunft, die ihre Ursache in der Begrenztheit des menschlichen Erkenntnisvermögens haben. Jungermann und Slovic (1993, 169f.) nennen sechs unterschiedliche Definitionen von Risiko, die in den empirischen Wissenschaften zur Anwendung kommen:

a. Risiko als Wahrscheinlichkeit eines Schadens;
b. Risiko als Ausmaß des möglichen Schadens;
c. Risiko als Funktion von Wahrscheinlichkeit und Ausmaß des Schadens;
d. Risiko als Varianz der Wahrscheinlichkeitsverteilung aller möglichen Konsequenzen einer Entscheidung;
e. Risiko als Semivarianz[7] der Verteilung aller (negativen) Konsequenzen mit einem bestimmten Bezugspunkt;
f. Risiko als gewichtete lineare Kombination der Varianz und des Erwartungswertes der Verteilung aller möglichen Konsequenzen.

Es ist deutlich, dass die Definitionen (c) bis (f), die vor allem im Bereich der Finanz- und Versicherungsmathematik genutzt werden, nur dann Anwendung finden können, wenn das Risiko quantitativ bestimmbar ist.

Im Gesundheitsbereich selbst werden – je nach Wissenschaftsfeld – unterschiedliche Varianten des quantitativen Risikobegriffs genutzt. Für die Krebsforschung definieren Williams und Paustenbach (2002, 368f.): „Risk is a unitless probability of an individual developing cancer". In der Epidemiologie wird Risiko üblicherweise als relatives Risiko, Odds Ratio oder attribuierbares Risiko ausgedrückt. Risiko ist hier die Relation von Beobachtungen von Schadensfällen in einer exponierten Population in Bezug zu einer anderen vergleichbaren nichtexponierten Population. In der Toxikologie wird Risiko verstanden als „the likelihood, or probability, that the toxic properties of a chemical will be produced in populations of individuals under their actual conditions of exposure" (Rodricks 1992, 48). Ähnlich haben WHO und die United Nations Conference on the Human Environment Risiko definiert als „die zu erwartende Häufigkeit unerwünschter Effekte, ausgelöst durch die Exposition gegenüber einem Fremdstoff" (zitiert nach Neubert 1994, 848).

---

7   Bei der Semivarianz werden im Unterschied zur Varianz nur die negativen Abweichungen vom Mittelwert (Erwartungswert) berücksichtigt.

1.2 Risikoabschätzung und Risikobewertung

Zur Abschätzung von Gesundheitsrisiken sind vier Schritte nötig (vgl. NRC 1983): Am Anfang steht in vielen Fällen ein Verdacht: Etwa ein Krebscluster in der Nähe einer Chemieanlage, plötzlich auftretende Auffälligkeiten von Pflanzen und Tieren oder die Prüfung eines neuen Wirkstoffs auf mögliche Nebenwirkungen. Im Ergebnis kann dann ein mehr oder weniger begründeter Hinweis darauf vorliegen, dass ein Stoff kanzerogen ist oder einen anderen Schaden bewirken kann. Am Anfang der Risikoanalyse geht es also um die Identifikation eines „Hazards": Hat der Stoff Eigenschaften, die schädliche Wirkungen beim Menschen auslösen können? Steht die Schädlichkeit fest, so ist zu bestimmen, bei welcher Dosis welcher Schaden bewirkt wird. Diese zweite Phase der Risikoanalyse wird auch Dosis-Wirkungs-Analyse genannt. Zuerst – und das ist nicht trivial – muss festgestellt werden, welcher Parameter für die Dosisbetrachtung kritisch ist. Weiterhin können unterschiedliche Modelle der Dosis-Wirkungs-Beziehung gültig sein. Es gibt z. B. Stoffe, die in geringer Dosis unschädlich oder gar notwendig sind; erst ab einer bestimmten Dosis treten schädliche Effekte auf. Dabei kann die Wirkung einmal umso stärker sein, je stärker die Dosis ist. Es gibt aber auch Modelle, die so genannte Wirkungsfenster annehmen, d.h. nur bei bestimmten Bereichen entfaltet sich die schädliche Wirkung. Schließlich existieren Modelle, die davon ausgehen, dass ein Risiko selbst bei geringsten Dosen nicht ausgeschlossen werden kann. Dabei wächst das Risiko mit der Höhe der Dosis. Die Schwere der Schädigung ist aber davon unabhängig.

Sind Dosis-Wirkungs-Beziehungen einmal etabliert, muss die Exposition der Betroffenen festgestellt werden. Wie hoch ist die Dosis einer bestimmten Gruppe? Diese Frage beantwortet die Expositionsanalyse, die die dritte Phase der Risikoanalyse darstellt. Die Expositionsanalyse macht zuweilen große Schwierigkeiten. Um ein Beispiel aufzuführen: Das beginnt schon beim Passivrauchen. Welcher Dosis war eine Person bislang ausgesetzt? Oder wie hoch war die Feldstärke, der leukämiekranke Kinder in der Nähe einer Hochspannungsleitung ausgesetzt waren? Ein weiteres Problem betrifft die Anzahl der exponierten Personen sowie die Häufigkeit/Seltenheit des vermuteten Gesundheitsschadens. Angenommen, es wird eine epidemiologische Untersuchung gefordert, um zu ermitteln, ob eine seltene Krebserkrankung umweltbedingt ist. Solche Untersuchung kann allerdings nur ein Zusatzrisiko bis 1: 1000 aufdecken (Schümann und Neuss 1995). Viele Umweltrisiken sind aber eher oberhalb des Bereichs 1: 1000 oder gar 1: 10 000 zu finden. Daraus entsteht ein Dilemma: Epidemiologische Untersuchungen sind sehr aufwändig, wenn sie ein seltenes Risiko entdecken wollen.

Alle diese Informationen sind zusammenzufügen und abschließend in einer Risikocharakterisierung zu bewerten. Dies ist keine leichte Aufgabe, die zudem einen Bezug auf außerwissenschaftliche und normative Standards erfordert. Schutzgüter müssen priorisiert werden, einzelne Konzepte wie z.b. der Krankheitsbegriff oder die Kausalität sind kontextbezogen zu präzisieren; und es sind Indikatoren zu wählen, die die Informationen über das Risiko in geeigneter Weise bündeln.

Die Risikobewertung baut auf den Ergebnissen der wissenschaftlichen Risikoabschätzung auf. Während – wie eben gezeigt – die Risikoabschätzung die Ermittlung der Höhe bzw. Größe eines Risikos zum Ziel hat, geht es bei der Risikobewertung darum, dieses Risiko in Bezug auf seine Bedeutsamkeit, Schwere oder Ernsthaftigkeit zu bewerten. Die Höhe eines Risikos allein gibt keinen Aufschluss darüber, wie schlimm dieses Risiko ist. Ein relatives Risiko von 2 (also eine Verdopplung des Risikos für die exponierten gegenüber den nicht exponierten Personen), eine bestimmte Krankheit zu bekommen, sagt nichts darüber aus, wie bedeutsam diese ist. Damit stellt sich die Frage, wer die Risikobewertung vornehmen soll. Für den Fall individuellen Risikoverhaltens, also für Risiken, von denen nur diejenigen betroffen sind, die diese Risiken selbst hervorbringen, ist die Antwort einfach: Die Bewertung sollen die Betroffenen selbst vornehmen.

Problematisch wird es, wenn es um die gesellschaftliche Regulierung von Risiken geht. Hier geht es um die Frage der Zumutung bzw. Akzeptabilität[8] von Risiken. In der Vergangenheit hat sich gezeigt, dass sich hierzu eine allgemeingültige Lösung nicht finden lässt. Wie groß ein Risiko sein darf – oder: wie gering ein Risiko sein muss – damit es für eine Gesellschaft akzeptabel ist, den Bürgern zugemutet werden darf, darüber hat sich bislang kein gesellschaftlicher Konsens erzielen lassen.[9]

Bevor man im Rahmen der gesellschaftlichen Risikobewertung allerdings überhaupt vor der Frage steht, wie die Akzeptabilität eines Risikos begründet werden kann, müssen zwei andere Probleme gelöst werden:

Erstens, die Dimensionen, die bei der wissenschaftlichen Abschätzung von Risiken betrachtet werden (Schaden und Wahrscheinlichkeit), sind nicht die einzigen Aspekte, die für die Bewertung von Risiken durch verschiedene gesellschaftliche Akteure von Bedeutung sein können. Faktisch sind zwar für Risiko-

---

8 Hier geht es um Akzeptabilität und nicht um Akzeptanz von Risiken. Während letztere sich als deskriptiver Begriff auf die empirisch feststellbare Billigung von Risiken durch Personen, Gruppen oder eine Gesellschaft bezieht, meint erstere die Forderung, die jeweiligen Risiken zu billigen. Akzeptabilität ist also ein normatives Konzept.
9 Vgl. hierzu die ausführliche Diskussion in WBGU 1998, Kap. C 1

1.2 Risikoabschätzung und Risikobewertung

bewertungen in der Vergangenheit meist die Dimensionen herangezogen worden, die auch bei der wissenschaftlichen Abschätzung von Risiken herangezogen werden. Dies sind die in den verschiedenen Disziplinen verwendeten Risikometriken: Todesfälle, spezifische Endpunkte (Krankheiten) sowie toxikologische oder epidemiologische Parameter.[10] Die psychologische und sozialwissenschaftliche Risikowahrnehmungsforschung hat aber gezeigt, dass für die intuitive Risikobeurteilung durch Laien eine ganze Reihe so genannter qualitativer Beurteilungsaspekte eine Rolle spielen können. Diese beziehen sich auf die Art (Qualität) des Schadens und auf den situativen Kontext, in dem ein Risiko steht (Jungermann und Slovic 1994). Es gibt Vorschläge, diese qualitativen Aspekte in die Konzeptualisierung des Risikobegriffs und damit auch in die Risikoabschätzung einzubeziehen. Der WBGU verfolgt in seinem Gutachten „Welt im Wandel – Strategien zur Bewältigung globaler Umweltrisiken" diesen Ansatz. Er schlägt vor, „die wissenschaftlichen Abschätzungen gemeinsam mit den durch empirische Studien erfassten Risikowahrnehmungen als Informationsbasis für eine rationale Abwägung heranzuziehen. Beide Typen von Informationen sind wichtige Bestandteile der Risikobewertung" (WBGU 1998, 40). Es gibt aber auch ein Risiko, auf Risikowahrnehmungen zu bauen. Denn Halbwissen adelt nun einmal nicht. Und wie Risikowahrnehmungen und Risikoabschätzungen zu versöhnen sind, wenn sie sich widersprechen, ist eine heikle Frage.

Zweitens, Risikoabschätzungen liefern nur selten eindeutige Resultate. In der Regel sind sie mit mehr oder weniger großen Unsicherheiten behaftet.[11] Damit ergibt sich das Problem, wie diese Unsicherheiten bei der Risikobewertung berücksichtigt werden können. Zunächst müssen diese Unsicherheiten überhaupt bei der Risikobewertung bekannt sein. Das ist durchaus nicht selbstverständlich. Ergebnisse der Risikoabschätzung werden häufig als Punktschätzungen angegeben, ohne dass Charakterisierungen der mit den Schätzungen verbundenen Unsicherheiten berichtet werden. Des Weiteren können Unsicherheiten in allen Schritten im Prozess der Risikoabschätzung bestehen. Für die Abschätzung der Dosis-Wirkungs-Beziehung und der Exposition ist es möglich, quantitative Angaben zur Unsicherheit zu machen und diese zum Beispiel in Form von Konfidenzintervallen, Perzentilen oder Wahrscheinlichkeitsverteilungen darzustellen (Thompson und Bloom 2000). Dagegen lassen sich die Unsicherheiten bei der Identifizierung des Schädigungspotenzials nur begrenzt quantitativ beschreiben. Das Kernproblem ist hier, dass sich diese Unsicherheiten aus der begrenzten

---

10 Für die Toxikologie sind dies zum Beispiel: *Unit Risk, Benchmark Dose, Margin of Exposure*; für die Epidemiologie: Relatives Risiko, *Odds Ratio*, Attribuierbares Risiko.
11 Für eine zusammenfassende Diskussion dieser in der Literatur zur Risikoabschätzung immer wieder konstatierten Problematik siehe z.B. Bailar & Bailer (1999) sowie EPA (1996).

oder widersprüchlichen Befundlage ergeben. Zwar kann hier versucht werden, mit Hilfe von Meta-Analysen die Befundlage quantitativ zusammenzufassen. Allerdings stellt dies hohe Anforderungen an die Qualität und Vergleichbarkeit der verfügbaren Daten.[12]

1.3 Risikomanagement

Das Risikomanagement bezieht sich auf diejenigen Aktivitäten, die mit der Bewältigung von Risiken verbunden sind. Sie setzt damit nach der Risikobewertung ein, bei der geklärt wird, wie bedeutsam ein Risiko ist. Die Entscheidung darüber, ob und wie ein Risiko reguliert oder kontrolliert werden soll, ist dann Aufgabe des Risikomanagements, denn für diese Entscheidung sind neben der Risikobewertung noch andere Aspekte relevant. Risikomanagement und Risikobewertung sollten deshalb als eigenständige Konzepte getrennt werden, die unterschiedliche Funktionen im Prozess der Risikoregulierung (s.u.) erfüllen.

Zunächst muss die Entscheidung getroffen werden, ob überhaupt Maßnahmen zum Risikomanagement erforderlich sind. Von grundlegender Bedeutung ist dabei die Auswahl des Schutzziels: Geht es um Gefahrenabwehr oder um vorsorgliche Maßnahmen? Wie oben schon ausgeführt, sollen durch die Gefahrenabwehr Schäden verhindert werden, mit deren Eintreten man ohne solche Abwehrmaßnahmen mit hinreichender Gewissheit rechnen müsste. Gefahrenabwehr setzt also zumindest voraus, dass im Prozess der Risikoabschätzung eine wissenschaftlich eindeutige Feststellung eines Schädigungspotenzials vorgenommen werden konnte. Für die Gefahrenabwehr sind Kriterien und Maßnahmen in Gesetzen und Verordnungen, die den Gesundheits- bzw. Umweltschutz und die Sicherheit technischer Systeme betreffen, festgelegt. Dagegen geht es bei der Vorsorge um die Frage, ob und wie mit möglichen Risiken umgegangen werden soll, bei deren wissenschaftlicher Risikoabschätzung noch große Unsicherheiten bestehen. Diese Unsicherheiten betreffen vor allem die Frage der Identifizierung des Schädigungspotenzials, also die Frage, ob ein bestimmter Stoff eine gesundheitsschädigende Wirkung hat. Auch das Schutzziel Vorsorge ist schon in einigen Gesetzen enthalten (z.B. Bundes-Immissionsschutzgesetz, Chemikaliengesetz, Gentechnikgesetz).[13] Seine Bedeutung für das Risikomanagement liegt zurzeit allerdings noch vornehmlich auf der Ebene gesellschaftlicher bzw. politischer Auseinandersetzungen zwischen verschiedenen Interessengruppen, von

---

12 Zum Problem der zusammenfassenden Charakterisierung der Befundlage bei der Identifizierung des Schädigungspotenzials siehe: Wiedemann, Schütz & Thalmann 2002, Kap. 7.
13 Vgl. Rehbinder (1988) sowie Wiedemann et al. (2001), Kap. 4.

1.3 Risikomanagement

denen die einen die Anwendung des Vorsorgeprinzips fordern und die anderen dies zurückweisen.

Nach der Entscheidung, dass Maßnahmen in Bezug auf ein Risiko ergriffen werden sollen, müssen hierzu Handlungsoptionen entwickelt werden. Dabei müssen gesundheitliche, ökologische, ökonomische, technische, soziale und politische Gesichtspunkte berücksichtigt werden. Der nächste Schritt ist die Bewertung der Handlungsoptionen anhand von Kriterien, die sich zum Beispiel auf die Effizienz der Optionen zur Risikominimierung, auf Kosten-Nutzen-Aspekte, aber auch auf die gesellschaftliche Durchsetzbarkeit der Maßnahmen beziehen können. Ein weiterer wesentlicher Bewertungsaspekt sind mögliche unerwünschte Folgen von Handlungsoptionen (s. u.). Diese Informationen bilden die Basis für die Entscheidung über die zu implementierende Risikomanagementstrategie. Zum Risikomanagement gehört aber auch, dass die Implementierung der Maßnahmen überwacht wird und diese hinsichtlich ihrer Effektivität evaluiert werden.

Grundsätzlich lassen sich für die Bewältigung von Risiken vier Strategien unterscheiden: Vermeiden, Vermindern, Nachsorgen und Absichern (Wiedemann 1993, 209).

Beim Vermeiden von Risiken geht es um das Ausschalten der Möglichkeit von Schädigungen durch die Nutzung von Technologien, Produkten, Substanzen etc. Auf der gesellschaftlichen Ebene wird dies im Regelfall durch Gesetze oder Verordnungen erreicht. Beispiele sind Verbote von Chemikalien oder die Setzung von Grenzwerten. Durch Grenzwertsetzung vermeiden lassen sich Gesundheitsrisiken nur, wenn für die jeweiligen Noxen in der Dosis-Wirkungs-Beziehung ein Schwellenwert existiert. Dies ist für die meisten nicht kanzerogenen Stoffe der Fall. Dagegen wird bei kanzerogenen Stoffen von einer (meist linearen) Dosis-Wirkungs-Beziehung ohne Schwellenwert ausgegangen. Risiken durch solche Noxen können durch Grenzwerte prinzipiell nicht vermieden, sondern nur vermindert werden.

Die Strategie des Verminderns zielt nicht auf die Beseitigung von Risiken, sondern auf deren Reduzierung. Das kann zum einen durch Maßnahmen geschehen, die die Eintrittswahrscheinlichkeit von Schadensereignissen verringern. Bei kanzerogenen Stoffen bedeutet das, die Exposition so weit wie möglich zu verringern,[14] bei technischen Anlagen kann dies durch entsprechende Sicherheitsvorkehrungen geschehen. Zum anderen können Maßnahmen zur Begrenzung des Schadensumfangs getroffen werden, zum Beispiel durch Begrenzung der Exposition auf den Arbeitsbereich.

---

14 Für diese Problemlage wurde das ALARA-Prinzip (*As Low As Reasonably Achievable*) ursprünglich entwickelt.

Nachsorgen bedeutet, Maßnahmen für den Eintritt eines Schadensfalls zu ergreifen, die bei der Bewältigung der Folgen helfen. Hierzu gehört ein breites Spektrum ganz unterschiedlicher Maßnahmen, von der Bereitstellung der für eine Schadensbewältigung notwendigen Infrastruktur bis hin zu finanzieller Notfallunterstützung und psychosozialer Betreuung der Betroffenen. Im Wesentlichen bezieht sich diese Strategie auf Extremereignisse, wie Natur- oder Technikkatastrophen, die im Zusammenhang mit dem Management umweltbezogener Gesundheitsrisiken bislang wenig beachtet wurden. In den letzten Jahren allerdings wird diesen Extremereignissen auch in diesem Zusammenhang zunehmend Aufmerksamkeit geschenkt.[15]

In eine ganz andere Richtung zielt die Strategie des Absicherns. Hier geht es um die Entschädigung von Betroffenen für entstandene Schäden. Üblicherweise geschieht dies durch das Abschließen von Versicherungen, mitunter auch durch die Übernahme von Bürgschaften durch den Staat. Beispiele für Letzteres sind die staatliche Absicherung gegen Schäden durch Kernkraftunfälle, welche die Versicherungssumme der Betreiber überschreiten, oder (für eine gewisse Zeit nach dem 11. September 2001) gegen die Risiken von Terroranschlägen auf die Luftfahrt.

Vor allem für die Strategien Vermeiden und Vermindern ergibt sich das Problem des risk-risk trade-offs (Graham und Wiener 1997). Damit ist gemeint, dass die Vermeidung bzw. Verminderung von Risiken selbst wieder Risiken zur Folge haben kann. Beispielsweise zielt die Sanierung von Altlasten auf die Vermeidung bzw. Verringerung des Krebsrisikos von Anwohnern durch die dort vorhandenen kanzerogenen Stoffe; solche Sanierungsmaßnahmen bringen allerdings auch Unfallrisiken für die damit beschäftigten Arbeiter mit sich, die die Reduzierung des Gesundheitsrisikos für die Anwohner unter Umständen aufwiegen können (Cohen, Beck und Rudel 1997).[16] Die üblichen Analyseinstrumente für die Entscheidung über Risikomanagement Optionen: Kosten-Nutzen-Analyse bzw. Kosteneffizienz-Analyse, zielen auf die Beurteilung des Kosten-Nutzen-Verhältnisses bzw. der Kosteneffizienz von Risikomanagement Optionen. Ob durch Risikomanagementmaßnahmen unbeabsichtigt andere Risiken entstehen können, bleibt bei dieser Betrachtungsweise meist unberücksichtigt. Solche Risikoverschiebungen sind vermutlich keine Einzelfälle und sollten bei der Beurteilung und Auswahl von Risikomanagement-Optionen im Rahmen einer Risk-Tradeoff-Analyse berücksichtigt werden (Graham und Wiener 1997; Presidential Commission 1997a, 35).

---

15 Vgl. dazu Kunreuther (2002).
16 Graham und Wiener (1997) nennen diese unbeabsichtigten Risiken, die die Risikoreduzierung durch Risikomanagementmaßnahmen entgegen wirken können, deshalb „*countervailing risks*".

Im gesellschaftlichen Umgang mit Risiken sind Risikoabschätzung, Risikobewertung und Risikomanagement in vielfältiger Weise aufeinander bezogen. Zugleich stellen sie aber auch eine Abfolge notwendiger Schritte für die rationale Regulierung von Risiken dar. Die Risikokommission (2003) bezeichnet diesen Gesamtprozess von der Risikoabschätzung über die Risikobewertung bis zum Risikomanagement als Risikoregulierung. Nach Ansicht der Risikokommission sollten in diesen gesamten Prozess nicht nur Fachleute involviert sein, sondern auch andere gesellschaftliche Gruppen:

„Risikobewertungen stoßen in einer Gesellschaft, in der Wertepluralismus herrscht und politische Handlungen stets unter hohem Rechtfertigungsdruck stehen, oft auf Skepsis oder Misstrauen. Aussagen über Risiken sind daher mehr als andere Aussagen auf Plausibilität und Vertrauen in die Regulierungsgremien angewiesen. Je mehr Individuen und Gruppen die Möglichkeit haben, aktiv an der Risikoregulierung mitzuwirken, desto größer ist die Chance, dass sie Vertrauen in die Institutionen entwickeln und auch selbst Verantwortung übernehmen. [...] Insofern ist eine frühzeitige und gegenseitige Beteiligung der Betroffenen und der organisierten gesellschaftlichen Gruppen an der Entscheidungsfindung sachlich angemessen sowie rechtsstaatlich und demokratisch geboten." (Risikokommission 2003, 53f.).

1.4 Risikokommunikation

Eine zentrale Rolle für eine transparente Darstellung der Annahmen, Erwägungen und Ergebnisse der einzelnen Schritte im Prozess der Risikoregulierung spielt die Risikokommunikation. Dies gilt nicht nur in Bezug auf die Kommunikation zwischen den am Prozess der Risikoregulierung direkt Beteiligten (Experten, gesellschaftliche Gruppen), sondern auch für die Öffentlichkeit insgesamt. Dabei ist Risikokommunikation mehr als der bloße Informationsaustausch zwischen einzelnen Beteiligten. Sie umfasst vielmehr alle Kommunikationsprozesse, die die Identifikation, Analyse, Bewertung und das Management von Risiken sowie die dafür notwendigen Voraussetzungen und Beziehungen zwischen den beteiligten Personen, Gruppen und Institutionen zum Gegenstand haben (Wiedemann 1993, 197).[17] In erster Näherung kann zwischen zwei Zielen der Risikokommunikation

---

17 Das US-amerikanische National Research Council definiert: "Risk communication is an interactive process of exchange of information and opinion among individuals, groups, and institutions. It involves multiple messages about the nature of risk or other messages, not strictly about risk, that express concerns, opinions, or reactions to risk messages or to legal and institutional arrangements for risk management." (National Research Council 1989, 21)

unterschieden werden: Das Herstellen von Verständigung und das Sichern von Verständnis. Damit sind auch zwei zu unterscheidende Aufgabenfelder der Risikokommunikation genannt. *Verständigung* bezieht sich auf Prozesse zur Herstellung und Aufrechterhaltung von Kommunikation. Hier geht es um Zwei-Wege-Kommunikation, um Beteiligung sowie um das Sichern von Fairness, Respekt sowie von Vertrauen. Erst unter solchen Randbedingungen wird es möglich, *Verständnis* bei den Rezipienten für die fachlichen Grundlagen der Risikoabschätzung zu fördern und somit zu deren Risikomündigkeit beizutragen.

Um der Gefahr der Inflationierung des Begriffs „Risikokommunikation" zu begegnen, soll im Weiteren von Risikokommunikation nur dann die Rede sein, wenn bei Sender und Empfänger beträchtliche kognitive, motivationale oder emotionale Unterschiede in Bezug auf das thematische Feld „Risikoabschätzung" vorherrschen. Das ist insbesondere der Fall, wenn Experten mit Laien kommunizieren. Solche Differenzen können aber auch unter Umständen bei der Kommunikation unter Experten angenommen werden, wenn diese von ganz verschiedenen professionalen Wissensbasen ausgehen.

2 Instrumente des Risikomanagements

Mit Risiken muss umgegangen werden, darüber besteht kein Zweifel. Bloß: Was tun?

2.1 Grenzwerte

Grenzwerte sind vom Gesetzgeber festgelegte, quantitative formulierte Belastungsschranken für die Umweltmedien Boden, Wasser und Luft für Schadstoffe, Lärm und Strahlung, die der Verhinderung von Gesundheitsgefährdungen und Belästigungen sowie der Vermeidung von Schäden an Sachgütern und Ökosystemen dienen oder diese zumindest auf ein zumutbares Maß reduzieren sollen. In diesem Sinne sind Grenzwerte Instrumente der Gesundheits- und Umweltpolitik.

Schon diese Definition zeigt, dass hierbei eine Reihe von unbestimmten Rechtsbegriffen einfließt. Denn, was ist ein Schaden? Was bedeutet „zumutbares Maß"?

Damit ist allerdings auch unmittelbar evident, dass Grenzwerte im Spannungsfeld von Wissenschaft, Recht und Politik stehen. Es geht zum einen darum, Risiken für Mensch und Umwelt zu ermitteln. Und es geht zum anderen darum, diese zu bewerten und zu einer Entscheidung zu kommen, die Gefahren abwendet und Risiken begrenzt. Und das möglichst rational, d.h. nachvollziehbar, begründbar und faktenbasiert. Dass damit auch gesellschaftliche Konflikte, Streit und Protest hervorgerufen werden können, ist eine bekannte Tatsache. Denn, wie sicher ist sicher genug?

Grenzwerte trennen den Gefahrenbereich vom Risikobereich und damit die Gefahrenabwehr von der Risikovorsorge. Auf diese Weise wird eine Unterscheidung zwischen zulässigen und unzulässigen Belastungen getroffen. Dieser Unterscheidung geht eine wissenschaftliche Bewertung des Risikos voraus.

Grenzwerte werden so festgesetzt, dass bei Belastungen unterhalb dieser Werte bei keinem Betroffenen eine Gefahr für Gesundheitsschäden besteht. Dies impliziert jedoch nicht, dass eine Überschreitung von Grenzwerten immer eine Gesundheitsschädigung zur Folge hat.

Bei der Festlegung von Grenzwerten werden Vorsichtsregeln angewendet, um wissenschaftliche Unsicherheiten zu berücksichtigen. Diese Unsicherheiten können beispielsweise die verwendeten Modelle, die Eigenschaften von Stoffen oder Dosis-Wirkungs-Beziehungen und Expositionen betreffen. Weitere Unsicherheiten entstehen bei der Übertragung von Versuchsergebnissen von Tieren auf Menschen und durch die unterschiedlichen individuellen Empfindlichkeiten von Menschen. Um solchen Unsicherheiten Rechnung zu tragen, werden bei der Grenzwertsetzung häufig Sicherheitszuschläge (sog. Sicherheitsfaktoren) benutzt.

Die Festlegung von Grenzwerten umfasst vier Aufgabenfelder: (1) Tatsachenfeststellung (Ist eine Auswirkung vorhanden?), (2) Kausalitätsfeststellung (Ist diese Auswirkung auf die vermutete Ursache zurückzuführen?), (3) Erheblichkeitsbewertung: Ist die Auswirkung ein erheblicher Schaden? und (4) Maßnahmenfestlegung (Welche Optionen sind zur Risikobegrenzung verfügbar und wie sind diese zu bewerten?).

Diese vier Aufgaben verweisen natürlich auf gewisse Ermessensspielräume und damit auf die Notwendigkeit, genauer zu prüfen. Die Probleme, die hier vorrangig zu lösen sind, betreffen die Daten- und Stichprobenqualität, die Auswahl angemessener Modelle für die Dosis-Wirkungs-Bewertung, für die Extrapolation von hohen auf geringen Dosen sowie für die Übertragung von Tierversuchen auf den Menschen. Daran entzünden sich immer wieder Konflikte über Grenzwerte.

Die erste Aufgabe bei der Grenzwertsetzung, die Tatsachenfeststellung, ob ein Schaden vorhanden ist, hängt davon ab, was als Schaden definiert wird. Das ist relativ einfach, wenn es sich um Todesfälle handelt, bei ökologischen Schäden wird dies schon schwieriger und bei einem Konstrukt wie „Beeinträchtigung der Lebensqualität" ist dies nahezu unmöglich. Dabei ist das schwierige Problem der Aggregation unterschiedlicher Schadensarten noch nicht berücksichtigt.

Weit kritischer ist die Frage, ob eine Erkrankung oder ein anderer Schaden durch den in Verdacht stehenden Stoff verursacht ist. Um die Plausibilität einer Ursachenzuschreibung zu bewerten, ziehen Wissenschaftler eine Reihe von Kriterien heran (siehe dazu Foster et al. 1994, Schüz 2007):

- Kriterium 1: Wie stark ist der Zusammenhang zwischen der Erkrankung und der Risikoquelle in epidemiologischen Studien (RR> 3)?
- Kriterium 2: In welchem Ausmaß stimmen verschiedene Studien überein? Kommen sie zu verschiedenen oder zur gleichen Aussage?
- Kriterium 3: Lässt sich die Exposition zuverlässig feststellen?
- Kriterium 4: Gibt es eine Dosis-Wirkungs-Beziehung, d.h. nimmt bei stärkerer Exposition das Risiko zu?

- Kriterium 5: Ist der Einfluss von Nebenrisikofaktoren kontrolliert?
- Kriterium 6: Sind Verfahrens- und Messfehler ausgeschlossen?
- Kriterium 7: Gibt es Laborversuche, die zeigen, dass es eine Beziehung zwischen der Risikoquelle und der Krankheit gibt?
- Kriterium 8: Gibt es einen plausiblen biologischen Mechanismus, der zeigt, wie die Risikoquelle die Erkrankung bewirkt?

Schließlich sind auch die Managementoptionen, wie sie weiter oben ausgeführt wurden, strittig. Es wird immer wieder darüber debattiert, ob ein Risiko ein De-minimis- Risiko ist oder nicht oder ob ein Grenzwert zu hoch oder zu niedrig ist.

2.2 Vorsorge

Das Vorsorgeprinzip besagt, dass über die Beseitigung eingetretener Schäden und die Abwehr konkreter Gefahren hinausgehend schon im Vorfeld von Gefahren das Entstehen von Umweltbelastungen verhindert werden soll. Der Politik ist es aufgegeben, schon im Vorfeld von Gefahren das Entstehen von Risiken zu verhindern oder einzuschränken.

„Das durch Art. 20a GG nunmehr auch verfassungsrechtlich verankerte Vorsorgeprinzip besagt, dass der Staat schon dann zum Handeln aufgerufen ist, wenn Schadensmöglichkeiten gegeben sind, die sich nur deshalb nicht ausschließen lassen, weil nach dem derzeitigen Wissensstand bestimmte Ursachenzusammenhänge weder bejaht noch verneint werden können und daher insoweit noch keine Gefahr, sondern nur ein Gefahrenverdacht oder ein „Besorgnispotential" besteht." (SRU 1999, S. 91)

Der zentrale Gedanke des Vorsorgeprinzips betrifft den Umgang mit Unsicherheit. In diesem Sinne führt auch die Kommission der Europäischen Gemeinschaften aus, dass das Vorsorgeprinzip in den Fällen anzuwenden ist,

„in denen die wissenschaftlichen Beweise nicht ausreichen, keine eindeutigen Schlüsse zulassen oder unklar sind, in denen jedoch aufgrund einer vorläufigen und objektiven wissenschaftlichen Risikobewertung begründeter Anlass zur Besorgnis besteht, dass die möglicherweise gefährlichen Folgen für die Umwelt und die Gesundheit von Menschen, Tieren und Pflanzen mit dem hohen Schutzniveau der Gemeinschaft unvereinbar sein könnten."[18]

---

18 Kommission der Europäischen Gemeinschaften. Mitteilung der Kommission – die Anwendbarkeit des Vorsorgeprinzips. KOM (2000) 1 endgültig. Brüssel, 2.2.2000, S.10.

Die Kommission der EU stellt dazu in ihrem Arbeitspapier „Wissenschaft, Gesellschaft und Bürger in Europa" (Nov. 2000) fest:

> „Als Instrument des Risikomanagements ist der Vorsorgegrundsatz die Richtschnur des Verhaltens bei unsicherer wissenschaftlicher Beweisführung. Alles in allem geht es bei den nach dem Vorsorgegrundsatz getroffenen Maßnahmen letztlich darum, die Unsicherheit der wissenschaftlichen Beweisführung so gut es geht zu überbrücken. Die Entscheidung muss sich auf ein möglichst vollständiges, zuverlässiges, genaues und regelmäßig aktualisiertes Wissen gründen."

In gleicher Weise argumentiert der SRU:

> „Allerdings hat der Umweltrat stets betont, dass es sich um einen wissenschaftlich plausiblen Verdacht handeln muss, mit anderen Worten, ein lediglich spekulatives Risiko, das auf bloßen Vermutungen beruht, keine Rechtfertigung für staatliche Eingriffe in die Rechte potentieller Verursacher zur Reduzierung des vermuteten Risikos darstellt. Daran ist festzuhalten." (SRU 1999, S. 91)

Trotz dieser und anderer Bemühungen bestehen immer noch beträchtliche Unschärfen darüber, wann und wie das Vorsorgeprinzip anzuwenden ist, und wie das Vorsorgeprinzip zu anderen Prinzipien und Verfahren steht, die ebenfalls den Umgang mit Unsicherheit, Gefahren und Innovationen lenken sollen. Im Weiteren geht es deshalb erst einmal um solche konzeptionellen Klärungen.

2.2.1 Vorsorge und Gefahrenabwehr

Gefahren müssen nach deutschem Recht abgewehrt werden: Gefahrenabwehr ist erforderlich, wenn eine Sachlage besteht, die eine erkennbare, nicht entfernte Möglichkeit eines Schadenseintritts beinhaltet oder die – anders ausgedrückt – „bei ungehindertem Ablauf des objektiv zu erwartenden Geschehens mit hinreichender Wahrscheinlichkeit zu einem Schaden führt" (SRU 1999, S. 39). Verallgemeinert bedeutet dies das Vorliegen einer ausreichenden Gewissheit über das Eintreten der Gefahr. Dem gegenüber besteht das Leitmotiv der Vorsorge gerade darin, auch ohne eine solche Qualität an Gewissheit zu handeln. Vorsorge weist weit über die Gefahrenabwehr hinaus in den Bereich der Risiken und hat deren Verminderung zum Ziel. Daher wird häufig in klassifizierenden Darstellungen das Begriffspaar Gefahrenabwehr und Risikovorsorge benutzt.

Risiko wird dabei verstanden als jede Möglichkeit, dass ein Schaden lediglich mit einer Gewissheit eintritt, die nicht ausreicht, um das Vorhandensein einer Gefahr zu begründen. Der Anwendungsbereich für Risikovorsorge ist al-

2.2 Vorsorge

lerdings nicht unbegrenzt. Eine fehlende Vorhersehbarkeit oder eine unzureichende Plausibilität des faktischen Eintretens von Schäden dient als Legitimationsgrundlage dafür, dass Risiken zum Teil ohne vermindernde Maßnahmen hinzunehmen sind.

Dementsprechend existieren prinzipiell auch unbekannte Risiken und unbekannte Gefahren. Denn sowohl für den Bereich des Risikos wie für den der Gefahr sind Fälle denkbar, von denen man bislang zwar noch nichts weiß, die aber rein logisch auch nicht ausgeschlossen werden können.

2.2.2 Vorsorge und Prävention

Prävention setzt an etablierten Risikofaktoren an. Die primäre Prävention ist Krankheitsverhütung. Sie soll bereits dann wirksam werden, wenn noch keine Krankheit aufgetreten ist. Die primäre Prävention umfasst die Förderung der Gesundheit und Verhütung von Krankheit durch Beseitigung der ursächlichen Faktoren. Dagegen hat die sekundäre Prävention, die Krankheitsfrüherkennung, zum Ziel, Krankheiten und Risikofaktoren möglichst früh zu erkennen, um sie rechtzeitig zu therapieren. Es geht darum, Krankheiten in der präklinischen Phase, wenn subjektiv noch keine Beschwerden wahrgenommen werden, zu diagnostizieren und diese zu bekämpfen. Die tertiäre Prävention, die Verhütung der Krankheitsverschlechterung, richtet sich an Personen, bei denen bereits eine Krankheit oder ein Leiden manifest ist und behandelt wird. Hier ist das Ziel die Verhinderung von Folgeerkrankungen bzw. die Verhütung von Rückfällen. Das Gemeinsame dieser drei Formen der Prävention ist, dass in jedem Fall die Risiken nachgewiesen sind, d.h. Kausalität ist jenseits wissenschaftlichen Zweifels etabliert.

Zur Vorsorge besteht damit ein gravierender Unterschied. Denn hier ist nicht sicher, ob eine Kausalität oder eine schädigende Wirkung überhaupt besteht. Diese Differenz besteht auch auf der Maßnahmenseite. Während bei Prävention nachweisbar ist, ob die eingeleiteten Maßnahmen hilfreich sind, kann dies im Fall der Vorsorge nicht entschieden werden. Die Wahrscheinlichkeit, mit der entsprechende Vorsorgemaßnahmen Krankheiten verhindern, lässt sich nicht angeben.

2.2.3 Vorsorge und andere Vorsichtsmaßnahmen

Im Zusammenhang mit der Gestaltung von Technologien haben sich einige auf Vorsicht basierende, generelle Prinzipien zur Minimierung von möglicherweise gefährlichen Emissionen entwickelt. Zu nennen sind vor allem die Prudent-Avoidance-Strategie, das ALARA-Prinzip sowie Emissionsminimierung nach dem Stand der Technik bzw. nach Stand von Wissenschaft und Technik.

Die als „Prudent Avoidance" bekannte Strategie zielt darauf ab, alle diejenigen Maßnahmen zur Emissionsvermeidung zu treffen, die mit geringen Kosten verbunden sind und keine wesentlichen Nachteile hervorrufen. Diese Strategie stützt sich nicht auf Risikonachweise und setzt keine wissenschaftliche Bewertung der Risikominderung durch diese Maßnahmen voraus.

Nach dem ALARA-Prinzip (As Low As Reasonably Achievable) müssen die Emissionen so weit wie vernünftigerweise erreichbar vermindert werden, wobei wirtschaftliche und soziale Faktoren – etwa der erreichte Nutzen – berücksichtigt werden sollen.

Eine Emissionsminimierung nach dem Stand der Technik verlangt die Unterbindung jeder Emission, die mit verfügbaren und erprobten Rückhaltetechniken vermieden werden könnte. Der Stand von Wissenschaft und Technik, der im deutschen Atomgesetz verankert ist, fordert auch die Realisierung von neuen, aus der Wissenschaft stammenden Rückhaltekonzepten, selbst wenn sie noch nicht technisch erprobt sind. Kosten spielen dabei eine untergeordnete Rolle.

3 Das Regelwerk der Vorsorge

3.1 Operationalisierung von Vorsorge

Das Vorsorgeprinzip kommt dann zum Tragen, wenn im Falle eines Risikoverdachts die Informationen bei der Risikoabschätzung nicht ausreichen, um das Risiko mit hinreichender Sicherheit zu ermitteln und unter Beachtung der Vorsichtsregeln wissenschaftlich begründete Grenzwerte abzuleiten. Dies ist beispielsweise dann der Fall, wenn ein Kausalzusammenhang zwischen einer Emission und einem Schaden zwar mit hinreichender Plausibilität vermutet wird, aber nicht nachweisbar ist. In solchen Fällen kann beispielsweise die Anwendung des oben genannten ALARA-Prinzips als Vorsorge, also als Handeln ohne wissenschaftlich verlässliche Kenntnis des Risikos, verstanden werden.

Ein anderes Feld der Vorsorge sind Bereiche, in denen trotz bekanntem Kausalsachverhalt eine explizite Schadensabwehr mit bestimmter Qualität nicht für erforderlich gehalten wird, wo aber dennoch Maßnahmen zur Risikominderung ergriffen werden sollen (Beispiel: sehr seltene Störfallabläufe in Kernkraftwerken). Hier spielen Gesichtspunkte des Kosten-Nutzen-Vergleichs und der technischen Machbarkeit eine Rolle.

Die in der Praxis anzutreffende Unschärfe des Vorsorgeprinzips aus inhaltlicher Sicht wird verdeutlicht durch eine Auflistung von Begriffsinhalten, geordnet nach tendenziell zunehmendem Vorsorgegehalt (siehe auch Rehbinder 1988). Das Vorsorgeprinzip kann demnach bedeuten:

- eine Reduzierung des Risikos bei Ereignissen mit extrem kleinen Eintrittswahrscheinlichkeiten,
- eine Reduzierung eines möglichen Risikos bei bloßem, aber konkretem Risikoverdacht,
- eine Minimierung von Umweltbelastungen ohne Vorliegen eines konkreten Risikoverdachts,
- ein Verbot von Umweltbeeinflussungen bei fehlendem Nachweis ihrer Unschädlichkeit,
- ein Gebot der Nullemission.

Aufgrund dieser möglichen Auslegungen des Vorsorgeprinzips kommt es beispielsweise in verschiedenen Bereichen der deutschen Umweltpolitik zu unterschiedlichen Konkretisierungen.

Unklar bleibt jedoch, nach welchen Kriterien die Besorgnis bei solchen möglichen Risiken bewertet werden soll, in welchen Fällen eingegriffen werden soll und welche Mittel dabei einzusetzen sind. Das spiegelt auch die Diskussion zwischen den Anhängern von strikter und schwacher Vorsorge wider. Erstere behandeln Vorsorge als ein übergreifendes Prinzip, das auch grundlegende Änderungen des Risk Assessments beinhaltet, z.b. wird gefordert das Signifikanzniveau zu ändern oder dem falsch-negativen Fehler mehr Beachtung zu schenken. Ein Beispiel dafür ist die Wingspread-Konferenz[19], siehe aber auch die Veröffentlichung von Tickner, Raffensperger und Myers (1999) sowie von Gee (2007). Die schwache Variante bezieht das Vorsorgeprinzip dagegen allein auf den Bereich des Risikomanagements.

In Anbetracht des schwindenden Vertrauens der Bürgerinnen und Bürger in Wissenschaft und Politik hat die EU-Kommission im Rahmen ihrer Bemühungen um einen neuen Kontrakt zwischen Wissenschaft und Gesellschaft das Arbeitspapier „Wissenschaft, Gesellschaft und Bürger" vorgelegt. Hier spricht sie sich dafür aus, das Vorsorgeprinzip zu stärken. Sie weist aber auch darauf hin, dass das Nullrisiko in der Wirklichkeit selten anzutreffen und absolute Sicherheit sehr oft nicht erreichbar ist. Sie fordert deshalb genauere und sichere Methoden der Risikoabschätzung sowie die Entwicklung von Kenntnissen, die es möglich machen, Krisen vorherzusehen.

Im Papier wird auch die Problematik von Sachverständigengutachten behandelt und die Verantwortung der Experten sowie der Politiker betont: Interessant ist dabei die Feststellung, dass Experten sich zwar auf den Wissensstand der Wissenschaften stützen, diesen aber nicht automatisch widerspiegeln.

Im Report der EU Arbeitsgruppe „Democratising expertise and establishing scientific reference systems" (Mai 2001[20]) werden diese Gedanken weiterentwickelt und Zielvorgaben für Expertisen angegeben:

---

19 When an activity raises threats of harm to human health or the environment, precautionary measures should be taken even if some cause and effect relationships are not fully established scientifically. In this context the proponent of an activity, rather than the public, should bear the burden of proof. The process of applying the precautionary principle must be open, informed and democratic and must include potentially affected parties. It must also involve an examination of the full range of alternatives, including no action. – Wingspread Statement on the Precautionary Principle, Jan. 1998

20 http://ec.europa.eu/governance/areas/group2/report_en.pdf

3.1 Operationalisierung von Vorsorge

- Die Auswahl, Entwicklung und Verwendung wissenschaftlicher Expertise für die Politikberatung sollen in einem offenen und allen zugänglichen sowie transparenten Prozess erfolgen.
- Die Expertise-Erbringer und -Nutzer sind gegenüber der Öffentlichkeit sowie gegenüber den demokratischen Repräsentanten der Öffentlichkeit rechenschaftspflichtig.
- Die Expertise soll einen wirksamen Beitrag für eine Politik erbringen, die den Interessen und Bedürfnissen der Öffentlichkeit dient.
- Die Expertise soll die Vorausschau und frühzeitiges Erkennen neuer Probleme und Bedrohungen ermöglichen.
- Die Unabhängigkeit und Integrität der Experten sollen nachgewiesen werden. Dazu dient die Offenlegung der wirtschaftlichen und anderer Interessen der Experten.
- Die Pluralität der Expertise, einschließlich der Einbeziehung von Perspektiven von wissenschaftlichen Minoritäten ist wesentlich.
- Die Qualität der Expertise, d.h. ihre wissenschaftliche Exzellenz sowie deren politische und soziale Relevanz, ist zu sichern.

Diese Zielvorgaben können allerdings in der Praxis zu Problemen führen. Offenbar kann die Erfüllung eines Ziels zu Konflikten mit anderen Zielen führen. Dies trifft insbesondere auf die Pluralität und die Qualität von Expertise zu. Pluralität ist deshalb der Qualität von Expertise nachgeordnet. Oder anders ausgedrückt: Jede Expertise hat bestimmte Qualitätsstandards zu erfüllen, bevor sie berücksichtigt werden kann.

Deshalb ist die Rechenschaftspflicht besonders hervorzuheben. Wie immer auch eine Vorsorge-Entscheidung ausfällt, es ist klar zu machen, auf welchen Grundlagen sie beruht, welche Expertise wie eingeflossen ist, welchen Qualitätsansprüchen sie genügt und wie groß die verbleibenden Unsicherheiten der Expertise sind. Diese Forderung ist so wesentlich, dass sie im Folgenden zum Leitprinzip der Erörterung erhoben wird.

Damit zeigen sich in Bezug auf das Vorsorgeprinzip drei Problemfelder: (1) Ist Vorsorge nötig? (2) Was ist zu tun? und (3) Wie erfolgreich ist das? Damit zeigen sich in Bezug auf das Vorsorgeprinzip drei Problemfelder. Zuerst geht es um die Begründung der Handlungsnotwendigkeit, im zweiten Fall um die Auswahl angemessener Maßnahmen und im dritten Fall um die Zielerreichung, d.h. die Sicherstellung angestrebter und angemessener Schutzziele.

3.2 Entscheidung für Vorsorge

Die Frage nach der Notwendigkeit von Vorsorge ist im Kern wissensbezogen. Es ist zu prüfen, ob es einen berechtigten Anlass für die Anwendung des Vorsorgeprinzips gibt. Denn alle Risikoaussagen sind erst einmal Hypothesen über Ursache-Wirkungs-Zusammenhänge, die argumentativ belegt werden müssen. Sie müssen geprüft und im Hinblick auf ihre Aussagekraft beurteilt werden. Denn reine Spekulationen über Gefahren reichen nicht aus, um eine Entscheidung für Vorsorge zu treffen. Es ist ein begründeter Verdacht auf eine Gesundheitsgefahr erforderlich. Wie groß und begründet dieser Verdacht sein muss, um das Vorsorgeprinzip anzuwenden und welche Kriterien zur Beurteilung herangezogen werden können, ist jedoch bislang nicht geklärt. Folgende Fragen stehen dabei im Mittelpunkt:

- Welche Art von Evidenz ist zugelassen?
- Nach welchen Kriterien wird die Validität einer Untersuchung beurteilt? Wann wird eine Untersuchung abgewiesen, weil sie den Gütekriterien wissenschaftlichen Arbeitens nicht mehr entspricht?
- Nach welchen Regeln wird das wissenschaftliche Gesamtbild erstellt? Welches Gewicht haben dabei unterschiedliche Untersuchungsansätze, wie z.B. epidemiologische Studien, Tierexperimente, Studien am Menschen und Untersuchungen in vitro?
- Welche Generalisierungen sind zulässig, d.h. wie kann zusammenfassend – gerade auch bei unvollständigen Kenntnissen – das Risiko des Mobilfunks beurteilt werden?
- Nach welchen Kriterien werden Evidenzniveaus unterhalb des Nachweises definiert? Was heißt hierbei Nachweis, was Verdacht und was ist ein Hinweis?[21]
- Ab welchem Evidenzniveau besteht ein Anlass zur Vorsorge?

Während die ersten fünf Fragen die Risikobeurteilung betreffen und damit einer wissenschaftlichen Klärung – jedenfalls prinzipiell – zugänglich sind, handelt es sich bei dem sechsten Problem um die Bewertung des Risikos. Wie bei jeder anderen Bewertung fließen hier immer auch außerwissenschaftliche Kriterien mit ein. Denn es geht darum, ob ein wie immer geartetes Risiko – gleichgültig, wie klein es ist und gleichgültig, welche Gewissheit darüber existiert – noch akzeptabel ist. Anders ausgedrückt: Risikoakzeptanz als Kernproblem der Risikobe-

---

21 Siehe dazu SSK 2001

wertung ist eine politische Fragestellung. Bislang ist unklar, ob unter Vorsorgeaspekten anders verfahren werden sollte. So betont die WHO, dass allein Wissenschaft (sound science) nach wie vor die Basis der Evidenzabschätzung sein sollte. Dagegen sehen es die Schweizer Behörden als legitim an, auch Erfahrungswissen in die Evidenzabschätzung mit einzubeziehen.

Ein zweites Problem ergibt sich wenn man nachfragt, welche Evidenzen denn ausreichen, um ein Risikopotenzial als plausibel anzunehmen. Hier vermengen sich zwei Fälle: Zum einen geht es darum, nach welchen Regeln die Höhe bzw. Größe der Evidenz festzulegen ist. Zum anderen, ab welchem Niveau denn ein Handlungsbedarf besteht.

Wie groß und begründet ein Risikoverdacht sein muss, um das Vorsorgeprinzip anzuwenden und welche Kriterien zur Beurteilung herangezogen werden können, ist strittig. Auch das Papier der EU-Kommission zur Vorsorge leistet hierzu keinen Beitrag. Der Hinweis der EU-Kommission, dass Vorsorgeentscheidungen sich auf ein möglichst vollständiges, zuverlässiges, genaues und regelmäßig aktualisiertes Wissen gründen müssen, ist zwar richtig, es fehlen jedoch Qualitätsanforderungen an Einzelstudien sowie an die Erstellung des wissenschaftlichen Gesamtbildes unter Vorsorgeaspekten. Hier besteht noch erheblicher Klärungsbedarf. Allein der Ruf nach zuverlässigen Risikoabschätzungen wird dieses Problem nicht lösen.

Die Beurteilung des wissenschaftlichen Gesamtbildes basiert auf dem Vergleich von Studien zu einem bestimmten Endpunkt oder aber zu dem zusammenfassenden Endpunkt „Gesundheit". Das Hauptproblem sind hierbei inkonsistente Studienbefunde. Beispielsweise können tierexperimentelle Studien zur Kanzerogenität sowohl positive wie auch negative Ergebnisse erbringen. Diese Inkonsistenzen sind zu charakterisieren und zu beurteilen.

3.3 Auswahl von Vorsorgeoptionen

Nachdem die Notwendigkeit der Vorsorge festgestellt ist, sind solche Maßnahmen so auszuwählen, die die Vorsorge auch verwirklichen. Es geht dabei um eine praktische Frage, die nach der Angemessenheit (nicht nach der Wahrheit!) zu bewerten ist (Welche Maßnahmen sind angemessen?).

Diese Auswahl ist aber besonders heikel. Denn zum einen besteht das Problem unvollständiger Information. Es ist nicht sicher, welche Maßnahmen welches Ausmaß an Vorsorge verwirklichen. Zum anderen müssen beim Vorsorgemanagement – wegen dieser Problematik – in umfassender Weise die Interessen der Beteiligten abgewogen werden, was naturgemäß Konflikte aufwerfen kann.

Die EU-Kommission (2000) hat einige Kriterien angegeben, die bei der Auswahl von Vorsorgemaßnahmen wesentlich sind. Diese Kriterien sollen helfen, Freiheiten und Rechte von Einzelpersonen, Unternehmen und Verbänden einerseits und die Notwendigkeit von Vorsorgemaßnahmen andererseits gegeneinander abzuwägen. Danach sollen entsprechende Maßnahmen

- verhältnismäßig sein, das heißt einem angestrebten Schutzniveau entsprechen;
- diskriminierungsfrei sein und dabei gleiche Sachverhalte gleich sowie unterschiedliche Sachverhalte nicht gleich behandeln;
- abgestimmt sein auf bereits getroffene ähnliche Maßnahmen;
- mittels einer Kosten-Nutzen-Analyse geprüft werden, die nicht nur wirtschaftliche Gesichtspunkte umfasst, sondern auch Effizienz und öffentliche Akzeptanz untersucht;
- hinsichtlich neuer wissenschaftlicher Erkenntnisse überprüft und gegebenenfalls abgeändert werden und
- eine Festlegung erlauben, wer wissenschaftliche Beweise erbringen muss.

Des Weiteren geht es auch um Macht: Wessen Stimme zählt, wenn eine Vorsorgeentscheidung getroffen werden soll? Diese Frage ist von besonderer Bedeutung, da es naturgemäß von den Motiven der Entscheider abhängt, wie die zu treffenden Entscheidungen ausfallen.

3.4 Evaluation von Vorsorgemaßnahmen

Nach der Umsetzung von Vorsorgemaßnahmen ist zu fragen, ob die angestrebten Ziele auch erreicht werden. Welche Auswirkungen haben die Vorsorgemaßnahmen? Leisten sie einen Beitrag zum Gesundheitsschutz und haben sie gegebenenfalls selbst unbeabsichtigte negative Auswirkungen? Da die politischen Entscheidungsträger neben der wissenschaftlichen Bewertung von Gesundheitsrisiken auch die Besorgnis der Bevölkerung einbeziehen müssen, sind für die Beurteilung der Zielerreichung von Vorsorgemaßnahmen drei Aspekte von Bedeutung: (1) Wird durch die Vorsorgemaßnahme das Gesundheitsrisiko reduziert? (2) Dient die Vorsorgemaßnahme der Reduzierung von übertriebenen bzw. unangemessenen Ängsten? Und: (3) Stärken sie das Vertrauen in Schutzmaßnahmen und in das Risikomanagement?

3.5 Kooperations- und Konsensverfahren bei der Risikoregulation

Bei der Regulation via Grenzwerte oder Vorsorge trifft eine Vielzahl von Argumenten aufeinander. Mindestens sechs Typen lassen sich unterscheiden (Wiedemann und Kresser 1997):

- Wissenschaftliche Argumente zur Bewertung des Risikos (Grenz-, Vorsorge- und Richtwerte),
- Laienargumente zur Bewertung des Risikos (Ängste, Misstrauen und Vorbehalte),
- Weltanschauungen als Argumente zur Bewertung des Risikos (Mit wie viel Risiken wollen wir leben?),
- Aussagen über Wege und Ziele (Was erforderlich ist: z.B. Umkehr der Beweislast),
- Aussagen über Selbst- und Fremdbilder der beteiligten Akteure (Bewertung der Vorgeschichte, Vertrauen in Akteure),
- Aussagen zu Fairness und Gerechtigkeit bei Entscheidungen und Vorgehensweisen.

In der Praxis spielen diese Argumentationen – sowohl bei Grenzwerten als auch bei der Vorsorge – eine Rolle. Kernfrage ist immer die Zumutbarkeit der Grenz- und Vorsorgewerte, die – eben weil darunter viele jeweils Verschiedenes verstehen – auszuhandeln ist. Beide Ansätze müssen demnach den *richtigen* Gebrauch der richtigen Wissenschaft machen, z.B. diese in Partizipations- und Konfliktmanagementverfahren einbinden, um Vorwürfen wie z.B. der mangelnden Fairness und Gerechtigkeit zu entgehen.

Solche Prozesse sind in Bezug auf drei Aspekte zu optimieren, wobei immer eine Anpassung an die konkreten Umstände erforderlich ist:

- Fakten-Findung
- Entscheidungsunterstützung
- Prozessunterstützung

Das *Fakten-Findung* betrifft die Sichtung und Bewertung wissenschaftlicher Informationen zum anstehenden Problem. Zum Beispiel kann es darum gehen, die derzeit verfügbaren Informationen über die endokrinen Wirkungen von Chemikalien zusammenzustellen und zu bewerten. Hier ist die wissenschaftliche Unsicherheit eines der entscheidenden Probleme. Weiterhin geht es darum, Unsicherheit transparent zu machen, damit sich Laien auch ein Urteil bilden können.

Die Qualität der Fakten reicht aber noch nicht aus, um eine gute Entscheidung zu ermöglichen. Deshalb ist eine bestmögliche Strukturierung der Entscheidung – die Entscheidungsunterstützung – wichtig. Hier bieten sich entscheidungsanalytische Verfahren an (z.b. Keeney 1992), die – grosso modo – folgenden Aufbau haben:

- Problembestimmung und Erarbeitung eines gemeinsamen Problemlösungsverständnisses,
- Ermittlung der Werte, der die Entscheidung zu folgen hat (Wertbaumanalysen, siehe Keeney et al. 1985),
- Optionsgenerierung (Welche Entscheidungsalternativen sind möglich?),
- Beurteilung der Auswirkungen der Entscheidungsalternativen auf der Basis bestmöglichen Wissens,
- Entscheidung über das Aggregationsmodell und
- Sensitivitätsanalysen.

Allerdings reicht auch eine Entscheidungsunterstützung noch nicht aus. Der dritte und oft der wichtigste Aspekt ist die *Optimierung des Entscheidungsprozesses*. Dabei sind zwei konfligierende Kriterien zu erfüllen: die Opportunitätskosten des Entscheidungsprozesses und die Akzeptanz des Prozesses. Zum einen soll der Prozess rasch ablaufen und sich nicht zu einer bürokratischen Innovationsblockade entwickeln. Zum anderen sollte die getroffene Entscheidung breite Unterstützung finden und sich damit auch besser umsetzen lassen. Um diese Ziele zu erreichen, ist die Fähigkeit entscheidend, Konflikte konstruktiv zu lösen. Aufgaben der Prozessunterstützung sind so vor allem der bessere Umgang mit (1) Beziehungskonflikten (starke Emotionen, Vorurteile, stereotypes Verhalten, schlechte Kommunikation), (2) Wertkonflikten (unterschiedliche übergeordnete Sichtweisen), (3) strukturellen Konflikten (bezogen auf administrative Abläufe, Kontrolle, Machtverteilung, logistische Faktoren, Zeitressourcen) und (4) Interessenkonflikten (verfahrensbezogene, psychologische und inhaltliche).

Raiffa (1982) weist anhand eines entsprechenden Fragenkatalogs auf weitere Probleme hin, die für die Gestaltung des Prozesses essentiell sind: (1) Wie viele Parteien sind an dem Konflikt beteiligt? (2) Sind die Interessen einer Partei homogen? (3) Stehen sich die Parteien nur einmal oder wiederholt gegenüber? (4) Existieren ähnliche Konfliktfälle, für die der jetzige Konflikt ein Referenzfall darstellt? (5) Geht es um ein oder mehrere Issues (Konfliktthemen) im Konfliktfall? (6) Ist eine Konfliktlösung für alle Beteiligten unumgänglich oder ist der Status quo für eine Seite annehmbar? (7) Ist eine formelle Ratifikation der Konfliktlösung seitens der Parteien erforderlich? (8) Sind Konfliktlösungen über

3.5 Kooperations- und Konsensverfahren bei der Risikoregulation

Machteinsatz und Drohungen möglich? (9) Ist Zeit eine kritische Variable? (10) Wie dauerhaft kann die Konfliktlösung sein? (11) Findet die Konfliktlösung in der Öffentlichkeit statt oder nicht? (12) Welcher Verhandlungsstil ist zu erwarten? (13) Ist eine Konfliktmittlung durch eine neutrale Partei möglich?

Somit wird evident: Die Anwendung von Grenzwerten und Vorsorgemaßnahmen ist unlösbar mit kommunikativen Problemen verknüpft. Darauf wird im vierten Kapitel genauer eingegangen, zuvor soll noch das Vorsorgethema beim Mobilfunk etwas genauer erläutert werden.

4 Das Beispiel: EMF des Mobilfunks

4.1 Regulationskontext

Die Risikokontroverse wird vor allem von lokalen Bürgerinitiativen getragen, die sich in der Regel aus Anwohnern von geplanten oder errichteten Basisstationen bilden. Außerdem spielen Initiativen von Umweltkranken (Elektrosensible) eine wichtige Rolle. Verbraucherverbände sorgen sich ebenfalls zunehmend um das Thema, während für die klassischen Umweltverbände „EMF" bislang kein zentrales Thema ist. Seit Anfang 2000 hat sich die Politik verstärkt des Themas angenommen.

In der Bevölkerung spielt das EMF-Risiko (d. h. das Risiko von elektromagnetischen Feldern) keine besondere Rolle, wie die Umfragen im Auftrag des Bundesamts für Strahlenschutz zeigen. Dort heißt es 2006 zusammenfassend: „Über die verschiedenen, mit dem Mobilfunk verbundenen Aspekte macht sich die Bevölkerung demgegenüber deutlich weniger Sorgen: Insgesamt sind es nur 29 Prozent der Befragten, die sich über Mobilfunk-Sendeanlagen ziemliche oder starke Sorgen machen. Damit werden die persönlichen gesundheitlichen Risiken durch Mobilfunk-Sendeanlagen aus Sicht der Bevölkerung ähnlich bewertet wie die Strahlung durch elektrische Geräte (26 Prozent). Die Benutzung von Handys und schnurlosen Festnetztelefonen liegen auf den letzten Rangplätzen der Risikoeinstufung, gemeinsam mit Radio- und Fernsehsendeanlagen. Auch die Hochspannungsleitungen werden als vergleichsweise wenig risikoreich wahrgenommen." (Infas 2006, 6)[22]. Ähnliches zeigte ein Survey in Baden-Württemberg. Nur etwa 4% der Befragten stufen das Risiko als „bedrohlich" bzw. „sehr bedrohlich" ein (Zwick 2002, Risikosurvey der Akademie für Technikfolgenabschätzung). Eine repräsentative Studie (Büllingen et al. 2002) zeigt ebenfalls, dass das EMF-Risiko im Vergleich mit anderen Risiken als weniger riskant bewertet wird. Allerdings halten es zwei Drittel der Bevölkerung für möglich, dass mit dem Mobilfunk Risiken für die Gesundheit verbunden sind. Nur etwa ein Fünftel vermutet beim Mobilfunk keinerlei gesundheitliche Risiken.

---

22 Siehe http://www.emf-forschungsprogramm.de/forschung/risikokommunikation/Risikokommu
    nikation_verg/risiko_021_Bericht_2005.pdf

4.2 Gesetzliche Grundlagen

Für den Bau und die Inbetriebnahme von Mobilfunksendeanlagen sind Genehmigungserfordernisse und sonstige rechtliche Bindungen zu beachten. Die gesetzlichen Grundlagen sind:

- das Telekommunikationsgesetz (TKG),
- das Bundes-Immissionsschutzgesetz (BImSchG),
- die 26. Verordnung zur Durchführung des Bundes-Immissionsschutzgesetzes (26. BImSchV – Verordnung über elektromagnetische Felder),
- das Bauplanungsrecht,
- das Bauordnungsrecht.

Deutschland hat 1996 als erstes EU-Land rechtlich verbindliche Regelungen zur Begrenzung elektromagnetischer Felder geschaffen. Mit der Verordnung über elektromagnetische Felder vom 16. Dez. 1996 (26. BImSchV) wird der Betrieb von Niederfrequenz- und Hochfrequenzanlagen geregelt, die zwar im Sinne von § 4 Bundes-Immissionsschutzgesetz (BImSchG) nicht genehmigungsbedürftig sind, an die aber dennoch nach § 23 BImSchG durch den Gesetzgeber Anforderungen gestellt werden können.

Die Verordnung legt Grenzwerte für den Gesundheitsschutz fest. Diese Grenzwerte sollen insbesondere die Sicherheit der Anwohner von Nieder- und Hochfrequenzanlagen gewährleisten. Die deutschen Grenzwerte entsprechen für die berücksichtigten Frequenzbereiche den Empfehlungen der International Commission on Non-Ionizing Radiation (ICNIRP).

Die 26. BImSchV weist eine Reihe von formalen Eingrenzungen auf:

- Sie bezieht sich auf den Schutz der allgemeinen Bevölkerung und berührt nicht den Arbeitsschutz;
- sie berücksichtigt allein das Schutzgut „menschliche Gesundheit"; Umweltaspekte, wie z. B. die Tiergesundheit, sind ausgenommen;
- sie berührt nur Anlagen, die nicht nach § 4 BImSchG genehmigt werden
- sie beschränkt den Anwendungsbereich auf gewerblich betriebene bzw. auf Anlagen, die im Rahmen wirtschaftlicher Unternehmungen Anwendung finden;
- sie beschränkt sich auf ortsfeste Anlagen und berücksichtigt nicht die Wirkung auf elektrisch oder elektronisch betriebene Implantate.

Im Bundes-Immissionsschutzgesetz ist neben Anforderungen zum Schutz vor Gefahren auch der Vorsorgegrundsatz festgeschrieben, der als Ausdruck des vorherrschenden deutschen Verständnisses des Vorsorgeprinzips gilt. Konkret werden die Betreiber genehmigungsbedürftiger Anlagen zur Vorsorge gegen schädliche Umwelteinwirkungen verpflichtet. Dies soll primär durch Maßnahmen zur Emissionsbegrenzung entsprechend dem Stand der Technik erfolgen. Weitere Präzisierungen bleiben Behörden oder Gerichten vorbehalten.

Das BImSchG eröffnet die Möglichkeit, auch für nicht-genehmigungspflichtige Anlagen vorzuschreiben, dass sie bestimmten Anforderungen zur Vorsorge gegen schädliche Umwelteinwirkungen genügen müssen.

4.3 Risikoabschätzung

Die Weltgesundheitsorganisation (WHO 2000), die Internationale Strahlenschutzkommission (ICNIRP 1998), die Deutsche Strahlenschutzkommission (SSK 2001), der Sachverständigenrat für Umweltfragen (SRU 2002), die unabhängige Expertengruppe für Mobile Telefone in Großbritannien (IEGMP 2000), die Britische Organisation der Ärzte (2001), die unabhängige Expertengruppe der Direction Générale de la Santé in Frankreich (Zmirou Report 2001), die Königliche Gesellschaft von Kanada (1999), der Gesundheitsrat der Niederlande (2002) und der oberste Rechnungshof der USA (2001) haben den Stand der Forschung zu den gesundheitlichen Wirkungen von EMF zusammengefasst und eine Bewertung möglicher Risiken vorgenommen.

Hinsichtlich der Gefahrenabwehr besteht weitgehende Einigkeit: Die an thermischen Effekten etablierten Grenzwerte schützen vor allen nachgewiesenen Gesundheitsrisiken. Kontrovers wird allerdings erörtert, ob es unterhalb der Grenzwerte athermische Effekte gibt, die Anlass zur Besorgnis geben. Es ist unstrittig, dass beim Mobilfunk oberhalb der von der Internationalen Kommission für den Schutz vor nicht-ionisierender Strahlung (ICNIRP) empfohlenen Grenzwerte mit thermischen Effekten zu rechnen ist, die zu einer gesundheitlichen Beeinträchtigung führen können. Das entscheidende Problem – und damit die Kontroverse – besteht darin, ob bei Expositionen unterhalb dieser Grenzwerte Effekte auftreten, die für eine Risikobewertung – insbesondere unter Vorsorgeaspekten – relevant sind. Einfacher ausgedrückt: Gibt es Hinweise auf ein Risiko unterhalb der Grenzwerte?

Die Diskussion um die möglichen Risikopotenziale des Mobilfunks konzentriert sich im Wesentlichen auf fünf Fragen:

- Gibt es so genannte nicht-thermische Effekte?
- Wann ist ein solcher Effekt für die Risikoabschätzung relevant?
- Gibt es eine Schwelle für die Schadwirkung von EMF?
- Kann die Langzeitexposition mit Feldstärken unterhalb der Grenzwerte zu gesundheitlichen Störungen oder Beeinträchtigungen führen?
- Gibt es Menschen, die gegenüber EMF besonders empfindlich sind?

Heftig umstritten ist die Frage, ob und welche Vorsorgemaßnahmen beim Mobilfunk angemessen sind.

Als nicht-thermische Effekte werden solche bezeichnet, die nicht über Wärmewirkungen zustande kommen. Damit wird zum einen ein Wirkmechanismus ausgeschlossen (nämlich der thermische) und damit die Suche nach anderen, so genannten athermischen Mechanismen freigegeben. Zugleich wird damit aber auch die Frage gestellt, ob bereits sehr schwache EMF in der Lage sind, biologische oder sogar gesundheitsschädliche Wirkungen hervorzurufen. Genau hier ist aber auch ein wesentliches Problem der Risikobewertung angesiedelt: Bloße biologische Wirkungen, wie z.B. Veränderungen von Hirnstromaktivitäten im EEG, deuten nicht zwingend auf ein Risiko. Risikorelevanz liegt erst dann vor, wenn mit der Wirkung eine Schädigung vorhanden ist, oder plausibel geschlussfolgert werden kann.

Im Zusammenhang mit der Diskussion nicht-thermischer Effekte steht auch die Debatte um die Wirkungsschwelle bei EMF. Falls es eine solche Schwelle nicht gibt und bereits kleinste EMF schädliche Wirkungen verursachen können, so wären Grenzwerte kaum mehr geeignete Mittel für den Gesundheitsschutz.

Die Frage der Langzeitexposition mit niedrigen EMF ist für die Abschätzung des Risikopotenzials von Basisstationen von besonderem Interesse. Können extrem schwache Felder auf Dauer schädliche Effekte bewirken? Es ist erstaunlich, dass die Expositionsdauer als kritischer Parameter bislang in der Debatte vielfach eher unterstellt als kritisch erörtert wurde. Dabei käme es vor allem darauf an, Mechanismen zu finden, die plausibel machen können, wie kleine Dosen über die Zeit so wirken können, dass Gesundheitsschädigungen auftreten.

Dabei spielt auch die Diskussion um die besondere Verletzlichkeit von Elektrosensiblen eine Rolle, für die es jedoch bislang keinen wissenschaftlichen Nachweis gibt.

Zuständige Institution

Für die Risikoabschätzung nicht-ionisierender Strahlung ist die Strahlenschutzkommission (SSK) zuständig. Sie besteht aus unabhängigen Wissenschaftlern,

4.4 Risikobewertung

die vom Bundesministerium für Umwelt berufen werden. Die SSK berät das Bundesministerium für Umwelt, Naturschutz und Reaktorsicherheit (BMU) in allen Angelegenheiten des Schutzes vor ionisierenden und nicht-ionisierenden Strahlen. Unter anderem ist die SSK zuständig für:

- die Beratung des BMU bei der Auswertung von Empfehlungen für den Strahlenschutz, die von internationalen Gremien erarbeitet wurden,
- die Anregung zu und Beratung bei der Erarbeitung von Richtlinien und besonderen Maßnahmen zum Schutz vor den Gefahren ionisierender und nicht-ionisierender Strahlen.

Verfahren

Die SSK prüft in unregelmäßigen Abständen die wissenschaftliche Literatur, um Empfehlungen zum Risikomanagement zu geben. Im Jahre 1999 und 2001 hat die SSK sich mit der Risikoabschätzung und -bewertung hochfrequenter elektromagnetischer Felder befasst und solche Empfehlungen formuliert.

Das Risikoabschätzungsverfahren der SSK ist nicht kodifiziert. Erst in jüngster Zeit gibt es hierzu Ansätze, beispielsweise bei der Bewertung epidemiologischer Studien im Rahmen des Strahlenschutzes. Eine Mitwirkung von Experten, die nicht der SSK angehören, ist nicht explizit vorgesehen.

Die Risikoabschätzung basiert auf einem Weight-of-Evidence-Ansatz. Die SSK unterscheidet außerdem zwischen Effekten, biologischen Wirkungen und gesundheitlich relevanten Wirkungen. Sowohl bei dem Weight-of-Evidence-Ansatz als auch bei der Zuordnung der Wirkungen zu den SSK-Wirkungsklassen finden sich (noch) keine eindeutigen Zuordnungsregeln. Allerdings gibt hier das Papier der SSK (2001) und der ICNIRP von 2002 eine erste Orientierung.

4.4 Risikobewertung

Die Risikobewertung im EMF-Hochfrequenzbereich steht vor allem vor der Frage, wie mit Hinweisen auf mögliche Risiken umzugehen ist. Verallgemeinert geht es um die Frage, welche Evidenz notwendig ist, um einen Handlungsanlass für Vorsorge wissenschaftlich begründen zu können. Die SSK hat dazu ein Entscheidungsschema entwickelt.

Sie definiert:

- Wissenschaftlich nachgewiesen ist ein Zusammenhang zwischen einer Gesundheitsbeeinträchtigung und elektromagnetischen Feldern, wenn wissenschaftliche Studien voneinander unabhängiger Forschungsgruppen diesen Zusammenhang reproduzierbar zeigen und das wissenschaftliche Gesamtbild das Vorliegen eines kausalen Zusammenhangs stützt.
- Ein wissenschaftlich begründeter Verdacht auf einen Zusammenhang zwischen einer Gesundheitsbeeinträchtigung und elektromagnetischen Feldern liegt vor, wenn die Ergebnisse bestätigter wissenschaftlicher Untersuchungen einen Zusammenhang zeigen, aber die Gesamtheit der wissenschaftlichen Untersuchungen das Vorliegen eines kausalen Zusammenhangs nicht ausreichend stützt. Das Ausmaß des wissenschaftlichen Verdachts richtet sich nach der Anzahl und der Konsistenz der vorliegenden wissenschaftlichen Arbeiten.
- Wissenschaftliche Hinweise liegen vor, wenn einzelne Untersuchungen, die auf einen Zusammenhang zwischen einer Gesundheitsbeeinträchtigung und elektromagnetischen Feldern hinweisen, nicht durch voneinander unabhängige Untersuchungen bestätigt sind und durch das wissenschaftliche Gesamtbild nicht gestützt werden.

Abweichend von dem Vorschlag der RK sieht die SSK kein Verfahren vor, um gesellschaftliche Gruppen in die Risikobewertung einzubeziehen.

Zuständige Institution

Die SSK ist für das BMU das Expertengremium, das Risiken einschätzt, bewertet und wissenschaftlich begründete Empfehlungen gibt. Daneben gibt auch das BfS Risikobewertungen ab, die nicht immer mit der SSK übereinstimmen müssen. Es finden sich aber auch andere Beratungsgremien, die sich zu EMF-Risiken äußern, wie jüngst der SRU (2002). Gegenwärtig befasst sich auch das Büro für Technikfolgenabschätzung des Deutschen Bundestages mit dieser Problematik. Neben solchen öffentlichen Institutionen gibt es auch private Institute wie das Ecolog- und das Öko-Institut, die das EMF/Mobilfunk-Risiko bewertet haben, und auch der VDE hat sich dazu geäußert (VDE 2002).

4.4 Risikobewertung

Verfahren

Die SSK befasst sich ausschließlich mit der wissenschaftlichen Risikoabschätzung und -bewertung. Ängste und Besorgnisse der Bevölkerung werden von ihr nicht berücksichtigt. Sie räumt aber ein, dass diese beim Risikomanagement seitens der Politik durchaus berücksichtigt werden können. Allerdings gibt es derzeit – außer ersten Ansätzen (vor allem das Bürgerforum „Elektrosmog" des BMU im Jahre 1999) – kein etabliertes Verfahren, das anleitet, wie diese gesellschaftliche Beteiligung organisiert werden kann und soll.

In der Tabelle 1 sind die wichtigsten Informationen zur Risikoabschätzung und -bewertung der elektromagnetischen Felder des Mobilfunks durch die SSK (2001) noch einmal zusammengefasst.

Tabelle 1: Risikoabschätzung und Risikobewertung der SSK von 2001

Anlass	▪ Reaktion auf Ängste und Besorgnisse in der Bevölkerung ▪ Vom BMU veranlasste Prüfung nach der Einführung von Vorsorgewerten in der Schweiz
Zielstellung	Überprüfung neuerer Literatur zur Bewertung des Gesundheitsrisikos unter Vorsorgeaspekten.
Daten	Das Gutachten berücksichtigt insbesondere die neue wissenschaftliche Literatur seit dem letzten SSK-Gutachten von 1999
Kerndefinition	▪ Nachweis eines Risikos ▪ Wissenschaftlich begründeter Verdacht ▪ Hinweis auf ein Risiko
Verfahren der Risikoabschätzung	▪ Bildung einer Arbeitsgruppe ▪ Literatur-Review ▪ Anhörung von Wissenschaftlern mit unterschiedlichen wissenschaftstheoretischen und wissenschaftspolitischen Positionen in zwei Workshops ▪ Zusammenfassung des wissenschaftlichen Gesamtbildes nach „Weight of Evidence" ▪ Erarbeitung eines Klassifikationsschemas für die Risikobewertung ▪ Empfehlungen

Verfahren der Risikobewertung	▪ Diskussion in den verschiedenen Gremien der SSK (Arbeitsgruppe, Ausschuss für nichtionisierende Strahlung, Kommission)
Ergebnis der Risikobewertung	Es gibt keine neuen wissenschaftlichen Erkenntnisse im Hinblick auf nachgewiesene Gesundheitsbeeinträchtigungen, die Zweifel an der wissenschaftlichen Bewertung aufkommen lassen, die den Schutzkonzepten der ICNIRP bzw. der EU-Ratsempfehlung zugrunde liegen. Das heißt, es ist keine Änderung der geltenden Grenzwerte erforderlich.
	Im Rahmen der Vorsorge empfiehlt die SSK insbesondere Maßnahmen zu ergreifen, um EMF-Expositionen im Rahmen der technisch und wirtschaftlich sinnvollen Möglichkeiten zu minimieren sowie bei der Entwicklung von Geräten und der Errichtung von Anlagen die Minimierung von Expositionen zum Qualitätskriterium zu machen.

4.5 Risikomanagement

Das Immissionsschutzrecht (BImSchG und 26. BImSchV) bietet eine Grundlage für ein generelles Verbot von Sendeanlagen nur dann, wenn die Grenzwerte der Verordnung nicht eingehalten und bei Überschreitungen Ausnahmen nicht zugelassen werden können. Das Risikomanagement ist im Wesentlichen auf die Gefahrenabwehr ausgelegt.

Bei der Hochfrequenz beruht der Gesundheitsschutz auf Basisgrenzwerten, aus denen Referenzgrenzwerte und davon ausgehend Sicherheitsabstände abgeleitet werden. Bei allen drei Größen sind Vorsichtsmaßnahmen eingebaut:

▪ Die Basisgrenzwerte beinhalten einen Sicherheitsfaktor von 10 für die berufsbedingte Exposition und einen Sicherheitsfaktor von 50 für die allgemeine Bevölkerung. Dabei wurde berücksichtigt: extreme Umweltbedingungen, hohes Aktivitätsniveau der Exponierten, erhöhte Wärmeempfindlichkeit bestimmter Gruppen in der Bevölkerung, unterschiedliche Feldabsorption durch Körpergröße und -ausrichtung im Feld sowie Feldverzerrungen. Die Sicherheitsfaktoren werden weiterhin durch den Hinweis auf fehlende bzw. ungenügende Daten über die biologischen und gesundheitlichen Folgen der Exposition mit EMF begründet.

4.5 Risikomanagement

- Die abgeleiteten Grenzwerte sind Werte, die sich einfacher als die Basisgrenzwerte messen lassen. Sie sind aufgrund von Worst-case-Annahmen so festgelegt, dass deren Überschreitung nicht zwangsläufig eine Überschreitung der Basisgrenzwerte bedeutet.
- Die Sicherheitsabstände werden ebenfalls unter der Annahme von Worst-case-Bedingungen festgelegt: Daueremission der Anlage, Zugrundelegung der maximalen Emission sowie der Berücksichtigung der anderen am Ort vorhandenen Emissionen.

Zuständige Institution

In Deutschland müssen Basisstationen für den Mobilfunk vor ihrer Installation durch die Bundesnetzagentur abgenommen werden (Erteilung einer Standortbescheinigung). Dies geschieht meist auf der Basis von Berechnungen zur Festlegung des Sicherheitsabstandes, ggf. werden aber auch Messungen vorgenommen.

Jedoch ist auch das BfS in das Risikomanagement involviert. Darüber hinaus sind auch die jeweiligen Immissionsschutzbehörden eingebunden, denen die Anlagen angezeigt werden müssen. In Streitfällen werden oftmals auch die Gesundheitsämter vor Ort aktiv.

Verfahren

Das Risikomanagement erfolgt über die Grenzwertregelung und das darauf bezogene Standortverfahren der Bundesnetzagentur. Dieses sieht vor:

- Die Betreiber dokumentieren alle für die Sicherheitsbetrachtung relevanten Daten der Anlage und stellen diese der Regulierungsbehörde zur Verfügung.
- Die Bundesnetzagentur berechnet aus diesen Daten die erforderlichen Sicherheitsabstände. Dabei werden auch die Hintergrundbelastungen einbezogen.
- Die Bundesnetzagentur prüft, ob der errechnete Sicherheitsabstand auch eingehalten werden kann. Ist dies der Fall, so stellt sie eine Standortgenehmigung aus. Damit kann die Anlage aufgebaut werden. Bei jeder technischen Änderung der Anlage, die Auswirkungen auf den Sicherheitsabstand hat, muss eine neue Standortbescheinigung erlangt werden.
- Der Betreiber ist verpflichtet, spätestens 14 Tage vor Inbetriebnahme der Anlage, die Anlage der zuständigen Immissionsschutzbehörde in der Region schriftlich anzuzeigen.

- Die Bundesnetzagentur prüft in unregelmäßigen Abständen, ob die Daten der Standortbescheinigung mit den faktischen Betriebsdaten übereinstimmen.

4.6 Risikokommunikation

Mit der am 6. Dezember 2001 veröffentlichten freiwilligen Selbstverpflichtung haben sich die Betreiber zu Verbesserungen im Bereich Verbraucher-, Gesundheits- und Umweltschutz verpflichtet. Die freiwillige Selbstverpflichtung beinhaltet folgende Maßnahmen:

- Verbesserung der Information der Behörden vor Ort,
- gemeinsame Nutzung von Antennenstandorten,
- alternative Standortprüfung bei Kindergärten und Schulen,
- Verbraucherschutz und Kennzeichnung von Handys,
- verstärkte Forschung,
- Aufbau eines Netzes von EMF-Monitor-Systemen,
- Unterrichtung der Bundesregierung über die Erfahrungen mit der Selbstverpflichtung.

Um die Kommunikation und Partizipation zu intensivieren, hatten die Betreiber bereits am 9. Juli 2001 mit den kommunalen Spitzenverbänden eine freiwillige Vereinbarung mit folgenden wesentlichen Maßnahmen geschlossen:

- Benennung eines Ansprechpartners für die Kommunen, der die Zusammenarbeit zwischen den Kommunen und den jeweiligen Unternehmen in Fragen des Netzbaus koordiniert.
- Regelmäßige Information der Gebietskörperschaften über den aktuellen Stand des Ausbaus der Netzinfrastruktur sowie über den Planungsstand neuer Anlagen.
- Gelegenheit zur Stellungnahme und zur Erörterung der Baumaßnahme für die Kommune. Ziel ist eine Konsenslösung.
- Offenlegung der Planungen durch halbjährliche Erörterung der Netzplanung unter Einbeziehung von Standortalternativen mit jeweils betroffenen Kommunen.
- Verbindliche Einbeziehung der Kommunen in die Standortwahl: Gelegenheit der Kommunen zur Stellungnahme innerhalb einer Frist von acht Wochen.
- Die Kommune kann ihrerseits Standortvorschläge für neue Sendeanlagen unterbreiten; die Mobilfunknetzbetreiber sagen zu, diese Vorschläge bzw.

Hinweise der Kommune zu Standorten vorrangig und ergebnisoffen zu prüfen.
- Information der betroffenen Gebietskörperschaft über die Inbetriebnahme einer Sendeanlage zum gleichen Zeitpunkt wie die Anzeige der Anlage bei der zuständigen Immissionsschutzbehörde.

In dem Koalitionsvertrag zwischen SPD und Bündnis 90/ Die Grünen wird bekannt gegeben, dass die Regulierungsbehörde für Telekommunikation und Post die Daten von Sendeanlagen über eine zentrale Datenbank der Öffentlichkeit verfügbar machen wird.

4.7 Zusammenfassung und Bewertung

Im EMF-Bereich werden Risikoabschätzung, Risikobewertung und Risikomanagement von verschiedenen Akteuren getragen, die unterschiedliche Verknüpfungen (und damit Lager) bei der Risikoregulation bilden. Es ist nicht so, wie das Schema der RK nahelegt, dass es ein Verfahren gibt, in das Bewertungen gesellschaftlicher Gruppen eingespielt werden und das zu einem konsensuellen oder zumindest gesellschaftlich tolerierten Verfahren des Risikomanagements führt. Vielmehr gibt es dazu alternative Wege und Verfahren, die entweder die Abschätzung der SSK anders bewerten oder andere Risikoabschätzungen zur Basis haben. Das hat erhebliche Konsequenzen für das Risikomanagement.

Es gibt in Deutschland eine ganze Reihe von verschiedenen wissenschaftlichen Risikoabschätzungen, die zu ganz unterschiedlichen Resultaten kommen. Unter Wissenschaftlern konnte bislang kein Konsens herbeigeführt werden, wenn es um die Abschätzung von Risikopotenzialen unter Vorsorgeaspekten geht (Wiedemann, Schütz und Thalmann 2002).

Die Dissense bei der Risikoabschätzung von hochfrequenten EMF sind durch eine Reihe von Gründen bedingt: (1) In der Diskussion um das Mobilfunkrisiko beruft man sich auf unterschiedliche Quellen. Die Studie von Wiedemann et al. (2002) zeigt, dass die Übereinstimmung zwischen den Gutachtern nur sehr gering ist. (2) Einzelne Befunde werden außerdem z. T. ganz unterschiedlich interpretiert. (3) Die Bewertung der Studienqualität fällt verschieden aus. Gerade im Hinblick auf die Notwendigkeit von Vorsorge werden unterschiedliche Standards herangezogen. Hier unterscheiden sich die Anforderungen der Experten beträchtlich. (4) Die Synthese von Befunden zu einem wissenschaftlichen Gesamtbild wird noch zu sehr von intuitiven Ansätzen bestimmt. Gerade bei der Bewertung der Qualität von wissenschaftlichen Studien lassen sich Gutachter auch von persönlichen Einstellungen leiten. Dafür gibt es experimentelle Belege, die zeigen, dass die Bewertung der Qualität einer wissenschaftlichen Arbeit davon abhängt, ob sie positive oder negative Befunde erbracht hat.

Die Risikocharakterisierung ist verbesserungsbedürftig. Das bezieht sich vor allem auf die Frage, wie die vorhandene Evidenz für die Entscheidung über Vorsorgemaßnahmen transparent zu beschreiben ist.

Die Maßstäbe für die Risikobewertung werden bislang unzulänglich diskutiert. Demzufolge gibt es auch ganz unterschiedliche Vorschläge (beispielsweise steht dem Ansatz der SSK ein Vorschlag des Ecolog-Instituts gegenüber). Eine ganze Reihe von Verständigungen sind noch zu leisten: Wie lässt sich die Beweiskraft charakterisieren? Wie muss mit widersprüchlichen oder zumindest unterschiedlichen Resultaten umgegangen werden? Wann ist ein Risikoverdacht begründet? Wann ist ein Verdacht begründet genug?

Risikobewertung unter Vorsorgeaspekten ist noch nicht ausreichend operationalisiert. Es fehlen eindeutige und nachvollziehbare Bewertungsregeln, insbesondere im Umgang mit Lücken in der wissenschaftlichen Erkenntnis, inkonsistenten Ergebnissen, Unsicherheiten und Variabilitäten.

Beim Risikomanagement fehlt bislang der Versuch, vorgeschlagene Vorsorgemaßnahmen auf ihre Machbarkeit sowie auf ihren Beitrag zum Gesundheitsschutz hin zu bewerten.

5 Vorsorge beim Mobilfunk

5.1 Risikobewertung und Vorsorgeoptionen

Die Risikobewertung im EMF-Hochfrequenzbereich steht vor allem vor der Frage, wie mit Hinweisen auf mögliche Risiken umzugehen ist. Es geht darum, welche Evidenz notwendig ist, um einen Handlungsanlass für Vorsorge wissenschaftlich begründen zu können. Daneben geht es auch darum, welche Maßnahmen angemessen sind, um eine adäquate Vorsorge zu gewährleisten. Im Bereich des Mobilfunks werden diesbezüglich ganz verschiedene Vorsorgemaßnahmen vorgeschlagen oder gefordert.

Tabelle 2: Ausgewählte Vorsorgeforderungen

Gruppe	Forderungen
BUND	<ul><li>Keine neuen Wohnbauten unter Hochspannungsleitungen und keine neuen Sendeanlagen.</li><li>Berücksichtigung des gesamten Wirkungskomplexes, z. B. auch für empfindliche Personengruppen; Schutz für Tiere; Pflanzen und Ökosysteme.</li><li>Einrichtung von Schutzbereichen mit möglichst niedriger Feldstärke.</li><li>Keine weiteren Emissionen und Immissionen.</li><li>Minimierungs- und Optimierungsgebot für alle Geräte und Anlagen.</li><li>Umkehr der Beweislast analog zum Umwelthaftungsgesetz.</li><li>Einrichtung eines Rates zur Evaluierung von Umweltrisiken, um das Risikomanagement transparenter zu machen.</li><li>Einrichtung eines unabhängigen und interdisziplinär besetzten Forschungsrates für weitere Untersuchungsprogramme zu den Auswirkungen von Feldern.</li></ul>

Gruppe	Forderungen
Verbraucher-zentrale	▪ Feststellung des Ausmaßes der Belastung durch Emissions- und Immissionskataster; Information von Betroffenen über die Feldbelastung durch Informations- und Kennzeichnungspflichten der Verursacher. ▪ Genehmigungspflicht von Anlagen unter Beteiligung der Öffentlichkeit. Befristung von Genehmigungen mit Nachrüstpflichten. ▪ Die Etablierung bundeseinheitlich verbindlicher Vorsorgewerte ist im Sinne eines gerechten und flächendeckend vorbeugenden Gesundheitsschutzes vor möglichen Wirkungen der Mobilfunkstrahlung unabdingbar. ▪ Koordinierte lokale Gesamtplanung unter Leitung der jeweiligen Kommune, an der alle Mobilfunkanbieter beteiligt sind. Berücksichtigung der Schutzansprüche elektrosensibler Menschen.
Grüne/ Bündnis 90	▪ Intensivierung der Forschung in diesem Bereich. ▪ Kontinuierliche Überprüfung der Belastung der Bevölkerung. ▪ Aufbau eines Messkatasters der Strahlungsimmission, der die tatsächliche Gesamtbelastung zeigt. ▪ Transparenz und verbindliche Bürgerbeteiligung bei der Errichtung neuer Anlagen. ▪ Label für strahlungsarme Handys. ▪ Senkung der Grenzwerte für elektromagnetische Strahlung durch den Mobilfunk.

5.2 Gesundheitsschutzbezogene Maßnahmen

Gruppe	Forderungen
Ärztekammer Niedersachsen	<ul><li>Von unnötiger, häufiger und langer Benutzung von Mobiltelefonen wird bei Kindern und Jugendlichen abgeraten.</li><li>Die Hersteller sollen verpflichtet werden, Angaben zur Emission auf den Geräten anzubringen.</li><li>Für bestehende und künftige Mobilfunksendeanlagen sind alle technischen Möglichkeiten auszunutzen, um eine möglichst niedrige Exposition von Anrainern zu gewährleisten.</li><li>Orientierung am Minimierungsprinzip.</li><li>Frühzeitige rechtliche und planerische Einbindung der Anrainer bei Genehmigung und Installation von Basisstationen ist von großer Bedeutung.</li><li>Die Immissionssituation in den anliegenden Wohnungen ist von den Betreibern zu messen, zu erfassen und offen zu legen.</li><li>Keine Installation von Basisstationen in der Nachbarschaft von Kindergärten, Schulen und Krankenhäusern.</li></ul>

Diese verschiedenen Vorsorgeoptionen lassen sich in drei Klassen unterteilen: (1) unmittelbar auf den Gesundheitsschutz bezogene Maßnahmen, (2) Maßnahmen, die sich auf Prozesse erstrecken, welche der Entscheidungsunterstützung und der Konfliktreduzierung dienen und (3) forschungsbezogene Maßnahmen.

5.2 Gesundheitsschutzbezogene Maßnahmen

Prinzipiell lassen sich im Bereich des Gesundheitsschutzes vier vorsorgebezogene Strategien unterscheiden. Bei der ersten Strategie wird davon ausgegangen, dass hinsichtlich nachgewiesener Gesundheitsschäden die ICNIRP-Grenzwerte ausreichen („Gefahrenabwehr") und Vorsorgemaßnahmen nur zusätzlich – mit dem Ziel einer Emissionsreduzierung – durchgeführt werden. Der Schwerpunkt liegt dabei auf Ansätzen der vorsichtigen Vermeidung („prudent avoidance") und auf Informationsmaßnahmen.

Abbildung 1: Übersicht zu Vorsorgeoptionen

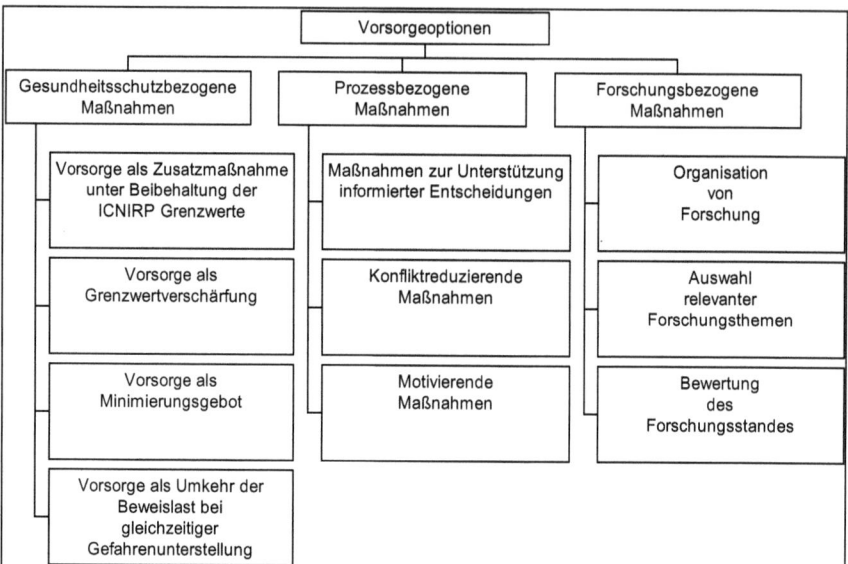

Die zweite Strategie zielt auf eine Verschärfung der bestehenden Grenzwerte. Hier wird davon ausgegangen, dass bereits Emissionen unterhalb der zur Zeit in Deutschland gültigen ICNIRP-Grenzwerte entweder gesundheitliche Beeinträchtigungen hervorrufen oder dass als Folge solcher Emissionen biologische Effekte auftreten, bei denen eine gesundheitliche Wirkung nicht auszuschließen ist. Vorsorge hat hier bereits den Charakter von Gefahrenabwehr.

Die dritte Strategie richtet Vorsorgemaßnahmen ausschließlich auf die Minimierung der EMF-Exposition aus. Eine Variante dieser Strategie ist die Ergänzung oder – wenn juristisch umsetzbar – der Ersatz des Grenzwertkonzeptes durch das dynamische Konzept eines Minimierungsgebots, das sich am Stand der Technik orientiert. Dabei sollen jeweils die besten technischen Vorkehrungen genutzt werden, um unnötige Emissionen zu vermeiden. Weitere Varianten lassen sich entwickeln auf der Basis des ALARA-Prinzips[23], das ebenfalls eine Emissionsminimierung zum Ziel hat und des Vorgehens der „Vorsichtigen Vermeidung" dient.

---

23 ALARA: **As low as reasonably achievable**

5.2 Gesundheitsschutzbezogene Maßnahmen

Die vierte Strategie stellt EMF generell unter den Verdacht, Gesundheitsschäden zu verursachen. Hier wird gefordert, dass EMF-Anwendungen erst dann genutzt werden sollen, wenn nachgewiesen ist, dass keine Gesundheitsrisiken bestehen (Umkehr der Beweislast).

Die Tabelle 3 fasst Vorteile und Nachteile dieser vier gesundheitsbezogenen Vorsorgestrategien zusammen. Sie zeigt, dass es keine Win-Win-Lösung gibt und jede der Strategien auch Nachteile hat. Weiterhin wird deutlich, wie entscheidend die Frage des Besorgnispotenzials ist.

Tabelle 3: Gesundheitsbezogene Vorsorgestrategien

Option	Vorteile	Nachteile
Vorsorge als Zusatzmaßnahmen bei Beibehaltung der ICNIRP-Grenzwerte	Flexibel, entspricht derzeit am besten dem vorhandenen, von den internationalen Gremien ermittelten Besorgnispotenzial	Wird von einigen Interessengruppen möglicherweise als nicht weitreichend genug empfunden; Konflikte dauern an
Vorsorge als Grenzwertverschärfung	Einfache Handhabung	Grenzwerte als Maßnahme zur Gefahrenabwehr setzen gesicherte wissenschaftliche Erkenntnisse voraus, die unter Umständen nicht vorliegen
Vorsorge als Minimierungsgebot	Dynamische Reduktion unnötiger Emissionen	Juristische Umsetzbarkeit fraglich; in Abhängigkeit von den konkreten Regelungen können hohe Folgekosten für die Volkswirtschaft entstehen
Vorsorge als Umkehr der Beweislast bei gleichzeitiger Gefahrenunterstellung	Vorsorgender Gesundheitsschutz, wenn es sich herausstellen sollte, dass unterhalb der Grenzwerte Schädigungen auftreten	Innovationsbarriere, Überregulation und Fehlallokation von Ressourcen, wenn es sich herausstellen sollte, dass unterhalb der Grenzwerte keine Schädigungen auftreten

Die Politik muss sich angesichts der beschriebenen Möglichkeiten entscheiden, ob sie weiterhin einen Grenzwertansatz zugrunde legt (Strategien 1 und 2) oder ob sie sich an einem Minimierungsgebot für EMF-Expositionen bzw. an der Umkehr der Beweislast bis zum Nachweis der Nichtschädigung orientiert (Strategien 3 bzw. 4).

5.3 Prozessbezogene Maßnahmen

Prozessbezogene Vorsorgestrategien zielen in einer ersten Variante zunächst auf die Unterstützung individueller Entscheidungen. Dem liegt das Bild des informierten Verbrauchers zugrunde, der Nutzen und mögliche Risiken kennt und in der Lage ist, diese abzuwägen. Voraussetzung ist jedoch, dass der Konsument auch tatsächlich eine Entscheidung treffen kann. Dies ist zwar bei Kaufentscheidungen in der Regel der Fall, nicht jedoch bei der Standortwahl für Infrastrukturmaßnahmen wie Stromtrassen und Basisstationen.

Daher zielen in einer zweiten Variante prozessbezogene Strategien auf eine Erhöhung von Vertrauen und Glaubwürdigkeit in die regulierenden Institutionen, auf den Abbau von Konflikten im Zusammenhang mit Standortentscheidungen für Mobilfunkbasisstationen oder die Trassenführung von Hochspannungsleitungen sowie auf die Sensibilisierung der Industrie hinsichtlich Vorsorgemaßnahmen. Derartig ausgerichtete Strategien leisten im Gegensatz zur Unterstützung individueller Konsumentenentscheidungen, die durchaus gesundheitsbezogen sein können, zumeist keinen direkten Beitrag zum Gesundheitsschutz und sind daher lediglich Vorsorgemaßnahmen in einem erweiterten Sinne. Zu dieser Strategiegruppe gehören auch motivierende Maßnahmen, um Betreiber von Infrastruktureinrichtungen zu mehr Aufgeschlossenheit gegenüber Vorsorge anzuhalten.

Die *erste Strategie* zur Unterstützung informierter individueller Entscheidungen zielt, wie bereits erwähnt, auf die Konsumenten. Diese sollen entscheiden können, ob sie ein und wenn ja, welches Produkt sie erwerben wollen, und ob sie bereit sind, die damit verbundenen Risiken einzugehen. Zu diesem Zweck sind ihnen entsprechende Produktinformationen zur Verfügung zu stellen. Im EMF-Bereich könnte dazu eine Kennzeichnungspflicht dienen, die über die Emissionen der Geräte informiert. Voraussetzung solcher Kennzeichnungen ist natürlich, dass die Konsumenten die Information auch verstehen und adäquat bewerten können.

5.3 Prozessbezogene Maßnahmen

Zur Umsetzung dieser Strategie bestehen folgende Optionen:

- Entwicklung eines geeigneten „Labels" zur Kennzeichnung von Geräten;
- Zugang zu vergleichenden Bewertungen der Emissionswerte von Geräten in wichtigen Produktklassen;
- Bewertung und Information über die Eignung von EMF-Schutzmaßnahmen.

Es ist jedoch zu bezweifeln, ob die Angabe des SAR-Wertes ausreicht.[24] Denn aus dem SAR-Wert allein lassen sich ohne weit reichende Fachkenntnisse keine Einschätzungen eines möglichen Gesundheitsrisikos ableiten. Hinzu kommt, dass auch die Wirksamkeit von expliziten Warnkennzeichnungen im Hinblick auf eine informierte Entscheidung eher fraglich ist. So zeigen empirische Untersuchungen zum Verständnis von Risikoinformation als Bestandteil von Produktkennzeichnungen (z.B. bei chemischen Produkten), dass es für Konsumenten häufig schwierig ist, aus solchen Informationen eine angemessene Einschätzung des Risikos abzuleiten und so das Risiko richtig zu bewerten (z.B. Viscusi 1994; Wogalter, DeJoy und Laughterty 1999). Obwohl also eine Produktkennzeichnung über potenzielle Risiken im Hinblick auf eine informierte Entscheidung der Konsumenten grundsätzlich wünschenswert ist, kann ihre Nützlichkeit für die Konsumenten nicht ohne Weiteres angenommen werden.

Bezogen auf Handys sind noch weitere Maßnahmen denkbar, die eine vorsichtige Nutzung zum Ziel haben:

- Einschränkung des Mobilfunkgebrauchs bei Kindern und Jugendlichen,
- Verzicht auf Werbung, die speziell auf Kinder und Jugendliche abzielt,
- Nutzungsverbot in Schulen und ähnlichen Einrichtungen.

Die *zweite prozessbezogene Strategie* richtet sich auf den Umgang mit Standortkonflikten bei Infrastrukturanlagen. Hier sind ebenfalls *Informationsaktivitäten* denkbar. Sie sollen vor allem offen legen, welchen elektromagnetischen Feldern Anwohner ausgesetzt sind. Mögliche Maßnahmen sind:

---

24 Risikoinformationen liegen in wissenschaftlichen Diskussionen als Zahlenwerke vor. Sie beziehen sich außerdem auf fachwissenschaftliche Konzepte, Modelle und Theorien. Daraus ergibt sich ein Vermittlungsproblem: (1) Wie können Risikoinformationen in alltagssprachlich bedeutsame Informationen „übersetzt" werden? (2) Wie können komplexe Zusammenhänge prägnant und ohne wesentliche Informationsverluste dargestellt werden? (3) Wie können die praktischen Fragen der Menschen sinnvoll beantwortet werden, ohne die wissenschaftliche Basis zu verlassen?

- Erstellung eines Emissionskatasters aller ortsfesten EMF-Anlagen.
- Verstärktes Monitoring der Feldexpositionen an Orten, an denen Konflikte auftreten (ein derartiges Monitoring wird gegenwärtig schon von der Reg-TP mit ihren Messkampagnen geleistet).
- Monitoring der berufsbedingten Expositionen.
- Monitoring des Gesundheitsstatus von Anwohnern, die in der Nähe von EMF-Anlagen leben (Gesundheitsregister Anwohner).

Aus psychologischer Sicht können Monitoring-Programme im Prinzip als vertrauensbildende Maßnahmen eingestuft werden. Wie bei allen solchen Maßnahmen kommt es hierbei jedoch auf Details der Umsetzung an. Während Messprogramme bei eher unkontroversen Diskussionen um Standorte ausreichen können, um Vertrauen zu bilden, ist bei ausgeprägten Kontroversen mit einem solchen Ergebnis nicht zu rechnen. Außerdem werden einem Monitoring des Gesundheitszustandes aus methodischen Gründen immer enge Grenzen gesetzt sein. Denn es ist nicht auszuschließen, dass Gesundheitsbeeinträchtigungen durch andere Quellen als die EMF-Exposition verursacht sein können, insbesondere dann, wenn es sich um weitgehend unspezifische Beeinträchtigungen handelt.

Konfliktreduzierende Maßnahmen beziehen sich auf die Planungsverfahren beim Bau von EMF-emittierenden Anlagen. Die EU sieht in ihrer Definition des Vorsorgeprinzips eine Beteiligung der Bürger als wesentlich an. Es ist allerdings festzuhalten, dass die Vorstellung, alle könnten über alles direkt mitentscheiden – im Sinne eines universellen Konsenses – kaum praktikabel ist. Gesellschaftliche Risiko- und Vorsorgeentscheidungen können nicht die Summe individueller Entscheidungen sein. Bürgerbeteiligung kann politische Entscheidungsprozesse und deren wissenschaftliche Basis nicht ersetzen. Ziel kann es nur sein, diese Prozesse zu vervollständigen und so die Legitimation von Entscheidungen zu sichern. Dabei geht es um Dialog und Beteiligung. Möglichkeiten sind:

- die rechtzeitige Information über geplante Basisstationen, Stromtrassen oder andere Infrastrukturprojekte,
- die Überprüfung von Standortalternativen mit dem Ziel der Emissionsreduktion,
- die Einbeziehung von Vertretern der Kommunen in Mobilfunknetzplanung (Erarbeiten von Richtlinien) und
- die Einbeziehung der lokalen Öffentlichkeit in die Standortentscheidung.

Motivierende Maßnahmen richten sich an Industrieunternehmen als die Planer von Vorhaben und die Betreiber von Anlagen. Die Maßnahmen dienen dazu, ein höheres Sicherheitsbewusstsein zu schaffen und das Engagement für Vorsorge zu stärken. Im Zentrum könnten Maßnahmen stehen wie:

- die Verbesserung der „Safety Culture" von Unternehmen; gemeint sind Maßnahmen, die dazu beitragen, dass Unternehmen eher risikoaversiv in Bezug auf mögliche Gesundheitsschädigungen agieren,
- die Schaffung von Vorsorgefonds, die an das Emissionsvolumen gekoppelte Einzahlungen vorsehen und so einen Anreiz zur Reduktion von Emissionen beinhalten,
- die Einführung von Haftungsregelungen, die zur Vorsicht anregen, und
- die Bereitstellung von Ansprechpartnern in Gemeinden (Ombudsmänner), an die sich besorgte Bürger wenden können und über deren Tätigkeit der Öffentlichkeit berichtet werden muss.

5.4 Forschungsbezogene Maßnahmen

Forschung ist Vorsorge. Diese Auffassung vertritt u.a. das Bundesamt für Strahlenschutz.[25] Da die deutsche Strahlenschutzkommission bereits detaillierte Hinweise gegeben hat, welche inhaltlichen Schwerpunkte bei der Forschung zu biologischen und gesundheitlichen Auswirkungen von EMF zu setzen sind, sei hier lediglich auf diese Angaben verwiesen (SSK 1999).

Darüber hinaus ist für Forschung als Vorsorge die Orientierung wesentlich, die das Komitee für Risiko-Charakterisierung des US-amerikanischen National Research Councils mit seinen fünf Thesen zur Risikobewertung (NRC 1996) gibt:

- Wissenschaft muss nach den Kriterien bester wissenschaftlicher Praxis erfolgen („Getting the science right").
- Wissenschaft muss die Risikofragen beantworten, die seitens der Politik und der Bevölkerung gestellt werden und dies bei der Prioritätensetzung für die Forschung berücksichtigen („Getting the right science").
- In die Risikobewertung sind alle wesentlichen Interessengruppen einzubeziehen („Getting the right participation").
- Dabei sind zielführende Formen der Beteiligung zu finden („Getting the participation right").
- Die Risikobewertung soll möglichst präzise, ausgewogen und transparent sein („Developing an accurate, balanced, and informative synthesis").

---

25 Das Bundesamt für Strahlenschutz wird weiter seinen Dreierschritt der Vorsorge verfolgen: (1) Forschung zur Klärung offener Fragen, (2) Minimierung der persönlichen Strahlenbelastung insbesondere bei sensiblen Bevölkerungsgruppen und (3) Information der Verbraucherinnen und Verbraucher., Quelle: http://www.interconnections.de/id_71289.html

5.5 Zusammenfassung

Es gibt ganz verschiedene Optionen, um Vorsorge umzusetzen. Bislang offen ist jedoch, ob und wie diese Maßnahmen zur Zielsetzung der Vorsorge beitragen. Das ist mit Sicherheit nicht trivial, denn ohne eine solche Bewertung der Zielerreichung sind Maßnahmen nach dem Kosten-Nutzen-Verhältnis nicht zu bewerten.

Dazu kommt noch eine weitere Frage: Können Vorsorgemaßnahmen nicht auch unerwünschte Folgen haben – solche, die die Absichten und Intentionen ihres Einsatzes konterkarieren?

Insbesondere auf die angestrebte Beruhigungswirkung von Vorsorge hat die Frage nach den nicht intendierten Effekten eine besondere Bedeutung. Wer kann sagen, welche Wirkungen von der Information über Vorsorge ausgehen? Bislang gibt es dazu mehr Vermutungen und kaum evidenzbasierte Aussagen.

6 Risikokommunikation als Gegenstand wissenschaftlicher Forschung

6.1 Definitorische Abgrenzungen

Hazard-Kommunikation zielt auf Warnungen ab. Sie ist einfach in dem Sinne, dass sie – im Gegensatz zur Risikokommunikation – kein Verständnis von Wahrscheinlichkeiten und Unsicherheiten voraussetzt, jedenfalls dann, wenn keine Zweifel darüber bestehen, dass ein Schädigungspotenzial vorliegt. Das Verständnis des Hazards ist hierbei nur dann von Bedeutung, wenn es für das erwünschte Vermeidungsverhalten bedeutsam ist. Das heißt, man muss erkennen können, was bestimmte Warnsignale bedeuten. Im Alltagsleben finden sich dazu zahlreiche Beispiele: Wer etwa auf der Zigarettenpackung den Warnhinweis liest „Rauchen gefährdet Ihre Gesundheit" muss allein diesen Satz verstehen. Ob Rauchen auch gefährlicher ist als das Trinken von Alkohol, spielt erst einmal keine Rolle. Und in welchem Ausmaß das Rauchen von 20 Zigaretten pro Tag die Gesundheit mehr schädigt als das Rauchen von 5 Zigaretten täglich ist auch untergeordnet.

Wer allerdings etwas über sein persönliches Bedrohtsein erfahren will, weiß mehr, wenn er das Risiko versteht. Dies ergibt sich auch unmittelbar aus der Definition von Risiko: Risiko = f (Hazard, Exposition). Allein das Wissen, dass es einen Hazard gibt und welche Charakteristika er hat, reicht für eine Beurteilung des eigenen Bedrohtseins nicht aus. Erst wenn man weiß, in welchem Maße man mit dem Hazard exponiert ist, ist eine Beurteilung des Risikos möglich.

Zugespitzt könnte man formulieren, dass Risikokommunikation dazu dient, eine informierte Abwägung und damit eine reflektierte Entscheidung zu ermöglichen, während die Hazardkommunikation direkter, d.h. ohne reflexive Zwischenschritte, verhaltenswirksam sein kann.

Somit sind auch die Voraussetzungen für das Gelingen von Risikokommunikation weitaus komplexer. Denn zum Verständnis von Risiko gehören noch quantitative Bewertungen: Welcher Exposition bin ich ausgesetzt und wie kritisch ist diese Exposition? Und: Um welchen Faktor ist damit mein Risiko erhöht? Schließlich geht es auch um die Größenordnung des Risikos im Vergleich mit anderen Risiken sowie um die Einschätzung möglicher verstärkender Faktoren. Dagegen ist das Verstehen von Hazardinformation deutlich einfacher: Es kommt nur darauf an zu wissen, dass ein Stoff ein Schadstoff ist (Was kann passieren und wie schlimm ist das?). Die nachfolgende Tabelle fasst diese idealtypischen Schwerpunkte bei der Kommunikation über Hazard und Risiko zusammen.

Tabelle 4: Idealtypische Schwerpunkte der Kommunikation über Hazard und Risiko

Aspekt	Hazardkommunikation	Risikokommunikation
Ziel	Zielt auf Vermeidung ab	Zielt auf informierte Entscheidungen ab (Aufklärung und Empowerment)
Botschaft	Warnung	Höhe des Risikos, kann Warnung oder Entwarnung bedeuten
Informationstypus	Gibt deterministische Information, wenn keine Zweifel am Schädigungspotenzial bestehen	Gibt probabilistische Information
Komplexität	Setzt allein das Verständnis der Gefährdungspotenziale voraus	Setzt zusätzlich zum Verständnis der Schadenspotenziale voraus: • Expositionsausmaß • Wissen um mögliche Wirkungsschwellen • Wissen um die Dosisabhängigkeit des Effektes • Wissen um unterschiedliche Empfindlichkeiten
Typische Schwierigkeit	Verständnis von R- und S-Sätzen sowie von Piktogrammen als Gefahrenkennzeichnungen	Verständnis von kleinen Wahrscheinlichkeiten Unterschied zwischen stochastischen und deterministischen Wirkungen

Aspekt	Hazardkommunikation	Risikokommunikation
	Compliance	Einfluss der intuitiven Risikowahrnehmung sowie von Voreinstellungen zur Risikoquelle und zum Risikoproduzenten auf die Risikowahrnehmung

6.2 Modelle und Theorien der Risikokommunikation

Risikokommunikation als Gegenstand wissenschaftlicher Studien ist wesentlich durch praktische Fragestellungen geprägt, die sich aus ihrer Rolle als Bindeglied zwischen wissenschaftlicher Abschätzung von Umwelt- und Gesundheitsrisiken einerseits und öffentlicher Reaktion andererseits ergibt (vgl. Chess 2001; Fischhoff 1995; Plough und Krimsky 1987). Deswegen ist es nicht überraschend, dass es keinen einheitlichen theoretischen Rahmen für Risikokommunikation gibt. Vielmehr wird, je nach konkreter Problemlage, auf Theorien und Modelle aus unterschiedlichen Disziplinen Bezug genommen. Dabei können drei Schwerpunkte unterschieden werden: (1) die Organisation von Risikokommunikation im Kontext von Risikomanagement, (2) der Inhalt von Risikokommunikation und (3) die dem Verständnis und der Reaktion auf Risikoinformation zugrunde liegenden individuellen Informationsverarbeitungsprozesse.

Zu Beginn der wissenschaftlichen Beschäftigung mit Risikokommunikation standen vor allem die beiden ersten Aspekte Organisation und Inhalt von Risikokommunikation im Vordergrund. So behandelt zum Beispiel das einflussreiche Buch des US-amerikanischen National Research Council „Improving Risk Communication" (National Research Council 1989) zum einen die Frage, wie eine offene und auf Dialog mit den Betroffenen ausgerichtete Risikokommunikation organisiert werden kann. Hierzu gehören beispielsweise Aspekte der rechtlichen und institutionellen Einbindung von Risikokommunikation ebenso wie Probleme der Glaubwürdigkeit von Risikoinformation und des Vertrauens in die kommunizierenden Institutionen (oder Personen). Hintergrund ist das Bestreben, zur Lösung gesellschaftlicher Konflikte um risikobehaftete Technologien beizutragen (vgl. Renn, Webler und Wiedemann 1994). Zum anderen thematisiert das NRC die Probleme der Vermittlung von Risikowissen. Hier geht es um Themen wie Verständlichkeit von Risikoinformation oder die Nutzung von Risikovergleichen. Ausgangspunkt für die Untersuchung dieser Probleme waren meist die

Unterschiede zwischen der Risikoabschätzung von Experten und der Risikowahrnehmung, d.h. dem intuitiven Risikoverständnis von Laien (vgl. Slovic 1986).[26] Die Frage, wie Prozesse der Informationsverarbeitung die Rezeption von und Reaktion auf Risikoinformation beeinflussen, blieb dabei außen vor und ist auch bislang in der Forschung zur Risikokommunikation nur in Ansätzen untersucht worden. Diese beiden Aspekte werden im Folgenden ausführlicher dargestellt.

Zur Strukturierung der vielfältigen Probleme bei der Risikokommunikation wird mitunter auf ein einfaches, am technischen Kommunikationsmodell von Shannon und Weaver (1949) orientiertes Muster zurückgegriffen: Sender (Quelle) → Botschaft → Kanal → Empfänger (z.B. Covello, McCallum und Pavlova 1989; Covello, von Winterfeldt und Slovic 1986; Lundgren 1994), das zum Teil um eine Rückkopplungsschleife: Empfänger → Sender erweitert wird (z.B. Cvetkovich, Vlek und Earle 1989).[27] Einige der aus dieser Perspektive deutlich werdenden Probleme und beispielhafte Untersuchungen sind in der folgenden Tabelle zusammengestellt (vgl. Covello et al. 1986, S. 171).

Tabelle 5: Probleme der Risikokommunikation

Problemquelle	Art des Problems
Sender	• Vertrauen und Glaubwürdigkeit in für das Risikomanagement verantwortliche Personen oder Institutionen (Renn und Levine 1991; Siegrist, Cvetkovich und Roth 2000) • Expertendissens (Schütz und Wiedemann 2005)
Botschaft	• Komplexität der Information (Doble 1995) • Unsicherheiten in der Datenlage (Bottorff, Ratner, Johnson, Lovato und Joab 1998; Johnson und Slovic 1995)
Kanal	• Selektive oder verzerrte Berichterstattung durch die Medien (Combs und Slovic 1979; Kepplinger 1989; Singer und Endreny 1993)

---

26 Ob wissenschaftliche und intuitive Risikoabschätzung tatsächlich so unterschiedlich sind, wie in der Literatur zur Risikokommunikation immer wieder unterstellt wird, ist durchaus kontrovers. Siehe dazu: Rowe & Wright (2001).
27 Oder auch Harold Lasswell's berühmtes: „who says what to whom, how, and with what effect?" (Lasswell 1948), siehe z.B. Gutteling (1996).

6.2 Modelle und Theorien der Risikokommunikation

Problemquelle	Art des Problems
Empfänger	• Eigenarten der Risikowahrnehmung (Slovic 1980) • Vorstellungen zur Risikogenese (Bostrom, Fischhoff und Morgan 1992; Jungermann, Schütz und Thüring 1988) • Übermäßiges Vertrauen in die eigenen Möglichkeiten zur Risikovermeidung (Weinstein 1984, 1989)

In dieser problemorientierten Betrachtungsweise bleiben die einzelnen Forschungsansätze und -ergebnisse meist unvermittelt nebeneinander stehen. Ansatzpunkte für eine Integration der verschiedenen Aspekte können erst psychologische Theorien bzw. Modelle liefern, die aus einer Informationsverarbeitungsperspektive versuchen, einen Zusammenhang zwischen Randbedingungen der Informationsrezeption und Tiefe bzw. Elaboriertheit der Informationsverarbeitung herzustellen.

Hier sind vor allem zwei Modelle zu nennen: das Elaboration Likelihood Model (ELM) von Petty und Cacioppo (1986a. Petty und Cacioppo 1986b; Stahlberg und Frey 1993) und das Heuristic-Systematic Model (HSM) von Chaiken, Liberman und Eagly (1989) (siehe auch: Chaiken 1980). Beide Modelle wurden im Kontext der Forschung zur Einstellungsänderung entwickelt, lassen sich aber mühelos auf das Feld der Risikokommunikation übertragen.

Petty und Cacioppo (1986a; 1986b) unterscheiden in ihrem Elaboration Likelihood Model zwei Wege, auf denen die Einstellungen oder Überzeugungen von Menschen beeinflusst werden können: der zentrale und der periphere Weg (central and peripheral route). Der zentrale Weg erfordert sowohl Motivation wie Fähigkeit zu elaborierter, das heißt zu einer den Inhalt der Botschaft genau analysierenden und vor dem Hintergrund des eigenen Wissens bewertenden Informationsverarbeitung. Es ist offensichtlich, dass eine inhaltliche Verarbeitung von Information immer voraussetzt, dass diese Information für den Rezipienten verständlich ist. Darüber hinaus können aber auch externe Faktoren, wie z.B. Zeitdruck, die Fähigkeit zur Informationsverarbeitung beeinflussen. Für die Motivation ist vor allem die Involviertheit des Rezipienten, d.h. die Bedeutsamkeit des Themas, über das informiert wird, von Bedeutung. Und auch individuelle Faktoren, wie etwa das Bedürfnis nach Kognition (need for cognition) beeinflussen die Motivation. Der zentrale Weg führt zu stabilen und dauerhaften Überzeugungen bzw. Einstellungen. Sind Motivation und/oder Fähigkeit zu elaborierter Informationsverarbeitung nicht gegeben, so wird die Information auf dem peripheren Weg verarbeitet und der Einfluss auf Überzeugungen bzw. Einstellungen ist weniger stabil und dauerhaft. Bei der peripheren Informationsverarbeitung wird auf sachfremde Reize zurückgegriffen, z.b. die Zahl der Argumente, die Attraktivität oder das Geschlecht des Kommunikators oder die Glaubwürdigkeit der Informationsquelle.

Insbesondere diesem letzten Aspekt – Glaubwürdigkeit der Informationsquelle – wird in der Risikokommunikationsforschung eine zentrale Bedeutung für die Wirkung von Risikoinformation zugeschrieben (Renn und Levine 1991) – Otway und Wynne (1989, S. 144) sprechen von der Glaubwürdigkeit als dem „Heiligen Gral der Risikokommunikation". Aus der Perspektive des ELM stellt die Glaubwürdigkeit der Informationsquelle allerdings nur einen peripheren Reiz dar, der nur unter der Bedingung einer wenig elaborierten Informationsverarbeitung für die Beurteilung der Information relevant sein sollte. Verplanken (1991) hat genau dies in einem Feldexperiment zum Einfluss von Risikoinformation über die umwelt- und gesundheitsbezogenen Konsequenzen der Nutzung von Kohle zur Energiegewinnung auf die Risikowahrnehmung der Rezipienten gefunden. Die Glaubwürdigkeit der Informationsquelle beeinflusste die Risikowahrnehmung nur unter der Bedingung wenig elaborierter Informationsverarbeitung. Fand dagegen eine elaborierte Informationsverarbeitung statt, so hat die Glaubwürdigkeit keinen Einfluss auf die Risikowahrnehmung. Die Elaboriertheit der Informationsverarbeitung wurde dabei operationalisiert durch das Ausmaß der Involviertheit und das Bedürfnis nach Kognition; die Risikowahrnehmung wurde als subjektive Wahrscheinlichkeit für verschiedene Konsequenzen auf einer 9-stufigen Skala mit verbalen Labeln gemessen. Weitere Anwendungen des ELM auf Probleme der Risikokommunikation finden sich zum Beispiel bei Dinoff und Kowalski (1999), Earle, Cvetkovich und Slovic (1990) sowie Frewer et al. (1997, 1999).

Das Heuristic-Systematic Model (HSM) von Chaiken (1980; Chaiken, Liberman und Eagly 1989) unterscheidet ebenfalls zwei unterschiedliche Modi der Informationsverarbeitung: Bei der systematischen Informationsverarbeitung wird mit großem kognitiven Aufwand versucht, die Inhalte zu verstehen und zu bewerten. Dies erfordert sowohl die kognitiven Fähigkeiten, die zum Verständnis der Information erforderlich sind, als auch die Möglichkeit, diese kognitiven Fähigkeiten einzusetzen, sowie die Motivation, einen solchen Aufwand zu treiben. Das Ausmaß der Motivation folgt dem Suffizienz-Prinzip: Das HSM postuliert hier, dass Menschen versuchen, sich bei ihrer Urteilsfindung hinreichend sicher zu sein. Für jedes Urteil gibt es einen Konfidenzbereich; und innerhalb dieses Kontinuums liegen die tatsächliche Höhe der Konfidenz, die eine Person in ihr Urteil hat, sowie die gewünschte Höhe der Konfidenz (Suffizienz-Schwelle). Die Motivation für das Ausmaß der Informationsverarbeitung ergibt

6.2 Modelle und Theorien der Risikokommunikation

sich aus dem Abstand zwischen tatsächlicher und gewünschter Konfidenz. Ist die erforderliche kognitive Kapazität vorhanden, so wird die Informationsverarbeitung so intensiv sein, bis die tatsächliche und gewünschte Konfidenz übereinstimmen. Dagegen ist die heuristische Informationsverarbeitung charakterisiert durch eine weniger aufwändige Auseinandersetzung mit den Inhalten einer Botschaft, bei der im Wesentlichen auf bereits vorhandene Wissensstrukturen, einfache Entscheidungsregeln oder kognitive Heuristiken zurückgegriffen wird, um zu einer Einschätzung zu kommen. Obwohl die heuristische Informationsverarbeitung weniger Anforderungen an die kognitive Kapazität und die Motivation des Rezipienten stellt, ist sie doch nicht voraussetzungslos: Um auf Heuristiken zurückgreifen zu können, müssen diese im Gedächtnis gespeichert (Verfügbarkeit) und auch in einem gegebenen Kontext zugänglich sein (Zugänglichkeit).

Zuckerman und Chaiken (1998) diskutieren die Anwendung des HSM auf ein Problem der Risikokommunikation: die Effektivität von Produktwarnhinweisen, und argumentieren, dass die Annahmen des HSM in vielen Fällen mit Ergebnissen aus der Forschung zur Wirkung von Warnhinweisen kompatibel ist. So zeigen solche Studien zum Beispiel, dass die Kenntnisnahme und die Befolgung (Compliance) von Warnhinweisen umso größer ist, je höher die wahrgenommene Gefährlichkeit eines Produktes ist. Die Erklärung folgt aus dem Suffizienz-Prinzip: Je höher die Einschätzung der Gefährlichkeit, desto höher wird die gewünschte Urteilssicherheit sein und damit auch potenziell die Diskrepanz zur tatsächlichen Urteilssicherheit. Damit steigt die Motivation zu einer systematischen Informationsverarbeitung. Nach der gleichen Logik kann das Suffizienz-Prinzip auch andere Befunde erklären, zum Beispiel, dass Kenntnisnahme und die Befolgung von Warnhinweisen umso größer sind, je geringer die Vertrautheit mit einem Produkt ist oder je mehr man sich verantwortlich für den sicheren Umgang mit einem Produkt fühlt.

Ausgehend vom HSM haben Griffin, Dunwoody und Neuwirth (1999) ein Modell der Risikoinformationssuche und -verarbeitung (risk information seeking and processing model; RISP) vorgeschlagen, das Erkenntnisse aus der Risikowahrnehmungsforschung, der Kommunikationsforschung und der sozialpsychologischen Forschung zusammenführen soll. Zentrale Variable dieses Modells, die die Informationssuche und -verarbeitung erklären soll, ist auch hier die Informationssuffizienz, genauer: die Informationsinsuffizienz. Diese ist letztlich nichts anderes als das subjektive Informationsbedürfnis, das sich aus einem perzipierten Informationsdefizit ergibt. Die Informationsinsuffizienz wird zum einen beeinflusst von affektiven Reaktionen (Besorgnis) des Rezipienten, die wiederum vor allem von dessen Risikowahrnehmung (wahrgenommene Wahrscheinlichkeit, wahrgenommene Schwere der Konsequenzen) abhängen sowie vom Vertrauen in Institutionen und dem wahrgenommenen Ausmaß personaler Kontrolle in Bezug auf ein Risiko.

Zum anderen wird die Informationsinsuffizienz beeinflusst von informationsbezogenen subjektiven Normen, d.h. der wahrgenommene soziale Druck, eine bestimmte Art von Informationssuche und -verarbeitung zu zeigen. Risikowahrnehmung und informationsbezogene subjektive Normen ihrerseits werden beeinflusst von individuellen Charakteristika (z.B. risikobezogene Erfahrungen) oder soziodemographischen Variablen (Geschlecht, Bildung, u.ä.).

In einer Reihe von Studien haben Griffin et al. die Annahmen ihres Modells geprüft und zumindest teilweise bestätigt (Griffin et al. 2002, 2004; Kahlor et al. 2003; Neuwirth, Dunwoody und Griffin 2000). So zeigte sich tatsächlich ein positiver Zusammenhang zwischen der Informationsinsuffizienz und der Tendenz zu systematischer Informationsverarbeitung, die erwartete negative Beziehung zwischen Informationsinsuffizienz und der Tendenz zu heuristischer Informationsverarbeitung konnte allerdings nicht bestätigt werden (Kahlor et al. 2003). Auch zu anderen Elementen des Modells gibt es unterschiedliche Ergebnisse: zum Beispiel der erwartete positive Zusammenhang zwischen affektiver Reaktion (Besorgnis) und Informationsinsuffizienz sowie den informationsbezogenen subjektiven Normen und Informationsinsuffizienz. Gefunden wurde auch der erwartete positive Zusammenhang zwischen Risikowahrnehmung (wahrgenommener Wahrscheinlichkeit bzw. wahrgenommener Schwere der Konsequenzen) und affektiven Reaktionen (Besorgnis). Dagegen zeigte sich kein statistisch signifikanter Zusammenhang zur wahrgenommenen personalen Kontrolle (Griffin et al. 2004). Für das gesamte Modell gilt, dass auch da, wo statistisch signifikante Zusammenhänge aufgezeigt werden konnten, die Größe der Effekte eher gering ist: Die Regressionskoeffizienten liegen typischerweise im Bereich von .0,10 bis 0,30.

Andere Anwendungen des HSM auf Probleme der Risikokommunikation haben Trumbo (1999, 2002) und Johnson (2005) vorgelegt. Sie ähneln dem RISP-Modell, benutzen aber unterschiedliche Operationalisierungen. So ist es nicht überraschend, dass auch die Ergebnisse zum Teil unterschiedlich ausfallen. Während sich zum Beispiel bei Trumbo (1999) der positive Zusammenhang zwischen Informationsinsuffizienz und systematischer Informationsverarbeitung bestätigt, zeigt sich bei Johnson (2005) und Trumbo (2002) kein Zusammenhang. Dagegen findet Trumbo (1999, 2002) einen negativen Zusammenhang zwischen Informationsinsuffizienz und heuristischer Informationsverarbeitung, der sich weder bei Johnson (2005) noch bei Kahlor et al. (2003) zeigt.

Ein weiteres Modell, an das angeknüpft werden kann, ist das HAPA-Modell von Schwarzer (1992, 1999, 2001).[28]

---

28 HAPA: Health Action Process Approach

6.2 Modelle und Theorien der Risikokommunikation

Dieses Modell (Abb. 2) versteht Risikowahrnehmung als einen motivierenden Faktor. Für die Ausführung von Schutz- bzw. Vorsorgemaßnahmen seitens einer Person ist dieser Faktor zwar notwendig, aber nicht hinreichend. Es müssen noch positive Handlungserwartungen sowie Selbstwirksamkeitserwartungen hinzu kommen. Erst dann kann man davon ausgehen, dass das Verhalten auch initiiert wird.

Abbildung 2: HAPA-Modell nach Schwarzer et al. (2003)

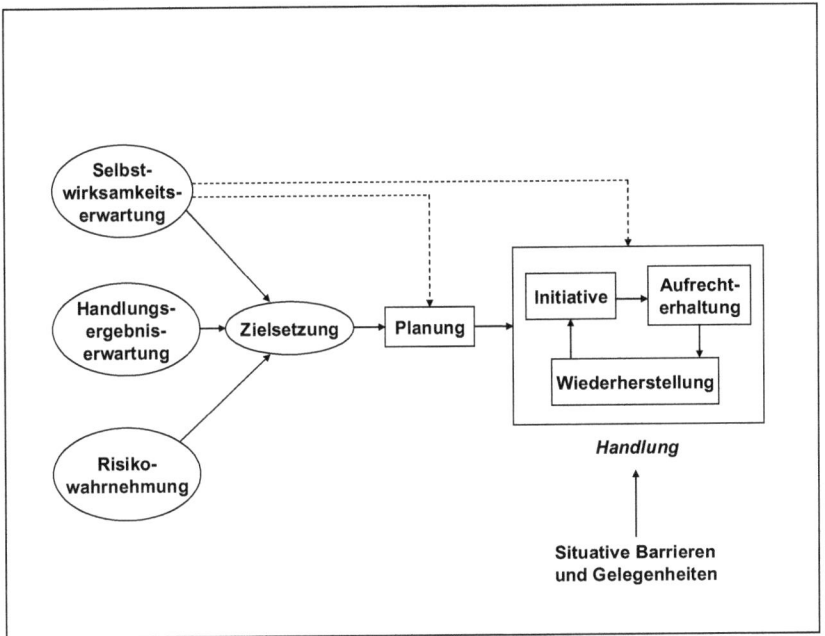

Eine abgeleitete, aber wichtige Schlussfolgerung aus dem HAPA-Modell bezieht sich auf die Folgen der Kommunikation über Vorsorge. Es erscheint plausibel anzunehmen, dass auch indirekt, d.h. aus den Hinweisen zur Verhaltensplanung und zum nötigen Verhalten, Schlussfolgerungen über die Höhe des Risikos abgeleitet werden können. Bezogen auf Vorsorge: Wird mehr Vorsorge gefordert, so kann damit die Auffassung gestärkt werden, dass ein Risiko existiert.

7 Befunde der Forschung zur Risikowahrnehmung

7.1 Intuitive Risikobewertung

Selbstverständlich kann man bei Laien nicht das Wissen voraussetzen, das erforderlich ist, um mit wissenschaftlicher Genauigkeit Risiken zu bewerten. Laien führen keine Risikoanalyse durch, ihr Wissen um toxikologische und epidemiologische Verfahren, über Grenzwerte und über die komplizierten Verfahrenswege des Risikomanagements ist begrenzt. Deshalb ist es auch nicht verwunderlich, dass Laien und Experten sich bei der Risikobewertung zum Teil beträchtlich unterscheiden. Allerdings ist die Ursache für diesen Unterschied nicht allein auf das Wissensdefizit der Laien zurückzuführen. Vielmehr liegen der wissenschaftlichen Risikoanalyse und der intuitiven Risikobeurteilung unterschiedliche Risikokonzepte, kognitive Verarbeitungsweisen zugrunde. Schließlich greifen Laien und Experten im Regelfall auch auf verschiedene Informationsquellen zurück.

Die Risikobewertungsansätze von Laien sind im Ansatz breiter als die der Experten. Sie sind mehr meinungs- als wissensbasiert. Lappe (1991) zeigt, dass sich Risikowahrnehmungen in drei verschiedene Cluster gruppieren lassen (Lappe 1991: 74ff): (1) ein Cluster, wo die Bekanntheit von Risiken (z.B. Zigaretten, Alkohol) dominiert – dieses Cluster umfasst Produkte, die Lappe als „Risky Risks" bezeichnet. (2) Ein weiteres Cluster umfasst Risiken, bei denen offenbar Risiko-Nutzen-Abwägungen vorgenommen werden (im positiven Bereich z.B. Auto, Flugzeug; im negativen Bereich z.B. Lebensmittelzusätze). Dieses Cluster beinhaltet Produkte, die als „Risk-Benefit-Items" bezeichnet werden können. (3) Schließlich findet sich ein Cluster, das Risikoquellen betrifft, die mit Ängsten verbunden sind (z.B. Kernenergie, AIDS, Biotechnologie). Diese lassen sich als „Mega-Threats" bezeichnen.

In einer anderen Studie demonstrieren Gregory und Mendelsohn (1993), dass Laien zwei verschiedene Bewertungen im Hinblick auf Risiken treffen können: zum einen, ob das Risiko furchterregend ist und zum anderen, ob damit Todesfälle verknüpft sind. Beide Risikobewertungen unterscheiden sich. Man könnte im ersten Fall von einer eher emotionalen Risikobewertung sprechen, die sich dominant am Schreckenspotenzial ausrichtet und dabei Wahrscheinlichkeiten ignoriert. Im zweiten Fall handelt es sich um eine stärker kognitiv orientierte Risikoeinschätzung, die Wahrscheinlichkeiten stärker gewichtet.

Wiedemann und Kresser (1997) weisen darauf hin, dass Laien zwei unterschiedliche Ansätze zur Risikobewertung verwenden können. Zum einen handelt es sich um eine konsequenzenbezogene Vorgehensweise, zum anderen um eine akteursbezogene Strategie. Sie unterscheiden sich darin, welche Risikosysteme betrachtet werden.

Die *konsequenzenbezogene* Risikobewertung von Laien ist die intuitive Variante der wissenschaftlichen Risikobewertung. Zwei Fragen stehen dabei im Mittelpunkt. Betrachtet werden (1) die Folgen: Was passiert, wenn das mit Stoff X verbundene Risiko eintritt? sowie (2) die Wahrscheinlichkeit, mit der die Folgen eintreten: Wie sicher ist das? Hierbei können zwar ganz unterschiedliche Arten von Folgen, beispielsweise für unterschiedliche Umweltmedien oder für den Menschen angenommen werden. Der Bewertung liegt aber immer ein Ursache-Folgen-Schema zugrunde. Die psychologische Forschung hat darüber hinaus gezeigt, dass neben den Folgen und der Wahrscheinlichkeit zusätzliche Aspekte in die Risikobeurteilung eingehen (siehe Slovic 1992).

Die *akteursbezogene* Risikobewertung, die sich in der Orientierung am Risikohintergrund ausweist, fokussiert auf den Handlungsbedarf (Braucht man X?), den Handlungsträger (Wem wird X zugerechnet, welche Motive hat dieser Akteur und welche Eigenschaften?), die Handlungsnormen (Etwa: Entspricht die Produktion von X gültigen Normen?), den Handlungsnutzen (Wie nützlich ist X?) und die Handlungskontrolle (Wer kontrolliert X? Ist das ausreichend?) Im Mittelpunkt der akteursbezogenen Risikobewertung stehen also Handlungs- und Managementprobleme wie auch Fragen der Zurechnung und die Verantwortbarkeit des Handelns.

Beide Risikokonzepte – das konsequenzen- und das akteursbezogene – werden von Laien für die Bewertung von Risiken genutzt. Laien können bei der Risikobewertung also einmal über die Generierung möglicher Folgen und deren Bewertung zu einem Risikourteil gelangen. Obwohl diese Form – grosso modo – der wissenschaftlichen Risikoanalyse ähnelt, finden sich jedoch im Einzelnen gravierende Unterschiede (siehe dazu die folgenden Abschnitte). Laien können aber auch anders vorgehen und das soziale System der Risikogenerierung bewerten.

Facetten des konsequenzen- und akteursbezogenen Risikokonzepts

Nur beim konsequenzenbezogenen Risikokonzept spielen die beiden Aspekte „Schaden" und „Wahrscheinlichkeit" eine zentrale Rolle. Wie schon bemerkt, können aber je nach Art der Risikoquelle auch andere Beurteilungsmerkmale

7.1 Intuitive Risikobewertung

herangezogen werden (vgl. Harding und Eiser 1984; Gardner und Gould 1989; Schütz, Wiedemann und Gray 1995, Karger und Wiedemann 1996). Im Gegensatz zu Experten, die *allein* Wahrscheinlichkeit und Schadensausmaß bewerten, orientieren sich Laien bei der Risikobeurteilung darüber hinaus an Merkmalen der Risikoquelle (bekannt, unbekannt), der Exposition (freiwillig, unfreiwillig), am Wissen über das Risiko, der emotionalen Betroffenheit (Schrecklichkeit) und an Aspekten des Risikomanagements (Kontrollierbarkeit).

Viele dieser Faktoren sind eng miteinander korreliert. Wird ein Risiko z.B. als unfreiwillig empfunden, so wird es auch sehr oft als nicht persönlich kontrollierbar eingeschätzt. Mittels faktorenanalytischer Verfahren haben deshalb Slovic und Mitarbeiter versucht, die komplexe Risikobewertung von Laien auf Grunddimensionen zu reduzieren (Slovic, Fischhoff und Lichtenstein 1980). Zwei Dimensionen spielen dabei eine Rolle. Dabei erfolgt die Bewertung von Risiken danach, wie stark sie einerseits als schreckenerregendes bzw. als nicht schreckenerregendes Risiko empfunden werden (z.B. Kontrollierbarkeit, Katastrophenpotenzial, Freiwilligkeit und Betroffenheit) und wie stark sie andererseits als bekanntes bzw. unbekanntes Risiko eingeschätzt werden (z.B. neues Risiko, nicht direkt wahrnehmbare Gefahr, verzögerte nachteilige Folgen und der Wissenschaft nicht bekanntes Risiko).

Vor allem der Grad der Einstufung als schreckenerregendes Risiko beeinflusst, wie Laien ein Risiko einschätzen. Je stärker ein Risiko als schreckenerregend eingestuft wird, um so eher und umso mehr werden Maßnahmen zur Reduzierung dieses Risikos verlangt. Und je stärker ein Risiko als unbekannt oder schreckenerregend eingestuft wird, desto größer ist die Signalwirkung, die ein Unglücksfall, der von diesem Risiko herrühren kann, haben wird, d.h. desto mehr Besorgnis wird ein solcher potentieller Unglücksfall in der Bevölkerung auslösen und desto größer wird das Medienecho sein, das er findet.

Eine Vielzahl von Untersuchungen (siehe dazu im Überblick Rohrmann 1999) haben die Befunde von Slovic et al. (1979, 1985) repliziert. In einer Reihe von Untersuchungen konnte aber gezeigt werden, dass die von Slovic untersuchten Risikofaktoren für verschiedene Techniken von unterschiedlicher Bedeutung sind (siehe Gardner und Gould 1989, Harding und Eiser 1984, Schütz, Wiedemann und Gray 1995. So ist das Katastrophenpotenzial für die Kernenergie ein maßgeblicher Faktor, jedoch nicht für Hochspannungsleitungen und Biotechnologie (im Überblick dazu Wiedemann 1993). Die neuere Risikowahrnehmungsforschung versucht deshalb auch, die spezifisch relevanten Risikofaktoren für die jeweilig betrachtete Technologie zu ermitteln.

Dabei spielen emotionale Befindlichkeiten, der aktivierte Wissensrahmen (Frames) und Urteilsheuristiken eine Rolle.

Spezielle Schwierigkeiten haben Laien mit der Beurteilung von kleinen Wahrscheinlichkeiten (Genaueres dazu in Abschnitt 5.3) So zeigt sich beispielsweise ein systematischer Beurteilungsfehler: Alltägliche Todesursachen wie Asthma oder Schlaganfall werden hinsichtlich ihrer Auftretenshäufigkeit deutlich unterschätzt, während spektakuläre Todesursachen wie Mord oder Naturkatastrophen überschätzt werden (Lichtenstein, Slovic, Fischhoff, Layman und Combs 1978). Eine Erklärung für diese Urteilsverzerrung liefert die so genannte Verfügbarkeitsheuristik: Menschen schätzen die Wahrscheinlichkeit von Ereignissen umso höher ein, je leichter sie sich diese oder ähnliche Ereignisse vorstellen oder an sie erinnern können, je leichter diese also kognitiv verfügbar sind (vgl. Abschnitt 8.3). Laien unterliegen außerdem dem Framing-Effekt (life lost versus life saved), dem Certainty- bzw. Pseudocertainty-Effekt, dem Omission Bias sowie dem Confirmation Bias (siehe Dawes, 1988, Jungermann und Slovic 1993; vgl. Abschnitt 8.4).

Untersuchungen zeigen, dass Laien offenbar nicht in dem Maße wie Experten zwischen unterschiedlichen Graden von Toxizität differenzieren. Sie beachten weiterhin auch kaum Dosis-Wirkungs-Beziehungen. Dies wird in einer Untersuchung von Kraus, Malmfors und Slovic (1992) deutlich, die die Beurteilung chemikalischer Risiken durch Toxikologen und Laien verglichen. Hier fallen eine Reihe gravierender Unterschiede auf.

Zum Beispiel zeigte sich, dass für die meisten Laien der bloße Kontakt mit einer toxischen Substanz schon ausreichte, um eine Gesundheitsgefährdung zu erwarten. Ebenfalls anders als für die Mehrzahl der befragten Toxikologen spielt bei der Risikobeurteilung für viele Laien eine Rolle, ob eine Chemikalie natürlichen Ursprungs ist oder nicht. Von ihnen werden natürliche Chemikalien als weniger gefährlich eingeschätzt.

Auch bei der Frage nach der Übertragbarkeit der Ergebnisse von Tierversuchen auf den Menschen zeigen sich deutliche Unterschiede: Die überwiegende Mehrzahl der befragten Laien hält dies ohne Weiteres für möglich. Allerdings zeigt sich bei dieser Frage, dass sich auch bei den Experten große Uneinigkeiten ergeben können. Gerade die Uneinigkeit von Experten, die bei vielen Risikokontroversen zu beobachten ist, kann aber von der Öffentlichkeit als Indikator dafür gewertet werden, dass auch die Wissenschaft nicht genau weiß, wie ein Risiko einzuschätzen ist und zu Verunsicherung führen (vgl. Ruff 1990). Als ein Mythos erweist sich allerdings die mitunter in der öffentlichen Diskussion zu hörende Behauptung, die Öffentlichkeit würde nach dem Null-Risiko verlangen. Die befragten Laien stimmen mehrheitlich dieser Forderung nicht zu (Kraus, Malmfors und Slovic, 1992).

Bei der akteursbezogenen Risikobewertung ist die soziale Wahrnehmungsgestalt des Risikos sowie dessen Anschlussfähigkeit an bestehende Werte und

Orientierungen bedeutsam (Coates et al. 1986, Heath 1988). Unter anderem bedeutet dies, dass ein Risiko einprägsam zu sein hat. Es muss einem bestimmten „Täter" oder einer „Tätergruppe" zuordenbar sein, z.B. einem bestimmten Unternehmen. Darüber hinaus ist es notwendig, dass eine „Opfergruppe" vorhanden ist, die durch den Täter geschädigt wird oder geschädigt werden kann. Kritische Ereignisse wie Unfälle oder Störfälle verstärken dann die Aufmerksamkeit für das Risiko. Schließlich müssen auch im Zusammenhang mit dem Risiko bessere Alternativen existieren, d.h. andere technische oder sonstige Möglichkeiten, die Schäden für die „Opfergruppe" ausschließen.

In vielen Studien zur Risikoperzeption werden auch immer wieder die Faktoren „Vertrauen in den Risikokontrolleur" oder „Vertrauen in die Angemessenheit der bestehenden Sicherheitsstandards" an zentraler Stelle genannt. (u.a. in Bord und O'Connor 1990; Stolwijk et al. 1985; MacGregor und Slovic 1989). Insbesondere der Nahrungsmittel- und der Medikamentenbereich sind hierfür Beispiele. Ein Zusammenhang dieses Vertrauens bzw. Misstrauens mit der Zugehörigkeit zu einer bestimmten Risikokultur scheint plausibel und würde darauf hindeuten, dass neben der Perzeption von Produktmerkmalen auch soziale Wahrnehmungen, z.B. Misstrauen in den Risikokontrolleur aufgrund entsprechender (persönlicher) Erfahrungen in der Vergangenheit (vgl. Renn und Levine 1991), die Risikowahrnehmung beeinflussen.

Zur Kennzeichnung dieses Sachverhalts lässt sich der Begriff der Risiko-Story verwenden (vgl. Abschnitt 8.4.3).

7.2 Schwierigkeiten beim Verständnis von Risikoinformation

Schwierigkeiten bei der Kommunikation über Risiken sind seit vielen Jahren Gegenstand der Forschung (siehe dazu auch Wiedemann und Schütz 2006). Es geht dabei vor allem um die folgenden Aspekte.

Risikoangaben werden von Laien kaum richtig zu interpretiert werden (Gigerenzer und Edwards 2003). Schwierigkeiten zeigen sich insbesondere bezüglich der Referenzfälle, relativer Risiken (Was bedeutet das?) sowie bedingter Wahrscheinlichkeiten (Conjunction fallacy, Tversky und Kahneman 1983). Außerdem zeigt sich, dass Laien oftmals Basisraten ignorieren (Bar-Hillel 1980). Diese Phänomene sind auch bei der Interpretation von epidemiologischen und anderen Untersuchungen, die zur Risikoabschätzung herangezogen werden, zu erwarten.

Bedeutung von Wahrscheinlichkeitsaussagen: Die Bedeutung von Wahrscheinlichkeitsaussagen ist nicht immer klar, zumal es hier auch im wissenschaftlichen Verständnis durchaus unterschiedliche Interpretationen des Wahrscheinlichkeitsbegriffs gibt (z.B. Gigerenzer et al. 1989). Zwar sind auch im Alltag Wahrscheinlichkeitsaussagen allgegenwärtig – etwa im Wetterbericht. Eine analoge Situation besteht, wenn ein Arzt einem Patienten sagt, dass bei einem Medikament eine 30%-ige Wahrscheinlichkeit für eine bestimmte Nebenwirkung besteht. Er will damit zum Ausdruck bringen, dass bei 3 von 10 Patienten, die das Medikament einnehmen, mit dieser Nebenwirkung zu rechnen ist. Der Patient dagegen versteht dies vielleicht ganz anders – dass er nämlich in 30% der Zeit, in der er das Medikament einnimmt, an den Nebenwirkungen leidet (dazu Gigerenzer 2002, 14f.). Es ist zuweilen nicht klar, auf welche Ereignisklasse sich Wahrscheinlichkeitsaussagen beziehen.

Probleme mit kleinen Wahrscheinlichkeiten: Häufig ist die Wahrscheinlichkeit für einen Gesundheitsschaden nur sehr gering. So liegt etwa in Deutschland die Wahrscheinlichkeit, an Grippe zu sterben, ungefähr bei $p = 10^{-6}$ oder 1:1.000.000 (Gesundheitsberichterstattung des Bundes 2004).[29] Viele Menschen haben Schwierigkeiten, kleine Wahrscheinlichkeiten sinnvoll zu interpretieren und insbesondere zwischen den Größenordnungen solcher sehr kleiner Wahrscheinlichkeiten (z.B. 10^{-6} vs. 10^{-5}) zu unterscheiden (Camerer und Kunreuther 1989; Magat, Viscusi und Huber 1987). Dies ist wenig überraschend, denn solche Größenordnungen liegen außerhalb des üblichen menschlichen Erfahrungsbereichs.

Verständnis von qualitativen Wahrscheinlichkeitsangaben: Verbale Wahrscheinlichkeitsangaben werden von Laien oft als vage eingeschätzt (vgl. Budescu und Wallsten 1985; 1995, Fillenbaum, Wallsten, Cohen und Cox 1991; Wallsten, Budescu, Rapoport, Zwick und Forsyth 1986; Zimmer 1983). Darüber hinaus ist ihre Interpretation offenbar leicht durch den Kontext beeinflussbar. Kontextuelle Effekte auf die numerische Interpretation von verbalen Beschreibungen der Wahrscheinlichkeit wie z.B. „einige", „wenige", „viele" oder bei der Häufigkeit wie z.B. „selten" sind in einer Reihe von Studien festgestellt worden (Beyth-Marom 1982; Brun und Teigen 1988; Budescu und Walsten 1985; Fillenbaum, Wallsten, Cohen und Cox 1991; Gonzales und Frenck-Mestre 1993; Hamm 1991; Teigen 1988; Weber und Hilton 1990).

Verbale Ausdrücke können auf subtile Weise Bewertungen beeinflussen (vgl. Budescu und Wallsten 1995; Moxey und Sanford 1993; Champaud und Bassano 1987). So gibt es Ausdrücke, die das Vorhandensein eines Ereignisses hervorheben wie z.B. „wahrscheinlich" oder „möglicherweise" und solche, die das Nicht-Vorhandensein betonen, wie z.B. „zweifelhaft" (vgl. Teigen und Brun 1999; 2000).

---

29 Sterbefälle je 100.000 Einwohner (ab 1998, Region, Alter, Geschlecht, ICD-10): J11 Grippe. (Im Internet unter: http://www.gbe-bund.de/)

7.2 Schwierigkeiten beim Verständnis von Risikoinformation

Uminterpretation von quantitativen Wahrscheinlichkeiten: Unter Umständen muss auch damit gerechnet werden, dass (vor allem quantitative) Risikocharakterisierungen mitunter dichotom rekodiert werden. Lippman-Hand und Fraser (1979) fanden beispielsweise, dass viele Personen, die im Rahmen einer genetischen Beratung quantitative Wahrscheinlichkeitsangaben über das Auftreten eines genetischen Defektes bekommen hatten, dazu tendieren, dies in „Entweder-oder" Kategorien zu übersetzen. Ähnliche Beobachtungen lassen sich auch für Technik- oder Umweltrisiken machen. Häufig interessiert die Betroffenen nicht die Frage, wie groß bzw. klein die Wahrscheinlichkeit ist, dass es zu Gesundheitsschäden kommt, sondern ob die Möglichkeit besteht oder nicht (Van der Pligt und De Boer 1991).

Schwierigkeiten mit dem „Relativen Risiko": Stone, Yates und Parker (1994) fanden, dass Risikoinformationen in Form relativer Risiken (z.B. Verdopplung des vorliegenden Risikos), einen stärkeren Einfluss auf das Urteil ausüben als die Beschreibung in Form der Inzidenzrate. Dies trifft vor allem bei sehr kleinen Wahrscheinlichkeiten zu. So werden extrem kleine Inzidenzraten als fast Null wahrgenommen, während dies bei der Angabe des Relativen Risikos nicht der Fall ist. In den Experimenten von Stone, Yates und Parker (1994) sind die Personen bereit, mehr für ihre Sicherheit zu bezahlen, wenn die Risikoreduktion relativ präsentiert wurde im Vergleich zu einer Darstellung mit Hilfe der Inzidenzrate. In die gleiche Richtung gehen die Ergebnisse von Magat, Viscusi und Huber (1987). Halpern, Blackman und Salzman (1989) stellten fest, dass die Wahrscheinlichkeitsdarstellung in Form des relativen Risikos zu einer Erhöhung der Risikobewertung führte, verglichen mit einer Darstellung der gleichen Wahrscheinlichkeit mit Hilfe der Häufigkeit von Todesfällen. Halpern und Mitarbeiter erklären diesen Unterschied damit, dass die Befragten, welchen die Häufigkeit bzw. die absolute Zahl der Todesfälle bekannt war, durch das Wissen um diese Basisrate (d.h. die Grundhäufigkeit) das Risiko anders beurteilen.

Verständnis von quantitativen Risikoangaben: Purchase und Slovic (1999) zeigen, dass die unterschiedliche Darstellung einer Risikoabschätzung für ein numerisch gleich großes Risiko zu einer unterschiedlichen Risikowahrnehmung führt, je nach dem ob die Abschätzung als Schwellenwert- oder Nicht-Schwellenwert-Abschätzung präsentiert wird. In ihrer experimentellen Untersuchung variierten die Autoren die Darstellung des Risikos durch krebserzeugende Stoffe in der Nahrung. Einmal wurde das Krebsrisiko als 1 zu 100.000 dargestellt (Non-threshold-Modell), im anderen Fall als 100.000-fache Unterschreitung des entsprechenden NOAEL bei Tierversuchen (NOAEL + Sicherheitsfaktor). Obwohl in diesem konstruierten Beispiel die beiden Angaben einander rechnerisch entsprechen, führte die Darstellung als Non-threshold-Modell zu einer höheren Risikowahrnehmung – übrigens nicht nur bei Laien, sondern auch bei Experten.

Interpretation von Grenzwerten: Johnson und Chess (2003) zeigten, dass der Verweis auf das Einhalten von Grenzwerten nur von begrenzter Wirksamkeit für die Beruhigung bestehender Risikobefürchtungen ist. Ob dies an dem mangelnden Verständnis von Grenzwerten bzw. den der Grenzwertsetzung zugrunde liegenden Verfahren oder aber an mangelndem Vertrauen in die ausführenden Institutionen liegt, bleibt dabei offen.

7.3 Schwierigkeiten beim Verständnis von Unsicherheit

Unsicherheit war bislang kein essentielles Thema der Forschung zur Risikokommunikation. Jedenfalls kann man zu dieser Einschätzung kommen, wenn man sieht, dass es dazu nur wenige empirische Studien gibt.

Eine Roadmap der Forschung zur Unsicherheit in der Risikokommunikation müsste mindestens vier Pfade ausweisen:

1. Welche Informationslücken zum Risiko werden als gravierend angesehen? Worüber wollen Menschen zuerst informiert werden?
2. Wie hängen Unsicherheits- und Risikowahrnehmung zusammen?
3. Welche Folgen haben Informationen über Unsicherheit?
4. Von welchen Bedingungen hängt die Bewertung von Unsicherheit ab?

Johnson (2003) zeigte, dass die Mehrheit der Befragten eine einfache Bewertung (Ist es X sicher?) gegenüber der Angabe von Unsicherheiten vorziehen, die zumeist auch nicht verstanden werden.

Lion, Meertens und Bot (2003) haben untersucht, welche Informationen Laien bezüglich unbekannter Risiken präferieren. Es zeigte sich, dass Laien vor allem an den Aspekten „Wie ist man exponiert?", „Welche Konsequenzen hat das Risiko?", „Worin besteht das Risiko?" und „Wie groß ist die Wahrscheinlichkeit?" interessiert sind.

MacGregor et al. (1994) konnten feststellen, dass Unsicherheitsangaben die Risikowahrnehmung beeinflussen; Bord und O'Connor fanden (1992) einen Einfluss auf die Besorgnis. In einer Reihe von experimentellen Untersuchungen ist Thalmann (2005) der Wahrnehmung und Interpretation verbaler Charakterisierungen von Evidenzstärken nachgegangen. Es handelte sich dabei u.a. um die Evidenzstärke-Kategorien der deutschen Strahlenschutzkommission (SSK), die diese zur Beschreibung der Beweislage bezüglich gesundheitlicher Effekte von

7.3 Schwierigkeiten beim Verständnis von Unsicherheit

EMF nutzt. Es stellt sich heraus, dass die Probanden Hinweis, Verdacht und Nachweis eines Risikos anders einschätzen als es die SSK vorsah. Entgegen der von der SSK erwarteten Reihenfolge Nachweis > Verdacht > Hinweis bildeten rund die Hälfte (55%) der Befragten die Reihenfolge Nachweis > Hinweis > Verdacht. Das heißt: Die Probanden interpretierten die Evidenzkategorie „Hinweis" beweiskräftiger als „Verdacht". Außerdem zeigen sich enorme Differenzen zwischen den Probanden.

Die Thematisierung von Unsicherheiten bei der Information über Risiken führt zu unterschiedlichen Bewertungen. Zum Teil führt sie zu einer Steigerung im Vertrauen in die Informationsquelle, zum Teil wird sie aber auch als Zeichen von Inkompetenz und Unehrlichkeit gewertet (vgl. Johnson und Slovic 1995). Ähnliche Ergebnisse zeigt auch die Fokusgruppen-Studie von Schapira et al. (2001), hier insbesondere bei den weniger Gebildeten. In einer weiteren Studie zur Wahrnehmung und Bewertung von Unsicherheit in Risikoabschätzungen (Johnson und Slovic 1998) fanden die Autoren, dass bei Intervallangaben die obere Grenze als der glaubwürdigste Schätzwert angesehen wird. Ähnliches stellt auch Viscusi (1997) fest. Zudem wird die Ursache von Unsicherheit nicht in der Natur der Sache gesehen, sondern zumeist sozialen Faktoren zugeschrieben (Eigeninteressen der Experten, Inkompetenz). Außerdem glaubt nahezu die Hälfte der Befragten, dass die Behörden nur dann ein Risiko kommunizieren, wenn dieses beträchtlich ist. Ungefähr die Hälfte der Befragten präferierte eine „Entweder-oder-Kommunikation", d.h. eine klare Botschaft über das Vorliegen oder Nichtvorliegen eines Risikos (Johnson und Slovic 1998). Die Befunde von Johnson (2003) replizierten diese Ergebnisse im Wesentlichen. Dabei zeigte sich, dass generelle Einstellungen und Bewertungen gegenüber dem Informationsgeber einen Einfluss auf die Bewertung der Unsicherheit haben. Personen, die misstrauisch sind, werten die Angabe von Unsicherheiten eher als Zeichen von Unehrlichkeit und Inkompetenz. Gefragt, warum Experten Unsicherheiten bezüglich ihrer Risikoabschätzungen angeben, lieferten die Probanden eher negative Erklärungen (unzureichendes Wissen, Täuschungsintention usw.).

Kuhn (2000) stellt fest, dass die Interpretation von Unsicherheitsangaben von Voreinstellungen und von der Art der Unsicherheitsdarstellung abhängt. Risikobesorgte Personen glauben eher der Worst-case-Abschätzung eines Risikos durch eine Kritikergruppe und nicht der niedrigen Abschätzung einer Behörde. Deshalb weisen sie auch eine höhere Risikoeinschätzung auf, verglichen mit eher Unbesorgten. Dieser Gruppenunterschied konnte nicht gefunden werden, wenn die Unsicherheit als Konfidenzintervall oder rein verbal ausgedrückt wird, d.h. wenn sich dabei keine Angaben zu den jeweiligen Quellen finden. Vereinfacht ausgedrückt: Menschen glauben denen, denen sie vertrauen.

Miles und Frewer (2003) untersuchten den Einfluss von sieben verschiedenen Typen von Unsicherheiten der Risikoabschätzung auf die Risikowahrnehmung (Unsicherheiten bei der Interspezies-Generalisierung, Messfehler, Expertendissens, Unsicherheit bzgl. der Höhe des Risikos, Variabilität und Expositionsunsicherheiten, Unsicherheiten in Bezug auf das Risikomanagement). Die Ergebnisse deuten darauf hin, dass der Einfluss von Unsicherheiten auf die Risikowahrnehmung kontextspezifisch ist: Es kommt z.b. darauf an, ob es sich um die Risikoabschätzung von BSE oder Pestiziden handelt. Weiterhin finden sich Hinweise darauf, dass Unsicherheiten bezüglich des Risikomanagements, der Größe des Risikos sowie der Interspezies-Generalisierung den größten Effekt auf das wahrgenommene Risiko haben.

Ogden et al. (2002) konnten in Bezug auf die Interaktion von Arzt und Patient zeigen, dass das Vertrauen von der Art und Weise beeinflusst wird, wie Unsicherheiten geäußert werden. Zum Beispiel macht es einen Unterschied, ob ein Arzt in einem Fachbuch nachschlägt und damit implizit seine Unsicherheit demonstriert oder die Unsicherheit explizit verbal ausgedrückt wird („Ich bin mir nicht sicher"). Solche verbalen Äußerungen haben eher einen negativen Effekt.

Sjöberg (2001) stellt fest, dass der Glaube an unbekannte Risiken bei Nichtexperten (einschließlich Politiker) im Vergleich zu Experten wesentlich stärker ausgeprägt ist; er beeinflusst die Risikowahrnehmung stärker als das Vertrauen in die verantwortlichen Behörden.

7.4 Bedingungen und Korrelate der Wahrnehmung von Risiko und Unsicherheit

7.4.1 Biases und Heuristiken

Die Forschung zur Risikokommunikation hat sich die Befunde zu Denkfallen, Heuristiken und Urteilsverzerrungen (*biases*), insbesondere durch die Rezeption der Arbeiten von Kahneman und Tversky (Kahneman, Slovic und Tversky 1982, Kahneman und Tversky 2000) zu eigen gemacht, weil sie einen Ansatzpunkt für die Schwierigkeiten für das Verständnis von Wahrscheinlichkeiten bei Laien boten. Dabei stützt sie sich auch auf die Überlegungen des Psychologen H. Simon zur „Bounded Rationality" (Simon 1957).

Ein Beispiel ist die Verfügbarkeitsheuristik. Menschen schätzen die Häufigkeit von Ereignissen um so höher ein, je leichter sie sich diese oder ähnliche Ereignisse vorstellen oder an sie erinnern können, je leichter diese also kognitiv verfügbar sind (Tversky und Kahneman 1973). Die Verfügbarkeitsheuristik

7.4 Bedingungen und Korrelate der Wahrnehmung von Risiko und Unsicherheit

ermöglicht im Alltag oft zuverlässige Beurteilungen, denn Ereignisse, an die man sich leicht erinnert, kommen normalerweise auch tatsächlich häufig vor. Es gibt aber auch Fallen: Spektakuläre Todesursachen werden z.B. in den Massenmedien bevorzugt berichtet. Und so wird dann die Zahl der Opfer durch spektakuläre Todesursachen wie Lebensmittelvergiftungen oder Naturkatastrophen oftmals überschätzt. Unterschätzt werden dagegen vergleichsweise häufige, aber alltägliche Todesursachen wie Asthma oder Schlaganfall, über die typischerweise auch wenig in Massenmedien berichtet wird (Lichtenstein, Slovic, Fischhoff, Layman und Combs 1978). Die Nutzung von Informationsquellen, die ein selektives Bild der Welt vermitteln, wie dies Massenmedien häufig tun, kann dann zu falschen Wahrscheinlichkeitsabschätzungen führen. Neuere Forschung (siehe Reber 2004, Betsch und Pohl 2002, Hertwig et al. 2005) weist allerdings darauf hin, dass diese Erklärungen zuweilen zu kurz greifen. Das Forschungsfeld ist aber hinreichend dokumentiert (vgl. Gilovich, Griffin und Kahneman 2002; Hell, Fiedler und Gigerenzer 1993; Jungermann et al. 2005), so dass es hier nicht notwendig ist, im Detail darauf einzugehen.

Für die Risikokommunikation hat ferner die Affekt-Heuristik (Slovic et al. 2004) eine besondere Bedeutung. Danach nutzen Menschen, wenn sie Risiken oder Nutzen beurteilen, nicht nur ihr diesbezügliches Wissen oder Überzeugungen, sondern auch die positiven bzw. negativen Gefühle, die sie in Bezug auf den Beurteilungsgegenstand haben. Sind positive Gefühle mit einer Risikoquelle verbunden, so hat dies geringere Risikowahrnehmung (und höhere Nutzenwahrnehmung) zur Folge. Umgekehrt führen negative Gefühle zu einer höheren Risikowahrnehmung (und geringeren Nutzenwahrnehmung). In Experimenten konnten Finucane et al. (2000) zeigen, dass man durch Information über den Nutzen einer Technologie deren Risikobeurteilung beeinflussen kann. Umgekehrt konnte durch Information zu den Risiken einer Technologie die Nutzenwahrnehmung beeinflusst werden. Wie durch die Affekt-Heuristik vorhergesagt, führte dabei Information, in der die Risiken (bzw. der Nutzen) als groß dargestellt wurden, zu einer Verringerung in der Nutzenwahrnehmung (bzw. Risikowahrnehmung). Information, in der die Risiken (bzw. der Nutzen) als gering dargestellt wurden, führte zu einer Erhöhung in der Nutzenwahrnehmung (bzw. Risikowahrnehmung). Als Vergleichsmaßstab diente dabei jeweils die vor dem Experiment erhobene Risiko- bzw. Nutzeneinschätzung der Probanden.

Erst in jüngerer Zeit werden die Forschungsansätze zur Psychologie der kognitiven Illusionen (Pohl 2004) auch praktisch für Verbesserungen der Risikokommunikation nutzbar gemacht. Eine offenbar robuste Einsicht ist es, nicht Wahrscheinlichkeiten, sondern stattdessen die korrespondierenden natürlichen Häufigkeiten zu beschreiben, um Fehleinschätzungen zu vermeiden. Weiterhin ist zu beachten, dass bei singulären Wahrscheinlichkeitsangaben oft unklar ist, auf welche Referenzklasse diese sich bezieht. So kann die Angabe auf einem Medikamentenbeipackzettel, dass in 30% Potenzstörungen zu erwarten sind, unterschiedlich aufgefasst werden. Zum einen wäre es möglich, dass 3 von 10 Patienten, die das Medikament nehmen, Potenzstörungen haben. Zum anderen kann verstanden werden, dass in 3 von 10 sexuellen Kontakten solche Störungen auftreten (vgl. Gigerenzer und Edwards 2003).

Die hier aufgeführten Ansätze aus der Forschung zu Urteilsverzerrungen und Heuristiken sind im Bereich der medizinischen Risikokommunikation stärker rezipiert worden als im Bereich der Kommunikation über technische und umweltbedingte Risiken. Die oben nur kurz skizzierte affektive Komponente spielt dagegen bei der wissenschaftlichen Diskussion um die Risikowahrnehmung technischer und umweltbedingter Risiken in jüngster Zeit eine zunehmend wichtige Rolle (Finucane und Holup 2006).

7.4.2 Stigmatisierung

Die Nennung von Schlüsselbegriffen wie Gen, Atom, Chemie kann eine Reihe von negativen Assoziationen auslösen. Bei solchen Stigmatisierungen spielen affektive Prozesse eine wichtige Rolle (vgl. Kunreuther und Slovic 2002). Verschiedene Untersuchungen haben gezeigt, dass stigmatisierte Technologien, Produkte etc. in hohem Maße mit emotional negativ besetzten Bildern assoziiert sind. Beispielsweise fanden Slovic et al. (1991), dass mit dem Begriff „nukleares Endlager" (nuclear-waste storage facility) vor allem „Tod", „Verschmutzung" oder „schlecht" verbunden wurden. Analoges berichten Krewski et al. (1995) für den Begriff „Chemikalien". Sie beeinflussen damit die Bewertung des Risikos signifikant (vgl. auch Gregory, Flynn und Slovic 1995, Murphy 2001, Wilson und Crandon 1998). Lindell und Earle (1983) haben gezeigt, dass das gleiche Risiko, einmal anonym und einmal unter dem Namen „Kernkraft" vorgegeben, zu unterschiedlichen Bewertungen führt.

Mit Hilfe von Strukturgleichungsmodellen haben Peters, Burraston und Mertz (2004) die Rolle von Emotionen bei der Stigmatisierung von Risikoquellen, die mit ionisierender Strahlung zusammenhängen (Kernkraftwerke, Kernwaffen und radioaktiver Abfall aus Kernkraftwerken), genauer untersucht. Es erwies sich, dass das Ausmaß der Stigmatisierung vor allem von den negativen Emotionen abhängt, die diese Strahlenquellen bei den Untersuchungsteilnehmern evozieren. Auch die Risikowahrnehmung dieser Strahlenquellen wurde in hohem Maße durch diese negativen Emotionen beeinflusst; dagegen hatte die Risikowahrnehmung selbst nur einen geringen Einfluss auf die Stigmatisierung.

7.4 Bedingungen und Korrelate der Wahrnehmung von Risiko und Unsicherheit

7.4.3 Risiko-Stories

Mit Bezug auf die Überlegungen von Palmlund (1992), die ein Drama-Modell als Alternative zum Mental Model Ansatz skizziert, haben Wiedemann et al. (2000) ein Storymodell (vgl. auch Gergen und Gergen 1986; Polkinghorne 1988) entwickelt, das Annahmen darüber macht, in welchen Handlungszusammenhängen Risiken betrachtet werden. Dieses Storymodell basiert auf erzählgrammatischen Analysen von Labov (1972; Labov und Waletzky 1967). Das Modell akzentuiert vor allem die sozialen Zusammenhänge eines Risikos und besitzt folgende Gliederung:

- Eine Orientierung, die die Ausgangssituation beschreibt und – falls nötig – die Geschichte mit Bezug auf das Ereignis ausweist (z.B. Schon in der Vergangenheit kam es im Unternehmen immer wieder zu Problemen. Offenbar hatte man daraus nichts gelernt ...).
- Personen, die am Ereignis beteiligt sind: Es geht um Täter und Opfer, um Helden und Sündenböcke, um Ankläger und um Verschleierer. Hier werden Motive und das Verhalten des Unternehmens bewertet (z.B. als jemand, der Kompetenz hat, Information zurückhält, keine Rücksicht nimmt oder sich um das Wohl anderer kümmert ...).
- Ein Spannungsbogen, der das erzählenswerte Ereignis charakterisiert, in das die Personen eingebunden sind (z.B. wie sich Gesundheitsbeeinträchtigungen ereignen, die es nicht hätte geben dürfen).
- Die Moral, die die zentrale Botschaft der Geschichte darstellt. Hier finden sich Aussagen in verdichteter Form, etwa „Auch kleinste Risiken können zu Katastrophen führen".

In der Story-Perspektive spielen Annahmen über die Gründe und Motive der Verursachung eine entscheidende Rolle. Wird das Schadensereignis personal und intentional, das heißt auf Personen und bewusste Absichten attribuiert, so ist mit einem beträchtlichen Maß an Empörung zu rechnen. In der Literatur zur Krisenkommunikation von Unternehmen wird der Ursachenbewertung von Schadensereignissen eine wesentliche Rolle beigemessen (vgl. Coombs 1995). Es geht dabei um die Beurteilung der Verantwortung des Unternehmens: War der Schadensfall vorauszusehen, wurde er erkannt und wurde er billigend in Kauf genommen? Oder war er ein externes, nicht zu kontrollierendes Ereignis?

Die Verbreitung der Risiko-Stories sowie deren Wirkung hängen von generellen Annahmen und Überzeugungen der Rezipienten ab. Je negativer der Risikoerzeuger bewertet wird und je skeptischer Wissenschaft, Industrie und Politik beurteilt werden, desto wahrscheinlicher ist, dass sich eine entsprechende Risiko-Story entwickelt, und desto mehr findet sie Anklang.

Solche Risiko-Stories haben nicht nur einen Effekt auf das Verstehen von Risikoinformationen (Golding et al. 1992, Kearney 1994, Finucane und Satterfield 2005). Sie beeinflussen auch die Risikowahrnehmung.

Wesentlich für die rhetorische Kraft solcher Erzählungen sind die gewählten Stilmittel. Die von Snow und Kollegen entwickelten Konzepte für die Analyse von Medienstrategien zur Mobilisierung der öffentlichen Meinung bieten hierfür Anhaltspunkte (Snow und Benford 1988, Snow et al. 1986, Snow und Benford 1992). Im Mittelpunkt steht dabei die so genannte Frame-Analyse, mit der sich die Verpackung von Argumenten beschreiben lässt.

Die Verpackung umfasst (1) die Wahl von Frames, in denen Positionen zu Themen dargestellt und persuasiv positioniert werden sowie (2) eine Reihe von Cues wie Bilder, „Catchphrases", Metaphern und konkrete Beispiele. Frames setzen auf diese Weise Ursachen, Folgen, Verursacher und Betroffene in ein bestimmtes Licht und motivieren für oder gegen ein bestimmtes Engagement. Diese persuasive Bewertung kann auf verschiedene Weise erfolgen:

- Frame Amplification (Anknüpfen an vorhandene Werte oder Anknüpfen an vorhandene Beliefs – „Sie wissen ja wie das mit den Grenzwerten nach Tschernobyl war...").
- Frame Extension (Erweiterung des Deutungsrahmens – „Lassen Sie uns immer auch an die Leidtragenden denken ...").
- Frame Transformation (Umdefinition des Deutungsrahmens „Dabei geht es doch nur um Profite ...").
- Frame Bridging (Verbinden von verschiedenen Themen zu einem Thema – „Bei allen diesen Verfahren und Konzepten, ob nun Toxikologie oder Epidemiologie, immer sollte bedacht werden, dass die Unsicherheiten groß sind und Gefahren nie mit Sicherheit auszuschließen sind").

Mit solchen Mitteln werden Bewertungen beeinflusst. Experimentelle Untersuchungen haben gezeigt, dass etwa die Darstellung eines objektiv gleichen Schadensfalls oder Risikos zu unterschiedlichen Beurteilungen der Schwere des Schadens bzw. Risikos führen kann, je nachdem ob diese Darstellung so erfolgt, dass sie Empörung hervorruft oder aber Nachsicht bewirkt bzw. neutral ist. Darstellungen, die Empörung induzieren, führen zu höheren Risikourteilen als Darstellungen, die neutral sind oder Nachsicht mit dem Risikoverursacher nahe legen (Wiedemann et al. 2003; siehe auch Sandman et al. 1993, Nerb et al. 1998, Pfeiffer et al. 2005). Um nur ein Beispiel etwas genauer zu erläutern: Sandman et

7.4 Bedingungen und Korrelate der Wahrnehmung von Risiko und Unsicherheit 89

al. (1993) variierten hypothetische Medienberichte über das Vorliegen eines chemischen Gefahrenstoffs in einer Gemeinde. In der „Outrage"-Version wurden die verantwortlichen Akteure als überheblich charakterisiert, die bestrebt sind, die Gefahrenlage zu vertuschen. In der neutral/positiven Version wurden dagegen die Akteure als fair und responsiv dargestellt. Dabei zeigte sich, dass ein identisch beschriebenes Risiko in der Outrage-Version von den Teilnehmern an diesem Experiment höher eingeschätzt wird. Darüber hinaus konnten Sandman et al. (1993) demonstrieren, dass weitere technische Informationen über Expositionspfade und toxikologische Befunde und selbst eine höhere (technische) Risikobeschreibung auf die Risikowahrnehmung keinen Einfluss haben.

Diese Ergebnisse legen nahe, dass die intuitive Beurteilung von Risiken nicht Ergebnis der Kalkulation einzelner Risikoaspekte ist, sondern auf zusammenhängenden Konfigurationen von Risikoaspekten beruht, die als „Risiko-Stories" organisiert sind.

7.4.4 Risiko-Verstärkung

Ein anderer Versuch, die wesentlichen Elemente dieser gesellschaftlichen Rezeption von Risiko zu beschreiben, ist das Konzept der sozialen Risikoverstärkung (*social amplification of risk*; Kasperson et al. 1988; Renn et al. 1992; Pidgeon, Kasperson und Slovic 2003). Dieser Ansatz betont das dynamische Zusammenwirken verschiedener sozialer Prozesse. Die zentrale Annahme ist dabei, dass einzelne (faktische oder auch nur hypothetische) Risikoereignisse (z.B. ein Störfall oder die Exposition von Menschen mit einer Noxe) gesellschaftlich erst dann wirksam werden, wenn sie in der Gesellschaft kommuniziert werden. Risikoereignisse werden dabei zu Signalen, die eine Reihe von Transformationsprozessen durchlaufen. Das heißt, sie werden von Individuen, Gruppen oder Institutionen wahrgenommen und interpretiert (McComas 2003). Eine Schlüsselrolle kommt auch der Darstellung des Risikoereignisses in den Medien und der dabei stattfindenden Kontextsetzung und Emotionalisierung zu. Individuelle oder institutionelle Reaktionen, z.B. Proteste oder Risikoregulationsmaßnahmen, sind die Folge. Die Auswirkungen sind dann oft nicht nur auf die von einem Risikoereignis direkt Betroffenen beschränkt, sondern können sich auch auf andere Teile der Gesellschaft, auf Unternehmen oder ganze Wirtschaftszweige ausdehnen. Diese Reaktionen sind selbst wieder Signale, die die Wahrnehmung und Interpretation des Risikothemas in der Gesellschaft beeinflussen. Allerdings gibt es bislang nur wenige empirische Studien zur sozialen Verstärkung der Risikowahrnehmung (z.B. Burns et al. 1993).

Empirische Studien haben gezeigt, wie individuelle, soziale und kulturelle Faktoren zu einer Verstärkung bzw. Abschwächung der gesellschaftlichen Risikowahrnehmung führen können (vgl. Kasperson 1992, Pidgeon et al. (2003). Einfluss auf die Risikowahrnehmung haben vor allem die Signalwirkungen eines Risikoereignisses, d.h. die Wahrnehmung von „future risks" und die wahrgenommene Inkompetenz des Managements (Burns et al. 1993). Die Risikowahrnehmung und die Medienberichterstattung über Risiken sind für den gesellschaftlichen Umgang mit einer Risikoquelle bedeutsam. Sie beeinflussen direkt das Ausmaß und den Umfang gesellschaftlicher Reaktionen. Technische Risikoaspekte, wie die Anzahl der Exponierten sowie die Größe der durch das Schadensereignis betroffenen Region, beeinflussen dagegen die gesellschaftliche Reaktion nur indirekt, eben via Medien und öffentliche Wahrnehmung.

7.5 Risikowahrnehmung und Mobilfunk

Der empirisch sozialwissenschaftlichen Forschung zu den Risikopotenzialen von EMF geht es insbesondere darum, wie Laien Risiken wahrnehmen und verstehen, welche Schwierigkeiten sie dabei haben und in welcher Weise sie sich von Experten unterscheiden. Schließlich geht es auch um die daraus resultierenden Konflikte und deren Beeinflussung durch Information und Kommunikation. Wie bei anderen Technologien, z.B. der Biotechnologie, steht die Frage im Mittelpunkt, ob die technischen Anwendungen von EMF in der Gesellschaft als gefährlich wahrgenommen werden und warum.

Vorweg genommen, bislang gibt es nur wenige Studien, die sich mit EMF's unter dem Aspekt von Risikowahrnehmung und -kommunikation befassen, sieht man einmal von der deskriptiven Umfrageforschung ab, die parallel mit der Entwicklung der Risikodiskussion in der Öffentlichkeit (vgl. Infas 2006) anwuchs.

Die erste Arbeit stammt von Morgan et al. (1985). Teilnehmer waren 116 Absolventen der Carnegie Mellon Universität. Basierend auf einem psychometrischen Ansatz hatten die Teilnehmer der Studie verschiedene Risikoquellen – darunter auch Hochspannungsleitungen, elektrische Heizdecken, Mikrowellen und Video-Bildschirme auf neun Skalen zu bewerten. Eine faktorenanalytische Auswertung ergab drei Faktoren: (1) Schrecklichkeit des Risikos, (2) Bekanntheit des Risikos und (3) Anzahl der betroffenen Personen. Die Autoren stellen allerdings nur eine Zwei-Faktoren-Lösung dar: Danach werden nur die EMFs von den Hochspannungsleitungen („larger powerlines") als unbekannte und bedrohliche Risiken angesehen. Sie werden ähnlich bewertet wie Pestizide und Röntgenstrahlen. Verglichen mit anderen Alltagsrisiken werden die EMF-Risiken jedoch am wenigsten riskant eingeschätzt. Der zweite Teil der Studie

7.5 Risikowahrnehmung und Mobilfunk

Morgan et al. (1985) war eine Evaluation. Im Mittelpunkt standen hier die Hochspannungsleitungen und die elektrischen Heizdecken. Untersucht wurde, wie sich unterschiedlich detaillierte Informationen über Hochspannungsleitungen auf die Risikowahrnehmung und die Präferenz für verschiedene Risikomanagementmaßnahmen auswirken. Dabei wurden der Umfang der Risikoinformation sowie der Informationen über Alltagsexpositionen mit EMF variiert. Es zeigte sich, dass jede Information, unabhängig vom Detaillierungsgrad, die Risikowahrnehmung bezüglich EMF verstärkt.

Im Jahr 1994 veröffentlichten die gleichen Autoren eine weiterführende Arbeit (Mac Gregor et al. 1994). Leitfrage war: Wie wirkt Risikoinformation über EMF auf die Risikowahrnehmung? Basierend auf einem einfachen Pre/Post-Test-Versuchsplan mit Kontrollgruppe wurde untersucht, wie Laien auf eine EMF-Informationsbroschüre reagieren. Insgesamt nahmen 199 Personen in zwei separaten Untersuchungen in den Jahren 1990 und 1993 an der Studie teil. Dabei wurden 22 Risikoquellen verwendet, vier davon betrafen EMF-Risikoquellen (Hochspannungsleitungen elektrische Heizdecken, elektrische Dosenöffner und Haarföne), die auf 8 Skalen zu bewerten waren. Die Pre-Post-Testvergleiche zeigen einen signifikanten Anstieg der Risikowahrnehmung im Within-subject-Vergleich bei allen vier EMF-Risikoquellen. Im Between-subject-Vergleich gibt es ebenfalls signifikante Differenzen für alle EMF-Risikoquellen zwischen Pretest und Posttest. Auch hier verstärkte sich die Risikowahrnehmung. Nach Lesen der Broschüre vertreten die Probanden in einem höheren Maß die Meinung, dass elektromagnetische Felder physiologische und kognitive Parameter beeinflussen können und dass sie die Auslöser für Krankheiten sind. Das war insbesondere bei der Untersuchung aus dem Jahr 1993 der Fall. Offenbar spielt hierbei auch die Zeit im Sinne Intensivierung der öffentlichen Diskussion über die Jahre eine Rolle.

Sowohl 1990 als auch 1998 veröffentlichten Morgan und Mitarbeiter Studien zu EMF, die Fragen zu Exposition, genauer zur Abhängigkeit der Expositionsstärke vom Abstand zur Expositionsquelle, in den Mittelpunkt rücken (Morgan et al. 1990, Read und Morgan 1998). An der Untersuchung von 1998 nahmen 112 Personen aus dem akademischen Umfeld teil. Personen mit über die gewöhnliche Schulbildung hinausgehenden Physik-Kenntnissen waren ausgeschlossen Diese Informationen wurden auf verschiedene Weise gegeben (z.B. nur als Text, mit Hilfe verschiedener Graphiken mit kurzen Texten, als Kombination von ausführlichen Texten und Graphik). Die Ergebnisse zeigen zum einen, dass Laien die Abhängigkeit der Expositionsstärke vom Abstand unterschätzen. Anders ausgedrückt: Sie überschätzen die quadratisch mit dem

Abstand fallende Expositionsstärke[30]. Risikokommunikation zeigte positive Effekte: Unter allen Bedingungen der Informationsvermittlung zeigten sich signifikante Verbesserungen der Expositionsschätzungen gegenüber den Pretests.

Ein etwas anderes Interesse haben Siegrist et al. (2006) die die affektive Bewertung des Mobilfunks in den Mittelpunkt rücken. Sie gehen davon aus, dass nicht kognitive Variablen, sondern affektive Wertungen die Risikowahrnehmung beeinflussen. Für ihre Untersuchung nutzten sie eine neue Technik zur Messung impliziter Einstellungen, den Impliziten Assoziationstest (IAT), der auf Reaktionszeitmessungen beruht (vgl. Greenwald et al. 1998). Dabei werden die Reaktionszeiten als Indikator für die Stärke einer assoziativen Verknüpfung zwischen einem Referenzobjekt und affektiven Attributen angesehen. Wenn die Reaktionszeit zum Erkennen von Kombinationen von positiven Attributen und dem Referenzobjekt kleiner ist als die Zeit zum Erkennen von Kombinationen des Referenzobjekts mit negativen Attributen, so geht man davon aus, dass eine positive Bewertung vorherrscht. Umgekehrt gilt: Ist die Reaktionszeit zum Erkennen von Kombinationen von negativen Attributen und dem Referenzobjekt kleiner als die Zeit zum Erkennen von Kombinationen des Referenzobjekts mit positiven Attributen, so herrscht eine negative Bewertung vor.

In ihrer Studie untersuchten Siegrist et al. (2005) auch in zwei IAT-Experimenten paarweise einmal Basisstationen und Hochspannungsleitungen sowie zum anderen Basisstationen und elektrische Haushaltsgeräte. Als affektive Attribute nutzten die Autoren verschiedene semantische Varianten von „sicher" und „riskant". Teilnehmer an den beiden Experimenten waren 31 Experten und 28 Laien. Der IAT zeigt keine signifikanten Effekte für Basisstationen im Vergleich mit Hochspannungsleitungen – beide werden als vergleichsweise riskant eingeschätzt. Dagegen wurden Basisstationen im Vergleich zu elektrischen Haushaltsgeräten als signifikant riskanter eingeschätzt. Dieses Ergebnis fand sich auch bei den Experten.

Siegrist et al. (2005) haben eine Risikoperzeptionsstudie zum Mobilfunk durchgeführt. Grundlage war eine telefonische Befragung von 1015 Schweizern und Schweizerinnen aus dem Jahr 2002. Dabei interessierten neun verschiedene EMF-Risikoquellen (Handys, Basisstationen, Radiosender, TV-Sender, Mikrowellen, TV-Geräte, Hochspannungsleitungen, Infrarotlampen und Stromtrassen für die Eisenbahn), die bezüglich Risiko, Nutzen und Vertrauen eingeschätzt wurden. Darüber hinaus wurden Assoziationen erhoben und Wissensfragen gestellt. Die Assoziationen zu Basisstationen waren leicht negativ. Bezüglich Risi-

---

30   Allerdings handelt es sich hier um ideale Beziehungen. In der Praxis ergeben Messungen zuweilen auch andere Zusammenhänge.

7.5 Risikowahrnehmung und Mobilfunk

kowahrnehmung stehen Basisstationen und Handys an der Spitze. Das geringste Risiko wird Radiosendern zugesprochen. Insgesamt korrelieren die Risikowahrnehmungen kaum mit der wahrgenommenen Entfernung der Wohnung der Befragten von der nächsten Basisstation, wohl aber findet sich ein schwach negativer Zusammenhang mit der Häufigkeit der Handynutzung. 26 % der Befragten glauben, dass EMF Krebs verursachen kann und 25 % sind der Auffassung, dass EMF-Risiken von Basisstationen nicht hinreichend geregelt sind. Damit einher geht die Überzeugung von 60 % der Befragten, dass wegen der Risiken die Nutzung von Handys bei Kindern und Jugendlichen stärker eingeschränkt werden sollte.

Eine Regressionsanalyse zeigt, dass das wahrgenommene EMF-Risiko im Wesentlichen von dem Glauben an paranormale Phänomene, von dem Generalverdacht „Most chemical substances cause cancer" sowie vom Vertrauen in die Risikoregulation und der Nutzenwahrnehmung abhängt.

Schreier und Röösli (2006) untersuchten 2004 in einer repräsentativen Schweizer Studie mit 2048 Teilnehmern die Prävalenz von Symptomen, die EMF Expositionen oder anderen Ursachen wie Stress, Wetter, Lärm usw. attribuiert werden. Die Daten deuten darauf hin, dass 5 % der Befragten ihre Symptome EMF zuschreiben. Dominant sind aber die Zuschreibungen zu Stress und Wetter mit zirka 78 %. Ein ähnliches Bild ergibt sich, wenn nach den Ursachen von gesundheitlichen Sorgen gefragt wird. Hier spielen Luftverschmutzung und UV-Strahlung sowie Verkehrsunfälle und Gen-Food die entscheidende Rolle. Basisstationen liegen im Mittelfeld: Immerhin machen sich über 35 % starke und beträchtliche Sorgen um ihre Gesundheit wegen der Basisstationen.

Eine ähnliche Studie stammt von Hutter et al. (2004). Teilnehmer waren 123 Personen, die bei Anhörungen im Zusammenhang mit der Standortwahl für Basisstationen partizipierten, sowie 366 Medizinstudenten der Universität Wien. Bis auf Basisstationen und Handys sind die Risikobewertungen in den beiden Gruppen sehr ähnlich. Und es ist keine Überraschung, dass die Medizinstudenten bei Basisstationen und Handys geringere Risiken sehen als die Teilnehmer an den Anhörungen.

Zwei Studien befassen sich mit der Risikowahrnehmung von niedergelassenen Ärzten für Allgemeinmedizin. Leitgeb et al. (2005) befragten 196 österreichische Allgemeinmediziner im Jahr 2003. Nur 2 % der Befragten schließen aus, dass EMF Krankheiten verursachen kann, und nur 1 % verneint die Möglichkeit, dass EMF zusammen mit anderen Umweltfaktoren Krankheiten bewirken kann. Als mögliche Ursache für gesundheitliche Beschwerden sehen die Ärzte vor allem Hochspannungsleitungen, Handys und Basisstationen an. Huss und Röösli (2006) haben eine ähnliche Untersuchung in der Schweiz durchgeführt. Sie befragten 342 Ärzte der Allgemeinmedizin nach Patienten mit EMF-attribuierten Symptomen. Bezogen auf derartige Symptome sind 54 % der befragten Ärzte der Meinung, dass ein Zusammenhang plausibel ist; 29 % halten ihn für nicht plausibel und 17 % wissen es nicht. Bemerkenswert ist, dass 60 % der Ärzte einen Zusammenhang zwischen EMF- Exposition und Tumoren für plausibel halten.

Siegrist und Kollegen haben auch eine Untersuchung zu Vertrauen und Konfidenz durchgeführt (Siegrist et al. 2003). Basierend auf einem Telefon-Survey mit 1313 Teilnehmern aus dem Jahr 2002 prüften die Autoren mittels eines Strukturgleichungsansatzes ihr „Dual-Mode Model of Social Trust and Confidence". Dieses Modell unterscheidet soziales Vertrauen und Konfidenz. Soziales Vertrauen betrifft hier vor allem Werte-Übereinstimmung (z.B. „Mobile phone companies value profit more highly than I do"). Konfidenz baut dagegen auf Erfahrung (z.B. „It is a fact that radiation from antennas has caused many health problems by people living nearby"). Im gegebenen Fall wurde im „Dual-Mode"-Modell die abhängige Variable „Kooperation" als Akzeptanz von Basisstationen in der Nachbarschaft operationalisiert. Siegrist et al. (2003) schlussfolgern, dass ihr Modell die vorliegenden Daten gut erklärt und die Akzeptanz sowohl von der Konfidenz als auch sozialem Vertrauen abhängen. Dabei ist die Konfidenz die entscheidende Variable; diese aber hängt kaum mit Erfahrung (past performance) zusammen, wie im Modell angenommen, sondern korreliert hoch mit dem sozialen Vertrauen. Dieser Umstand scheint – jedenfalls im EMF-Fall – gegen das „Dual-Mode"-Modell zu sprechen.

Alles in allem steckt die sozialwissenschaftliche Forschung zu EMF und Gesundheitsrisiken noch in den Kinderschuhen. Die Lücken sind eklatant: Studien zu Vorsorge und Unsicherheit fehlen ebenso wie Untersuchungen zu den Chancen von Information und Beteiligung für eine Konfliktvermeidung beim Bau von Basisstationen. Und praktische Fragen – wie die nach dem Verständnis von SAR-Werten der Handys oder nach der Einschätzung von Grenzwerten – sind nach wie vor nicht adressiert.

8 Ableitung der Forschungsstrategie zur Vorsorge

Im Folgenden geht es um die Wirkung von Information und Beteiligung der Öffentlichkeit als Vorsorgemaßnahmen beim Mobilfunk. So stellt die vom britischen Gesundheitsminister eingesetzte *Independent Expert Group on Mobile Phones* nach Abwägen der wissenschaftlichen Evidenz zwar fest, dass keine adversen Gesundheitseffekte durch die Exposition mit Mobilfunkfeldern zu befürchten sind, empfiehlt aber trotzdem, dass „a precautionary approach to the use of mobile phone technologies be adopted until much more detailed and scientifically robust information on any health effects becomes available" (IEGMP 2000, S. 3).

Ausgangspunkt für die eigene Forschungsstrategie ist die beabsichtigte psychologische Wirkung solcher Vorsorgemaßnahmen, wie sie in der nachstehenden Äußerung des Präsidenten des Bundesamts für Strahlenschutz zum Ausdruck kommt: „Zwar gibt es weltweit keinen Nachweis für eine Gefährdung durch Mobilfunktechnologie bei Einhaltung der Grenzwerte, die Sorgen der Bürgerinnen und Bürger sind jedoch so groß, dass wir ihnen durch Vorsorgeempfehlungen Rechnung tragen" (Pressemitteilung 022 des BfS vom 23.06.2005).

Ähnlich sieht es auch die Weltgesundheitsorganisation. Zweck der Anwendung des Vorsorgeprinzips ist es: „To anticipate possible threats to health and respond appropriately in order to reduce exposures before introduction of an agent." Und weiter: „To address public concerns that a potential or perceived but unproven health problem is taken into account after introduction of an agent."

Die Studien verfolgen insgesamt einen psychometrischen und überwiegend auch experimentellen Ansatz. Schließlich geht es um belastbare Aussagen: Wie wirken sich Vorsorgeinformationen faktisch aus? Dazu kann nur das psychologische Experiment eine befriedigende Antwort geben.

Studie 1 bildet die Plattform für die nachfolgenden Studien. Hier werden die interindividuellen Differenzen der EMF-Risikowahrnehmung analysiert. Es geht dabei um den Grad der Besorgnis bezüglich der elektromagnetischen Felder des Mobilfunks als Gesundheitsrisiko. Die Frage ist, ob sich hier mit hinreichender Genauigkeit Gruppen unterscheiden lassen, die in den nachfolgenden Experimenten bei der Aufklärung von interindividuellen Differenzen genutzt werden können. Darüber hinaus dient Studie 1 der Analyse, ob sich solche Gruppen auf der Ebene der Einschätzung der Überzeugungskraft von Risiko-Argumenten, der

Einschätzung von Vertrauen in die verschiedenen Akteure (die bei der Bewertung des Mobilfunks eine Rolle spielen) unterscheiden. Weiterhin geht es um die Frage, ob sich die Gruppen hinsichtlich ihrer Bereitschaft unterscheiden, die eigene Risikowahrnehmung zu verändern, wenn neue Fakten auftauchen.

Studie 2 widmet sich der Frage, wie Informationen über den SAR-Wert[31] von Mobiltelefonen bewertet werden. Unter Vorsorgegesichtspunkten dienen solche Angaben der Ermöglichung „informierter Entscheidungen". Ob das der Fall ist wird geprüft: In der ersten Teilstudie von Studie 2 geht es um die Rolle des SAR-Werts für Kaufentscheidungen, in der zweiten, ob Informationen über einen SAR-Vorsorgewert die Risikowahrnehmung beeinflussen.

In *Studie 3* wird untersucht, ob und wie Informationen über Vorsorgemaßnahmen bei der Standortauswahl für Mobilfunkbasisstationen die Risikowahrnehmung und das Vertrauen in das Risikomanagement verändern. Solche Maßnahmen werden u.a. von der SSK (2001), aber auch von anderen Gremien vorgeschlagen – und das ist das Entscheidende – auch umgesetzt. Allerdings finden sich bislang keine empirischen Untersuchungen, die systematisch prüfen, welche psychologischen Effekte derartige Maßnahmen haben.

Studie 4 ist eine erweiterte Replikation von Studie 3. Hier wird überprüft, ob die Information über Vorsorgemaßnahmen konsistente Effekte auf die Risikowahrnehmung und auf das Vertrauen in das Risikomanagement hat.

Schließlich analysiert *Studie 5* den Aspekt der Beteiligung von Betroffenen auf die Standortfindung für Mobilfunkbasisstationen. Sowohl in der Politik als auch von der Sozialwissenschaft selbst wird Beteiligung als Schlüsselfaktor gesehen, um die Akzeptanz von Entscheidungen zu verbessern. So heißt es aber in der gemeinsamen Presseerklärung des Bundesministeriums für Umwelt und des Bundesministeriums für Wirtschaft und Arbeit: „Bundesumweltminister Jürgen Trittin kritisierte, dass die Zahl der Konfliktfälle bei der Standortsuche für Sendemasten nach wie vor nicht deutlich gesunken sei. Die Betreiber sollten sich auch in strittigen Fällen noch mehr auf die Diskussion mit den kommunalen Vertretern sowie engagierten Bürgerinnen und Bürgern einlassen, ..." (Presseerklärung BMU und BMWA, Nr. 075/05).

Ob Beteiligung eine Lösung ist, ist jedoch eine offene Frage und soll deshalb geprüft werden. Hierbei sollen verschiedene Strategien von Beteiligung der Anwohner einbezogen werden und darüber hinaus mit den Wirkungen von Informationsstrategien verglichen werden.

---

31 Zur Erläuterung des Begriffes siehe die Einleitung zu Studie 2

9 Interindividuelle Unterschiede bei der EMF-Risikowahrnehmung

9.1 Einleitung

Im Zusammenhang mit möglichen Risiken nieder- und hochfrequenter elektromagnetischer Felder hat sich der Begriff „Elektrosmog" eingebürgert, der die Befürchtung zum Ausdruck bringt, dass – ähnlich wie bei Luftschadstoffen – gerade durch die Vielzahl im Alltag bestehender und ständig neuer Quellen elektromagnetischer Strahlung die Belastung irgendwann so groß wird, dass eine Gefahr für die Gesundheit eintritt. Dies, obwohl die SSK (2001), aber auch andere Gremien in Canada, in Frankreich, den Niederlanden, Großbritannien und in den USA zu dem Schluss kommen, dass die Grenzwerte für elektromagnetische Felder vor nachgewiesenen Risiken schützen.

Solche Differenzen in der Risikoeinschätzung finden sich in vielen Technikfeldern.[32] Sie lieferten einen wesentlichen Anlass für eine ganze Forschungsrichtung in den Sozialwissenschaften: die Untersuchung der Risikowahrnehmung, d.h. der intuitiven Beurteilung von Risiken. Im Zentrum dieser Arbeiten stand die Frage, welche Faktoren der Risikowahrnehmung zugrunde liegen (vgl. Fischhoff et al. 1978; Slovic 1992; Slovic, Fischhoff und Lichtenstein 1980). Methodisch wurde dies meist über eine vergleichende Analyse zahlreicher unterschiedlicher „Risikoquellen" (Technologien, Produkte, Substanzen, Verhaltensweisen) in Bezug auf verschiedene – als Determinanten der Risikowahrnehmung vermutete – Beurteilungsdimensionen (z.b. Größe des Risikos, Kontrollierbarkeit des Risikos, Bekanntheit des Risikos) realisiert. Hierbei wurden auch technologische Anwendungen oder Produkte, die elektromagnetische Felder emittieren, untersucht – vor allem allerdings im niederfrequenten Bereich (MacGregor, Slovic und Morgan 1994; Morgan et al. 1985). In neueren Untersuchungen wurden auch die hochfrequenten elektromagnetischen Felder des Mobilfunks berücksichtigt (z.B. Hutter et al. 2001; Schütz und Wiedemann 1998; Wiedemann, Bobis-Seidenschwanz und

---

32 Wobei hier zu berücksichtigen ist, dass sich auch bei den Experten häufig keine einheitliche Risikoeinschätzung zu einem bestimmten Risiko findet (vgl. Wiedemann, Schütz und Thalmann 2002).

Schütz 1994, Yaguchi et al. 2000; Zwick und Renn 2002). Repräsentative Befragungen speziell zum Thema elektromagnetische Felder wurden im Oktober 2001 im Auftrag des Deutschen Bundesamtes für Strahlenschutz (Schroeder 2002) sowie ebenfalls im Jahre 2001 im Auftrag des Bundesministeriums für Wirtschaft und Technologie (Büllingen, Hillebrand und Wörter 2002) durchgeführt. Das BfS hat diese Umfragen bis 2005 jährlich wiederholt.

Diese Untersuchungen zeigen insgesamt, dass der Mobilfunk – verglichen mit anderen Risikothemen – eher als weniger riskant eingeschätzt wird. Damit stehen diese Befunde aber in einem eigentümlichen Gegensatz zu der Karriere des Mobilfunkproblems in den Medien und in der Politik. Dabei wurde jedoch nicht danach gefragt, wie einzelne Personen(gruppen) sich in ihrer Risikowahrnehmung von anderen unterscheiden. Vielmehr wurde versucht, allgemeingültige Determinanten der Risikowahrnehmung zu identifizieren und dadurch die unterschiedliche Beurteilung von verschiedenen Risikoquellen verständlich zu machen. Wenn aber die öffentliche Diskussion zu einem Risikothema vor allem von einzelnen Gruppen mit spezifischen Einstellungen und Risikobeurteilungen, die nicht für die generelle Risikobeurteilung in der Gesellschaft repräsentativ sind, bestimmt wird, fallen öffentliche Thematisierung eines Risikos und allgemeine Risikowahrnehmung auseinander.

Es kommt somit insbesondere darauf an, gesellschaftliche Gruppen zu identifizieren, die sich durch ihre spezifische Risikowahrnehmung und vor allem durch die dieser Risikowahrnehmung zugrunde liegenden Überzeugungen und Einstellungen unterscheiden.

Rohrmann (1994, 2000) hat für ganz unterschiedliche Risikoquellen wie Risikoverhalten, Arbeitsplatzrisiken, Technik- und Umweltrisiken die Risikowahrnehmung untersucht und dabei zwischen technologischer, ökologischer, monetärer und feministischer Wertorientierung differenziert. In seinen Untersuchungen zeigte sich, dass Personen mit ökologischer und feministischer Wertorientierung zu höheren Risikoeinschätzungen tendierten als die anderen beiden Gruppen, vor allem bei (groß)technik-induzierten Risiken wie Kernkraft oder Chemische Industrie. Insgesamt ist die Rangfolge der Risiken allerdings für alle vier Gruppen sehr ähnlich.[33]

Eine Typologie gesellschaftlicher Gruppen auf der Basis persönlicher Wertorientierungen hat Zwick (2002b) entwickelt (siehe auch Zwick 1999). Er unterscheidet sechs Typen: den technokratisch-liberalen Aufstiegsorientierten, den asketisch-konservativen Etablierten, den pragmatisch orientierten Realisten, den

---

33   Die Korrelationen zwischen den vier Gruppen für die gemittelten Risikoeinschätzungen der Risikoquellen liegen zwischen r = 0.946 und r = 0.771. (Eigene Analyse anhand der Daten in Rohrmann 2000, Tab. 14).

9.1 Einleitung

konventionell-bürgerlich Orientierten, den genussorientierten Individualisten und den modernisierungsfeindlichen, kulturpessimistischen Alternativen. Operationalisiert werden diese Typen über jeweils vier Skalen, mit denen die zentralen Merkmale des jeweiligen Typs erfasst werden. Die Erklärungskraft dieses Ansatzes für die Akzeptanz von Risiken konnte in einer repräsentativen Umfrage in Baden-Württemberg untersucht werden, bei der sechs verschiedene aktuelle Risiken erfasst wurden (Zwick 2002a; siehe unten). Dabei erweisen sich die unterschiedlichen Typen als nur beschränkt erklärungskräftig für die Akzeptanz dieser Risiken. Die höchsten Varianzaufklärungen ergeben sich für die beiden Typen technokratisch-liberalen Aufstiegsorientierte und modernisierungsfeindliche, kulturpessimistische Alternative, die die beiden Extreme im Spektrum der Wertorientierungen repräsentieren. Die Varianzaufklärung beträgt für die technokratisch-liberalen Aufstiegsorientierten zwischen 0% und 6 % für die sechs Risiken, für die modernisierungsfeindlichen, kulturpessimistischen Alternativen 1% bis 10%. Daneben hat Zwick in seiner empirischen Untersuchung auch drei Typen der Cultural Theory in der Operationalisierung von Dake (1992) sowie die Typologie von Inglehart (1977) erfasst. Die Skalen für diese beiden Typologien liefern maximale Varianzaufklärungen für die Risikoakzeptanz von 2% (Inglehart) bzw. 3% (Dake) und sind damit von noch geringerem Erklärungswert.

Zusammenfassend kann man für die hier diskutierten Ansätze feststellen, dass Typologien für gesellschaftliche Gruppen, die auf generellen Wertorientierungen basieren, nur einen sehr beschränkten Erklärungswert für Unterschiede in der Risikowahrnehmung bzw. -akzeptanz haben. Dies ist kaum überraschend, denn solche generellen Wertorientierungen beziehen sich allenfalls indirekt auf Risiken. Viel versprechender erscheint es, gesellschaftliche Gruppen anhand ihrer Überzeugungen und Einstellungen zu einem spezifischen Risikothema zu unterscheiden.

Einen ersten Versuch in diese Richtung haben Wiedemann et al. (2001) unternommen, die – ausgehend von der Beobachtung der gesellschaftlichen Auseinandersetzungen über elektromagnetische Felder (EMF) – typische Gruppen beschrieben, die sich im Hinblick auf ihr Wissen, ihr Engagement und ihre Interessen idealtypisch unterscheiden.[34]

---

34 Diese Gruppierung basiert auf P.M. Wiedemann et al.: Elektrosmog – Ein Risiko? Programmgruppe Mensch, Umwelt, Technik, Jülich 1994, sowie C. Chess und W. Hallman: Communicating about Electromagnetic Fields: What do we know? What should we do? Rutgers University 1995.

9.2 Fragestellungen

Ein wesentliches Ziel der vorliegenden Untersuchung ist, solche Typen anhand empirischer Daten zu identifizieren und zu charakterisieren sowie deren Risikowahrnehmung differenziell zu untersuchen. Im Einzelnen stehen folgende Fragestellungen im Mittelpunkt:

- Welche Einstellungen und Überzeugungen sind für die Konstitution verschiedener Typen der Risikowahrnehmungen wesentlich?
- Unterscheiden sich die Typen auf der Ebene der Einschätzung der Überzeugungskraft von Risiko-Argumenten, der Einschätzung von Vertrauen in die verschiedenen Akteure, die bei der Bewertung des Mobilfunks eine Rolle spielen? Und finden sich Unterschiede im Hinblick auf die Bereitschaft, die eigene Risikowahrnehmung zu verändern, wenn neue Fakten auftauchen?

Für die Beurteilung der Validität der Ergebnisse der vorliegenden Untersuchung und der daraus ableitbaren Schlussfolgerungen ist wichtig zu prüfen, inwieweit die Ergebnisse mit denen anderer Studien übereinstimmen. Diese Frage wird deshalb zuvor behandelt.

9.3 Untersuchungsansatz

In persönlichen, strukturierten Interviews mit Hilfe eines Fragebogens wurden im Frühjahr und Frühsommer 2002 an zwei Stichproben in Tirol (Österreich) Einschätzungen, Überzeugungen und Einstellungen zum Thema Mobilfunk untersucht. Im Einzelnen wurden folgende Themenbereiche angesprochen:

- Überzeugungen zur Risikoproblematik des Mobilfunks,
- Involvement und Engagement beim Mobilfunkthema,
- Risikowahrnehmung aktueller Risikothemen,
- Urteilsbeeinflussung,
- Glaubwürdigkeit verschiedener Akteure.
- Eigener Informationsstand,
- Bewertung von Pro- und Kontra-Risikoargumenten aus der Mobilfunkdiskussion,
- Selbsteinschätzungen in Bezug auf Risikobereitschaft und Vertrauen/Misstrauen,
- Handybesitz und Handynutzung und Wohnen in der Nähe einer Basisstation,
- Soziodemographische Merkmale.

9.4 Stichprobe

Befragt wurden 102 Personen aus Thaur, einem kleinen Ort in der Nähe von Innsbruck, und 49 Personen aus Innsbruck[35]. Während es keinen statistisch signifikanten Unterschied in der Geschlechterverteilung zwischen den beiden Teilstichproben gibt (Thaur: männlich 42%, weiblich 58%; Innsbruck: männlich 47%, weiblich 53%), sind die Unterschiede im Alter (Thaur: $\bar{x} = 43$ Jahre, Range 18 bis 76 Jahre; Innsbruck: $\bar{x} = 27$, Range 18 bis 35 Jahre) statistisch hoch signifikant ($p < 0.001$).

Im Hinblick auf die Mobilfunknutzung gibt es Unterschiede zwischen den beiden Teilstichproben. In der Innsbrucker Gruppe haben 90% der Befragten ein Handy, bei den Personen aus Thaur sind es 71% ($p = 0.011$). Auch bei der Dauer der Handynutzung zeigen sich Unterschiede, die allerdings nur marginal statistisch signifikant sind (χ^2- Test; $p = 0.06$): Von den Handybesitzern (N=116) telefonieren Personen aus Innsbruck eher länger als die aus Thaur (siehe Abbildung 3).

---

35 Die Thaur-Befragung umfasste auch qualitative Interviews zur Errichtung der dortigen Basisstation, über die hier nicht berichtet wird.

Abbildung 3: Dauer der Handynutzung von Handybesitzern

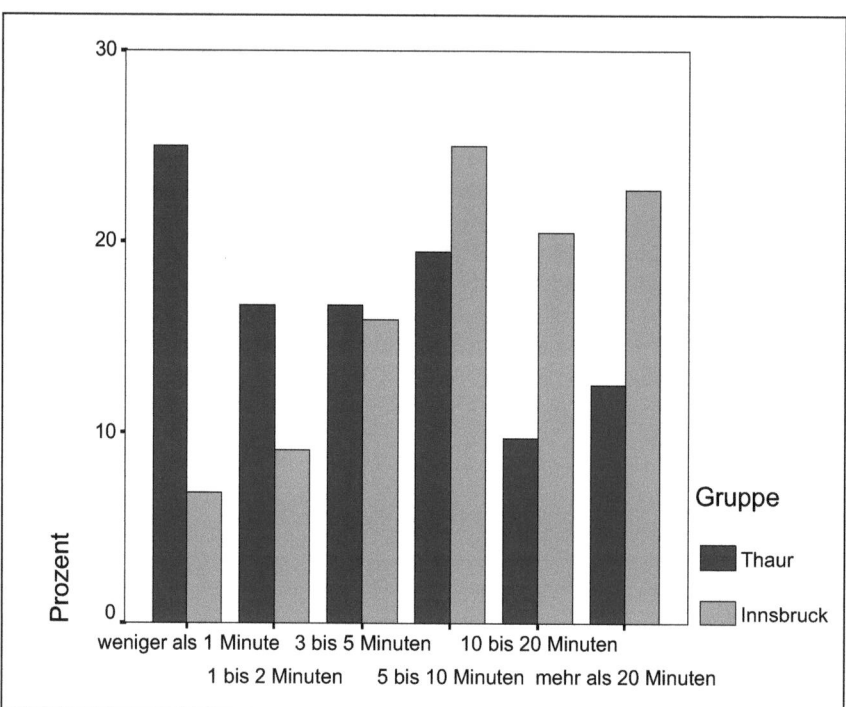

Die Frage, ob sie nach ihrer eigenen Einschätzung in der Nähe einer Basisstation wohnen, bejahen 52 % der Personen aus Thaur und 44 % der Befragten aus Innsbruck; dieser Unterschied ist aber statistisch nicht signifikant.

Trotz dieser Unterschiede der beiden Stichproben finden sich in den untersuchten Themenfeldern nur wenige statistisch signifikante Unterschiede. Diese Unterschiede lassen sich darüber hinaus durch die unterschiedliche Altersstruktur der beiden Stichproben erklären. Betrachtet man für die Thaur-Stichprobe nur den der Innsbrucker-Stichprobe entsprechenden Altersbereich (18 bis 35 Jahre), so finden sich – mit einer Ausnahme – keine statistisch signifikanten Unterschiede mehr. In den folgenden Analysen werden deshalb die beiden Stichproben zusammengefasst.

9.5 Ergebnisse

9.5.1 Soziodemographische Differenzen

In der Literatur zur Risikowahrnehmung werden verschiedene soziodemographische Variablen als potenzielle Einflussfaktoren für individuelle Risikourteile angeführt (vgl. Greenberg und Schneider 1995; Gustafsod 1998; Halpern und Warner 1994). Dazu gehören vor allem Geschlecht und Alter. Für den vorliegenden Zusammenhang sind darüber hinaus auch noch die Frage des persönlichen Handybesitzes und das Wohnen in der Nähe einer Mobilfunkstation als mögliche Einflussgrößen interessant.

In der Risikobeurteilung der Handystrahlung kommen Frauen jeweils zu höheren Risikourteilen als Männer: Frauen $\bar{x} = 3.28$ und Männer $\bar{x} = 2.79$; dieser Unterschied ist allerdings statistisch nur marginal signifikant ($p = 0.099$). Gleiches gilt für die Risikobeurteilung der Handymasten: Frauen $\bar{x} = 3.46$ und Männer $\bar{x} = 2.86$ ($p = 0.057$). Ein Zusammenhang zwischen der Risikobeurteilung der Handystrahlung bzw. Handymasten und dem Alter findet sich nicht.

Dagegen ergeben sich bei der Frage des Handybesitzes Unterschiede in der Risikobeurteilung von Handystrahlung und Handymasten. Handybesitzer kommen in beiden Fällen zu geringeren Risikoeinschätzungen als Personen, die kein Handy besitzen. Für die Handystrahlung ist die Risikoeinschätzung der Handybesitzer $\bar{x} = 2.91$, für Personen, die kein Handy besitzen $\bar{x} = 3.50$. Dieser Unterschied ist statistisch aber nur marginal signifikant ($p = 0.091$). Größer und statistisch hoch signifikant fällt der Unterschied für die Risikoeinschätzung bezüglich Handymasten aus. Hier ist der Mittelwert für die Handybesitzer $\bar{x} = 2.93$ und für die Personen, die kein Handy besitzen $\bar{x} = 4.00$ ($p = 0.004$).

Auch für die subjektive Einschätzung, ob man in der Nähe eines Handymastes wohnt, ergeben sich statistisch signifikante Unterschiede bezüglich der Risikoeinschätzung für Handystrahlung bzw. Handymast. Personen, die nach ihrer eigenen Einschätzung in der Nähe eines Sendemastes wohnen, kommen zu höheren Risikoeinschätzungen für die Handystrahlung ($\bar{x} = 3.46$) bzw. Handymast ($\bar{x} = 3.71$) als Personen, die nach ihrer eigenen Einschätzung nicht in der Nähe eines solchen Mastes wohnen ($\bar{x} = 2.74$ bzw. $\bar{x} = 2.78$). Diese Mittelwertunterschiede sind in beiden Fällen statistisch signifikant (Handystrahlung: $p = 0.018$; Handymast: $p = 0.004$).

9.5.2 Gruppenanalyse

Wie weiter oben ausgeführt, sind im Hinblick auf die Unterschiede in der Bewertung des Themas „Mobilfunk" vor allem drei Personengruppen von Interesse:

- Personen, die in Bezug auf mögliche Risiken unsicher sind,
- Personen, die besorgt über mögliche Risiken des Mobilfunks sind, und
- Personen, die möglichen Risiken des Mobilfunks eher unbesorgt gegenüber stehen.

Der Fragebogen enthält eine Reihe von Skalen, die darauf zielen, diese unterschiedlichen Gruppen zu identifizieren:

- Ich glaube, dass die Risikobefürchtungen in Bezug auf den Mobilfunk übertrieben sind. Ich selbst sehe kein Risiko. (Abk.: Risiko übertrieben)
- Es wird so vieles aufgeregt diskutiert, auch der Mobilfunk. Ich kümmere mich darum nicht. Es gibt dringlichere Probleme. (Abk.: dringlichere Probleme)
- Auch wenn sicher in den Medien hin und wieder übertrieben wird, so denke ich doch, dass an den Mobilfunk-Risiken etwas dran sein kann. Aber eigentlich weiß ich zu wenig, um mir ein Urteil bilden zu können. (Abk.: weiß zu wenig)
- Irgendwie ist mir nicht ganz wohl dabei. Man hört doch immer wieder, dass der Mobilfunk Risiken hat. (Abk.: unwohl)
- Ich bin überzeugt, dass der Mobilfunk gesundheitsschädlich ist. (Abk.: gesundheitsschädlich)
- Ich bin überzeugt, dass viele meiner Beschwerden durch die Handymasten-Strahlung ausgelöst werden. (Abk.: krank wg. Masten)

9.5 Ergebnisse

Abbildung 4: Platzierung der Variablen im rotierten Hauptkomponentenraum

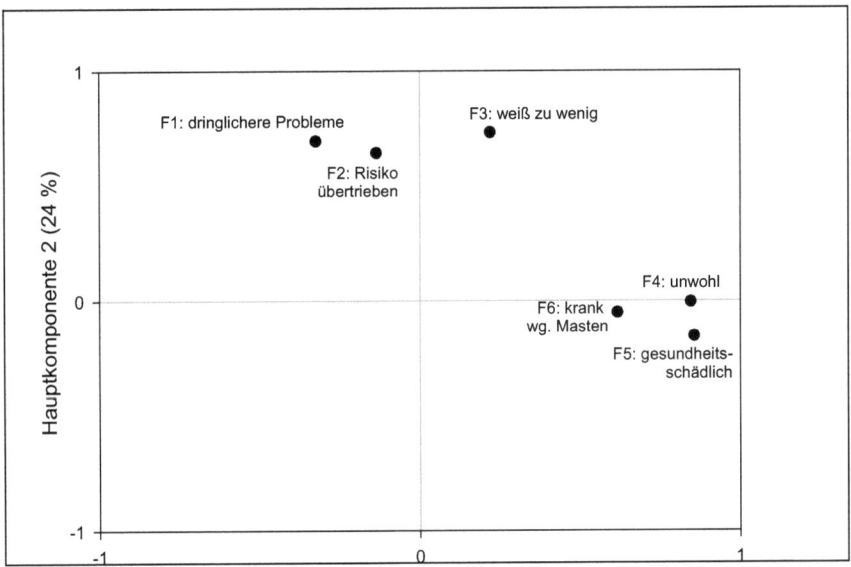

Konzeptionell zielen die Fragen 1 und 2 auf die unbesorgten Personen, die Frage 3 auf die Verunsicherten, und die Fragen 4, 5 und 6 auf die Besorgten. Diese konzeptionellen Unterschiede lassen sich auch empirisch bestätigen. Eine Hauptkomponentenanalyse über die sechs Variablen liefert zwei Faktoren, die insgesamt 57 Prozent der Gesamtvarianz der Variablen aufklären, wobei auf die erste (rotierte) Hauptkomponente 33 Prozent und auf die zweite (rotierte) Hauptkomponente 24 Prozent entfallen. Abbildung 4 gibt die Platzierung der sechs Variablen im rotierten Hauptkomponentenraum wieder. Hier unterscheiden sich die Variablen, die auf die Gruppe der Unbesorgten zielen (F1, F2), deutlich von den Variablen, die sich auf die Besorgten beziehen (F4, F5, F6). Nicht ganz so stark, aber trotzdem deutlich erkennbar hebt sich die Variable für die Unsicheren (F3) von den anderen beiden ab.

Für die weitere Analyse werden drei Gruppen unterschieden: Besorgte, Unsichere und Unbesorgte. Die Zuordnung erfolgt anhand der folgenden Klassifikationsregeln:

9 Interindividuelle Unterschiede bei der EMF-Risikowahrnehmung

- Besorgte Personen: Personen, die auf mindestens zwei der drei Fragen 4, 5 und 6 mit einem Wert > 4 geantwortet haben und nicht zu den Unbesorgten gehören.
- Unbesorgte Personen: Personen, die auf Frage 1 und auf Frage 2 jeweils mit einem Wert > 4 geantwortet haben und nicht zu den Besorgten gehören.
- Unsichere Personen: Personen, die nicht zu den *Unbesorgten* bzw. *Besorgten* gehören und auf Frage 3 mit einem Wert > 4 geantwortet haben.

Insgesamt lassen sich damit 112 der 151 (74 %) Befragten einer dieser drei Gruppen zuordnen. Die folgenden Analysen beziehen sich immer auf diese 112 Personen, auch wenn die Gruppen nicht unterschieden werden.

Tabelle 6: Gruppeneinteilung

	Häufigkeit	Prozent
Unbesorgt	25	22
Besorgt	44	39
Unsicher	43	38
Σ	112	100

Bei der Gruppe der Unbesorgten sind Männer deutlich in der Überzahl. Umgekehrt ist es bei der Gruppe der Besorgten und in noch höherem Maße bei den Unsicheren; hier sind es jeweils mehr Frauen als Männer. Der Unterschied ist statistisch hoch signifikant ($\chi^2 = 13.363$; df=2; $p = 0.001$).

Tabelle 7: Geschlechterverteilung in den Gruppen

	Unbesorgt	Besorgt	Unsicher
männlich	18 (72%)	16 (36%)	12 (28%)
weiblich	7 (28%)	28 (64%)	31 (72%)
Σ	25 (100%)	44 (100%)	43 (100%)

Die Gruppe der Unbesorgten ist im Mittel auch jünger ($\bar{x}$ = 34 Jahre) als die Besorgten ($\bar{x}$ = 40 Jahre) und die Unsicheren ($\bar{x}$ = 40 Jahre). Allerdings sind diese Unterschiede statistisch nicht signifikant ($F(2,109) = 2.033$; $p = 0.136$).

9.5 Ergebnisse

Abbildung 5: Boxplot der Altersverteilung für die drei Gruppen

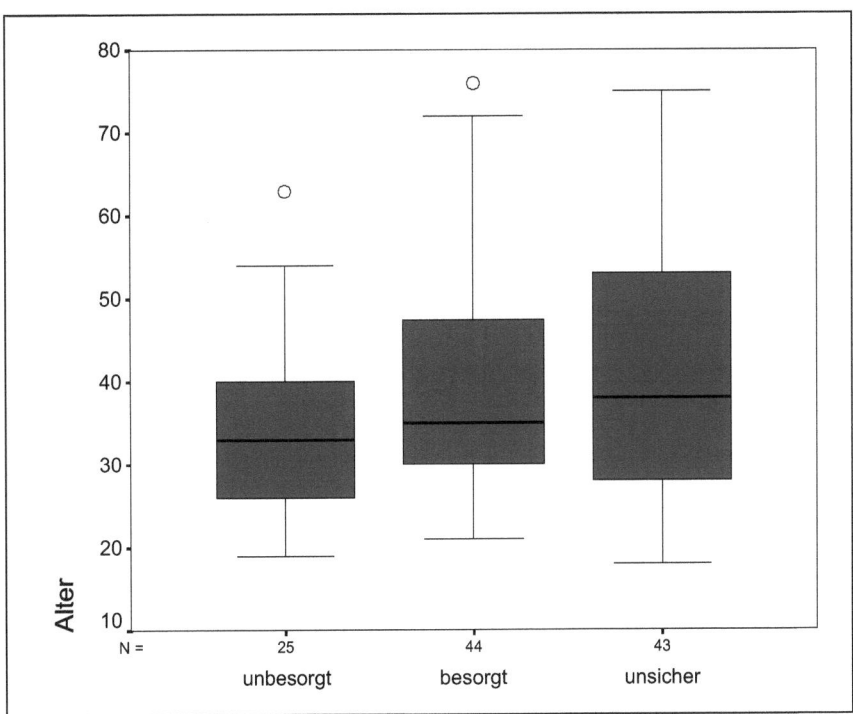

Auch in Bezug auf die Frage, ob sie ein Handy besitzen, ergibt sich zwischen den drei Gruppen kein statistisch signifikanter Unterschied. Tabelle 8 zeigt, dass in allen drei Gruppen die Zahl der Personen, die ein Handy besitzen, jeweils größer ist als die Zahl derjenigen, die kein Handy besitzen. Am deutlichsten ist dieser Unterschied in der Gruppe der Unbesorgten.

Tabelle 8: Handybesitz in den Gruppen

	Unbesorgt		Besorgt		Unsicher	
ja	22	(88%)	29	(67%)	31	(72%)
nein	3	(12%)	14	(33%)	12	(28%)
∑	25	(100%)	43	(100%)	43	(100%)

Dagegen finden sich bei der Frage nach der subjektiven Einschätzung der Befragten, ob sie in der Nähe einer Basisstation wohnen, deutliche und statistisch hoch signifikante Unterschiede (χ^2 = 14.962; df=2; p = 0.001). Tabelle 9 zeigt, dass jeweils die Mehrheit der Unbesorgten (69%) und der Unsicheren (68%) meinen, nicht in der Nähe einer Basisstation zu wohnen, während von den Besorgten fast drei Viertel nach eigenen Einschätzung in der Nähe einer Basisstation wohnen

Tabelle 9: Wohnen in der Nähe einer Basisstation

	Unbesorgt		Besorgt		Unsicher	
Ja	9	(39 %)	31	(72%)	13	(32%)
Nein	14	(61%)	12	(28%)	28	(68%)
Σ	23	(100%)	43	(100%)	41	(100%)

9.5.3 Risikoeinstellung, Engagement und subjektive Betroffenheit

Im Weiteren sollen erste risikorelevante Unterschiede zwischen den Gruppen dargestellt werden. Neben der Risikoeinstellung geht es dabei um die subjektive Betroffenheit durch das Mobilfunkproblem sowie um die Bereitschaft zum Engagement gegen Mobilfunkrisiken.

Schon bei der allgemeinen Risikoeinstellung finden sich Unterschiede zwischen den drei Gruppen. Gefragt, ob sie in ihrem eigenen Handeln eher vorsichtig oder eher risikofreudig sind, geben die Unbesorgten deutlich höhere Ratings als die Unsicheren und die Besorgten. Die Unterschiede sind für alle drei Gruppen statistisch signifikant (F(2,108) = 10.756; p = 0.000). Keine statistisch signifikanten Unterschiede zeigen sich dagegen zwischen den drei Gruppen in Bezug auf die Frage, ob sie sich als eher vertrauensvoll oder misstrauisch einschätzen.

Erwartungsgemäß unterscheiden sich die drei Gruppen auch in ihrer subjektiven Betroffenheit und ihrem Engagement bezüglich des Themas Mobilfunk. Im Mittel ergibt sich für die Gruppe der Besorgten eine relativ hohe Einschätzung der subjektiven Betroffenheit ($\bar{x}$ = 4.95); dagegen fühlen sich die Unsicheren eher weniger betroffen ($\bar{x}$ = 2.88) und die Unbesorgten noch weniger ($\bar{x}$ = 1.84). Diese Unterschiede in den Mittelwerten sind statistisch hoch signifikant (F(2,109) = 52.293; p = 0.000).

9.5 Ergebnisse

Abbildung 6: Risikoeinstellung und Vertrauen/Misstrauen getrennt nach Gruppen (mit 95 %-Konfidenz-Intervallen)

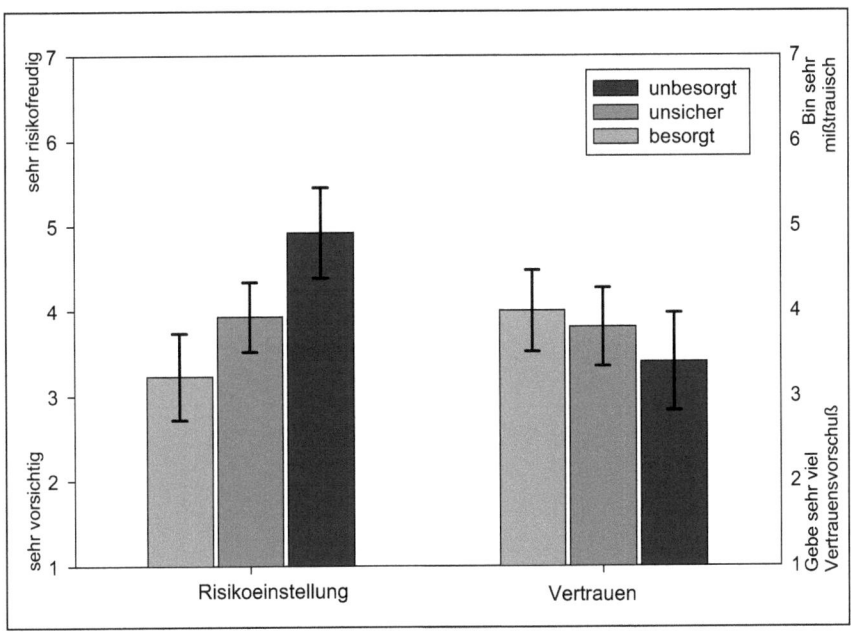

Die Einschätzungen für Engagement allgemein und speziell für Aufklärung anderer über die Schädlichkeit des Mobilfunks fallen deutlich geringer aus. Auch hier liegen die Einschätzungen der Besorgten deutlich über denen der Unsicheren und Unbesorgten. Die Mittelwertunterschiede sind ebenfalls statistisch signifikant („engagiere mich": $F(2,109) = 18.821$; $p = 0.000$; und „kläre auf": $F(2,109) = 12.290$; $p = 0.000$). Post hoc Scheffé-Tests zeigen aber, dass statistisch signifikante Unterschiede nur zwischen den Besorgten einerseits und den Unsicheren und den Unbesorgten andererseits bestehen.

Vergröbernd kann man die drei Gruppen – bezogen auf die Stichprobe – also folgendermaßen charakterisieren:

- Die *Besorgten* sind in der Mehrzahl weiblich und wohnen mehrheitlich nach eigener Einschätzung in der Nähe einer Basisstation, sie sind eher älter und schätzen sich selbst als eher vorsichtig denn risikofreudig ein.

- Die *Unsicheren* sind überwiegend weiblich; sie sind eher älter, wohnen mehrheitlich nach eigener Einschätzung nicht in der Nähe einer Basisstation und schätzen sich als weder vorsichtig noch risikofreudig ein.
- Die *Unbesorgten* sind überwiegend männlich und wohnen nach eigener Einschätzung nicht in der Nähe einer Basisstation; tendenziell sind sie auch eher jünger als die Personen aus den anderen beiden Gruppen und schätzen sich als eher risikofreudig ein.

Abbildung 7: Engagement und subjektive Betroffenheit für die drei Gruppen

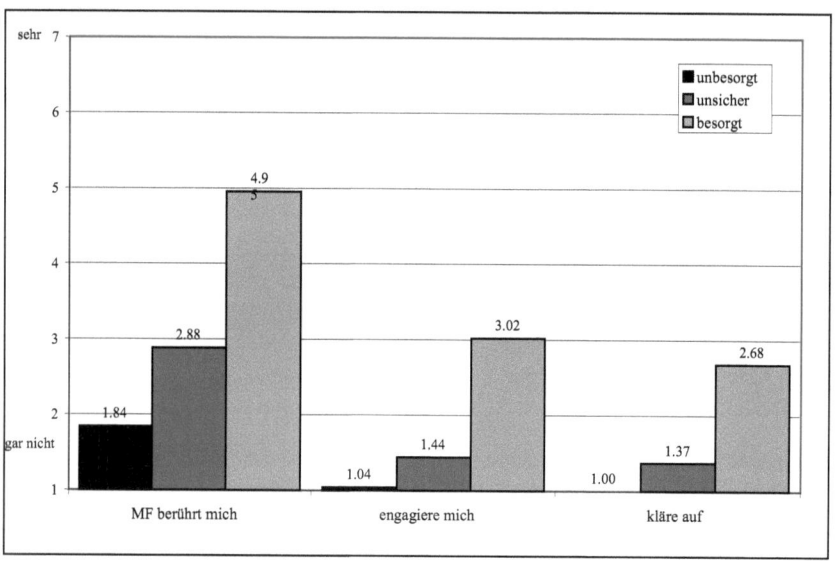

9.5.4 Risikorelevante Einstellungen und Überzeugungen in den Gruppen

Nachfolgend werden die Ergebnisse zur subjektiven Einschätzung des Informationsstandes, zur Glaubwürdigkeit verschiedener Akteure in der Mobilfunk-Debatte, zur Risikobeurteilung sowie zur Bewertung der Überzeugungskraft von Pro- und Kontra-Risikoargumenten und zur Bereitschaft zur Veränderung der Risikoeinschätzung bei Vorlage neuer Fakten dargestellt.

Informationsstand

In der Untersuchung wurde die eigene Einschätzung der Befragten in Bezug auf drei Themen erfasst:

9.5 Ergebnisse

- Wie schätzen Sie Ihren eigenen Informationsstand im Hinblick auf Risiko/Sicherheit des Mobilfunks ein?
- Wie schätzen Sie Ihren eigenen Informationsstand im Hinblick auf Technik des Mobilfunks ein?
- Wie schätzen Sie Ihren eigenen Informationsstand im Hinblick auf rechtliche Rahmensetzung/Genehmigungsverfahren des Mobilfunks ein?

Abbildung 8: Subjektive Einschätzung des Informationsstandes

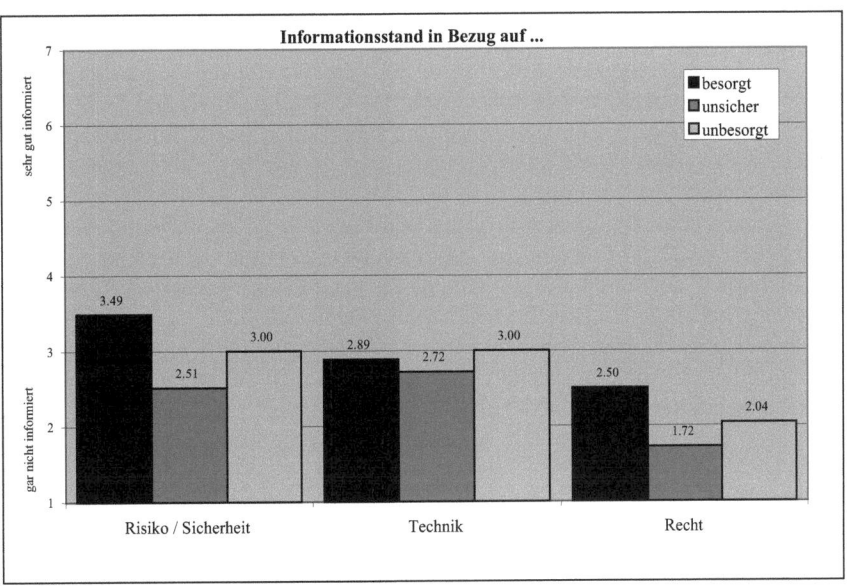

Die Abbildung zeigt, dass insgesamt die subjektive Einschätzung des eigenen Informationsstandes gering ausfällt. Für alle drei Themen bleibt der Mittelwert der drei Gruppen jeweils deutlich unter dem Skalenmittelpunkt. Erwartungsgemäß gibt die Gruppe der Unsicheren im Mittel die niedrigsten Einschätzungen für den eigenen Informationsstand ab. Statistisch signifikant sind die Mittelwertunterschiede aber nur für die beiden Themen „Risiko / Sicherheit" ($F(2,108) = 5.188$; $p = 0.007$) und „Recht" ($F(2,109) = 3.545$; $p = 0.032$). Ein Post-hoc-Scheffé-Test zeigt, dass die statistisch signifikanten Unterschiede zwischen den Besorgten einerseits und den Unsicheren andererseits bestehen, während sich die

Gruppe der Unbesorgten von keiner der beiden anderen statistisch signifikant unterscheidet.

Glaubwürdigkeit

Für die Risikokommunikation ist die Glaubwürdigkeit der Informationsquelle von zentraler Bedeutung. In der Untersuchung wurde nach der Glaubwürdigkeit verschiedener Informationsquellen, die in der Mobilfunkdiskussion eine Rolle spielen, in bezug auf die drei Themenbereiche „Sicherheit des Mobilfunks", „Technik des Mobilfunks" und „Einhaltung der Grenzwerte vor Ort" gefragt.

Abbildung 9 zeigt die Mittelwerte der Glaubwürdigkeitsbeurteilungen für die drei Themenbereiche (geordnet nach der Gesamtglaubwürdigkeit über alle drei Themenbereiche). Die glaubwürdigste Informationsquelle für die Befragten ist die Wissenschaft. Ihre Glaubwürdigkeit liegt im Mittel deutlich über derjenigen der anderen Informationsquellen und ist für alle drei Themenbereiche ungefähr gleich hoch. Die geringste Glaubwürdigkeit wird den Medien und den Betreibern von Mobilfunkanlagen zugesprochen, wobei die Betreiber in Bezug auf Sicherheit und Grenzwerteinhaltung die deutlich geringsten Glaubwürdigkeitswerte haben, ihnen aber für technische Fragen eine hohe – die zweithöchste – Glaubwürdigkeit zugesprochen wird. Auch Bürgerinitiativen wird eine eher geringe Glaubwürdigkeit attestiert. „Offizielle" Stellen bekommen für das Thema Grenzwerteinhaltung die zweithöchste Einschätzung. Das Gleiche gilt für die Ärzte vor Ort in Bezug auf die Sicherheit bzw. mögliche Risiken des Mobilfunks.

9.5 Ergebnisse

Abbildung 9: Glaubwürdigkeit verschiedener Informationsquellen nach Themenbereichen

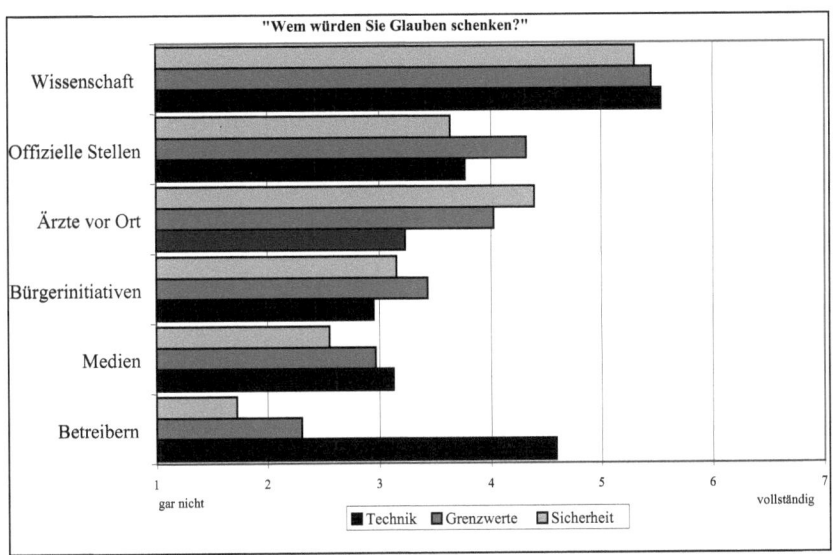

Es liegt nahe, auch für die Glaubwürdigkeitsbeurteilungen der Informationsquellen Unterschiede zwischen den besorgten, unsicheren und unbesorgten Personen zu erwarten.

Abbildung 9 macht für den Themenbereich Sicherheit aber deutlich, dass diese Unterschiede zwischen den drei Gruppen nicht sehr ausgeprägt sind. Sie sind statistisch nicht signifikant (bzw. marginal signifikant für Betreiber: p = 0.069 und Bürgerinitiativen: p = 0.063). In allen drei Gruppen ist die Wissenschaft die glaubwürdigste Informationsquelle zu Fragen der Sicherheit (bzw. zu möglichen Risiken) des Mobilfunks. In allen drei Gruppen wird hierbei den Betreibern und den Medien in dieser Frage die geringste Glaubwürdigkeit zugeschrieben. Der Knick in den Profilen der Unbesorgten und Unsicheren bei „Offizielle Stellen" und „Bürgerinitiativen" zeigt an, dass sich hier die Rangfolge von derjenigen der Besorgten unterscheidet.

Abbildung 10: Glaubwürdigkeit bezüglich Sicherheit bzw. möglicher Risiken des Mobilfunks

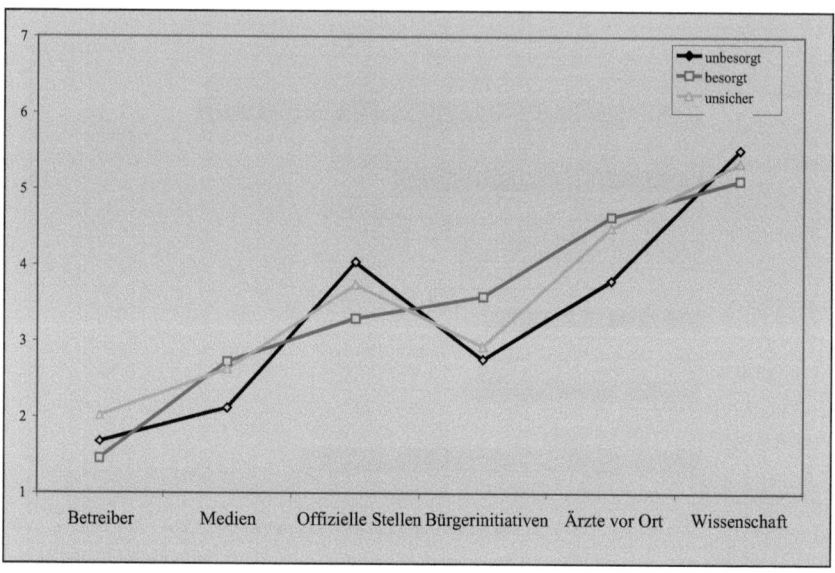

Für den Themenbereich „Technik des Mobilfunks" bekommt die Wissenschaft ebenfalls die höchsten Glaubwürdigkeitswerte (Abbildung 11). Die geringste Glaubwürdigkeit haben hier die Medien und die Bürgerinitiativen. Auch hier ergeben sich keine statistisch signifikanten Unterschiede zwischen den Gruppen.

9.5 Ergebnisse

Abbildung 11: Glaubwürdigkeit bezüglich Technik des Mobilfunks

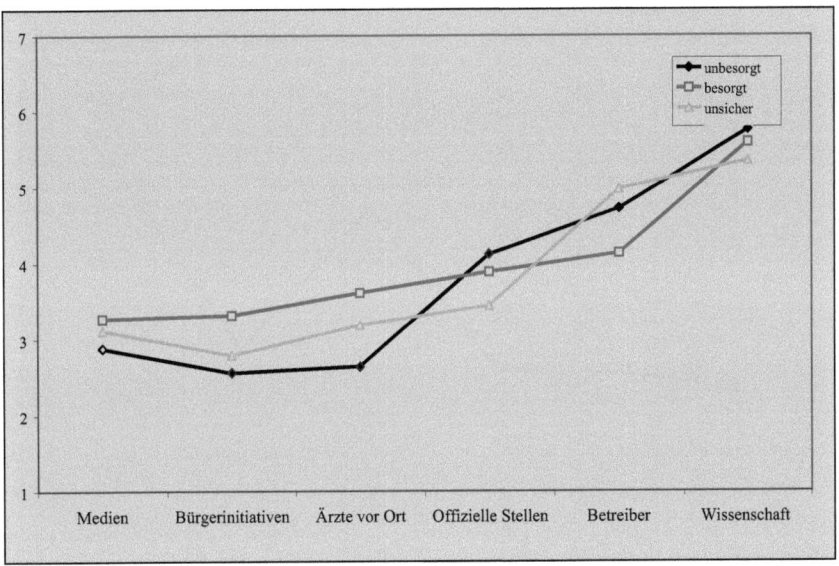

Auch für Fragen zur Grenzwerteinhaltung wird die Wissenschaft als die glaubwürdigste Informationsquelle eingeschätzt (Abb.12). Wieder bekommen hier die Betreiber und die Medien die geringsten Glaubwürdigkeitswerte. Hier zeigen sich statistisch signifikante Unterschiede für die „Ärzte vor Ort" ($p = 0.004$) und die „Bürgerinitiativen" ($p = 0.004$) in der Glaubwürdigkeitsbeurteilung durch die drei Gruppen. Ein Post-hoc-Scheffé-Test ergibt, dass sich für die „Ärzte vor Ort" die Unbesorgten von den beiden anderen Gruppen statistisch signifikant unterscheiden ($p = 0.005$ bzw. $p = 0.025$), während sich die Besorgten und die Unsicheren nicht statistisch signifikant unterscheiden. Für die „Bürgerinitiativen" liegt der statistisch signifikante Unterschied in den Glaubwürdigkeitsbeurteilungen der Besorgten einerseits und der Unbesorgten andererseits, während sich die Unsicheren von keiner dieser beiden Gruppen statistisch signifikant unterscheiden.

Abbildung 12: Glaubwürdigkeit bezüglich Einhaltung der Grenzwerte

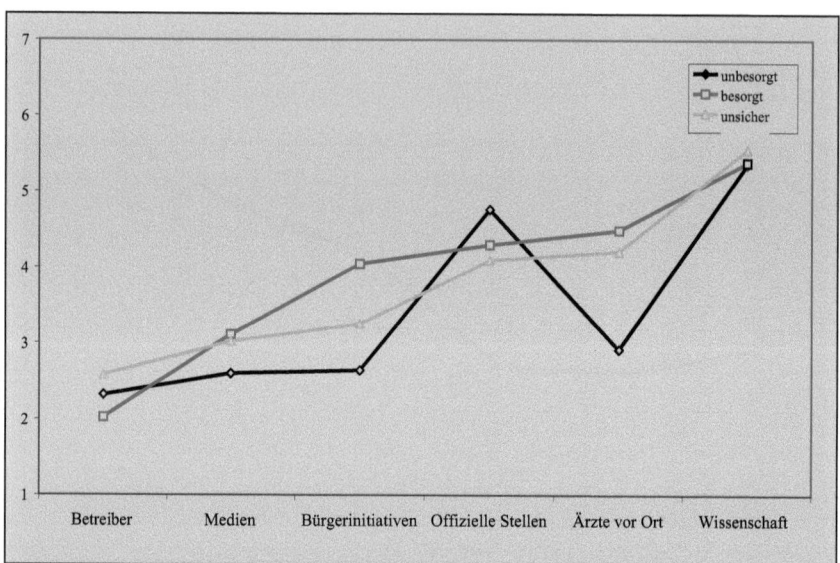

Risikobeurteilung

Schon weiter oben wurde beschrieben, dass die Gruppe der Besorgten sich im Mittel als eher vorsichtig einschätzt, während die Unbesorgten nach ihrer eigenen Einschätzung eher risikofreudig sind, und dazwischen liegen die Unsicheren. Ein ähnliches Muster findet sich auch bei der Einschätzung aktueller Risikothemen. Es zeigt sich, dass die Besorgten durchweg zu höheren Risikoeinschätzungen kommen als die Unsicheren und die Unbesorgten. Die Mittelwertunterschiede sind statistisch signifikant ($p = 0.000$ bis $p = 0.012$) – bis auf Atomkraftwerke, wo die Unterschiede nur marginal signifikant werden ($p = 0.086$). Die Abbildung macht auch deutlich, dass die wesentlichen Unterschiede zwischen der Gruppe der Besorgten einerseits und den Unsicheren bzw. Unbesorgten andererseits liegen. Ein Post-hoc-Scheffé-Test bestätigt, dass (wiederum abgesehen von Atomkraftwerken) statistisch signifikante Unterschiede nur zwischen den besorgten Personen einerseits und den unsicheren bzw. unbesorgten Personen andererseits bestehen. Lediglich für GT-Lebensmittel unterscheiden sich alle drei Gruppen statistisch signifikant.

9.5 Ergebnisse 117

Abbildung 13: Risikowahrnehmung aktueller Risikothemen nach Gruppen

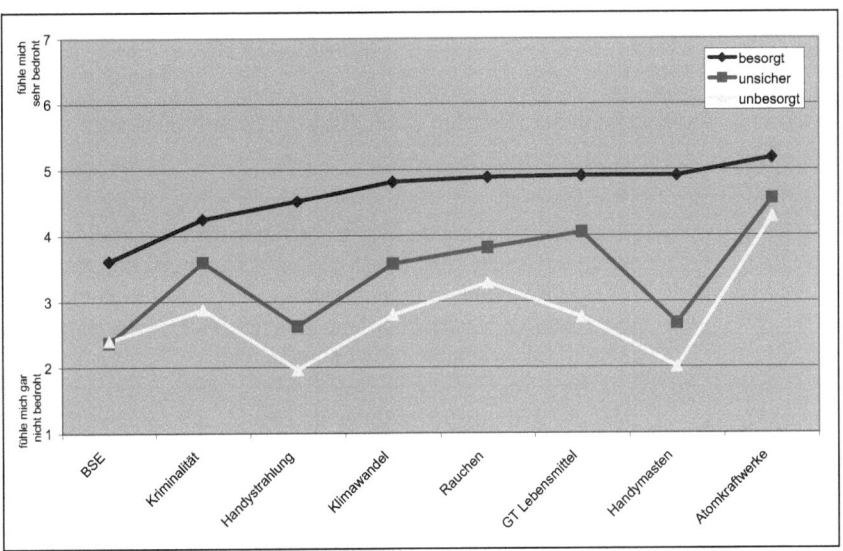

Speziell in Bezug auf die hier besonders interessierenden Risikothemen Handy und Sendemasten wird aus Abbildung 13 auch deutlich, dass es für die Gruppe der *Unsicheren* und der *Unbesorgten* praktisch keinen Unterschied in den Risikoeinschätzungen für Masten und Handys gibt. Nur bei den *Besorgten* fallen die Risikobeurteilungen deutlicher auseinander (Handy: $\bar{x} = 4.52$; Sendemast: $\bar{x} = 4.91$). Allerdings ist keiner dieser Unterschiede statistisch signifikant (t-Test für gepaarte Stichproben).

Bewertung von Argumenten

In der aktuellen Diskussion um Mobilfunkrisiken gibt es Argumente, die immer wieder auftauchen. Inwieweit diese Argumente in der Öffentlichkeit aber tatsächlich auf Resonanz stoßen, ist bislang völlig unklar. Hier interessiert vor allem, ob diese Argumente von den verschiedenen Gruppen im Hinblick auf ihre Überzeugungskraft unterschiedlich beurteilt werden.

In der Untersuchung wurden acht Argumente untersucht, die in Tabelle 10 aufgeführt sind. Die ersten vier Argumente zielen auf eine Entwarnung, das heißt, sie werden herangezogen, um das Argument der Unbedenklichkeit des Mobilfunks zu unterstützen. Die anderen vier Argumente gehen in die entgegengesetzte Richtung. Sie werden genutzt, um vor den Risiken des Mobilfunks zu warnen.

Tabelle 10: Argumente in der aktuellen Diskussion um Mobilfunkrisiken

Expertenwissen	Nur international renommierte Experten, die in anerkannten Gremien zusammenarbeiten, verfügen über das Fachwissen, um die Risiken des Mobilfunks einschätzen zu können. Diese Gremien kommen zu dem Schluss, dass es keinen begründeten Verdacht auf ein Risiko gibt. Deswegen ist Mobilfunk gesundheitlich unbedenklich.
Kleine Dosis	Bei der Risikobewertung ist die Dosis – d.h. welcher Menge oder welcher Intensität eines Schadstoffes der Mensch ausgesetzt ist – entscheidend. Die Dosis kann so gering sein, dass kein Risiko mehr besteht. Anwohner von Handymasten sind sehr geringen elektromagnetischen Feldern ausgesetzt. Deswegen geht von den Handymasten kein Risiko aus.
Keine Angst	Menschen hatten schon immer vor neuen Technologien Angst. So hat man nach der Erfindung des Telefons geglaubt, dass das Telefonieren gesundheitsschädlich ist. Später hat sich dies als falsch erwiesen. Deswegen ist das Neusein allein noch kein Grund für Befürchtungen. Das gilt auch für den Mobilfunk.
MF ist gut untersucht	Es gibt ungefähr 30.000 wissenschaftliche Arbeiten zu biologischen Wirkungen von elektromagnetischen Feldern, mehr als bei anderen neuen Techniken. Deswegen kann man sagen, dass der Mobilfunk gut untersucht ist.
Fassmodell	Wenn man sich überlegt, wie Umweltschadstoffe auf den Menschen wirken, so kann man sich den Menschen als ein Fass vorstellen, das langsam mit Schadstoffen aufgefüllt wird. Irgendwann kann auch ein kleiner Beitrag, z.B. Elektrosmog durch Mobilfunk, das Fass zum Überlaufen brin-

9.5 Ergebnisse

	gen. Deswegen ist Mobilfunk ein Risiko.
Außenseiter haben Recht	Es gab immer wieder Fälle, da hatten wissenschaftliche Außenseiter, die sich gegen die herrschende wissenschaftliche Meinung stellten, Recht mit ihren Risikoeinschätzungen gehabt. Das kann auch beim Mobilfunk der Fall sein. Deswegen kann nicht ausgeschlossen werden, dass der Mobilfunk ein Risiko ist.
keine Langzeituntersuchungen	Der Mobilfunk ist eine neue Technik. Es gibt noch keine Langzeituntersuchungen über 10 Jahre und mehr. Deswegen ist beim Mobilfunk besondere Vorsicht geboten.
Dauerbestrahlung	Wenn Menschen dauernd einer Strahlung ausgesetzt sind, so kann dies über die Zeit zu Gesundheitsrisiken führen. Handymasten senden im 24-Stunden-Betrieb. Deswegen ist Mobilfunk ein Risiko.

Insgesamt werden diese Argumente von den Befragten als nicht besonders überzeugend eingeschätzt. Abbildung 14 zeigt, dass vier Argumente im Mittel eine Bewertung erhalten, die größer ist als der Skalenmittelpunkt „4".

Abbildung 14: Mittelwerte für Überzeugungskraft der Argumente

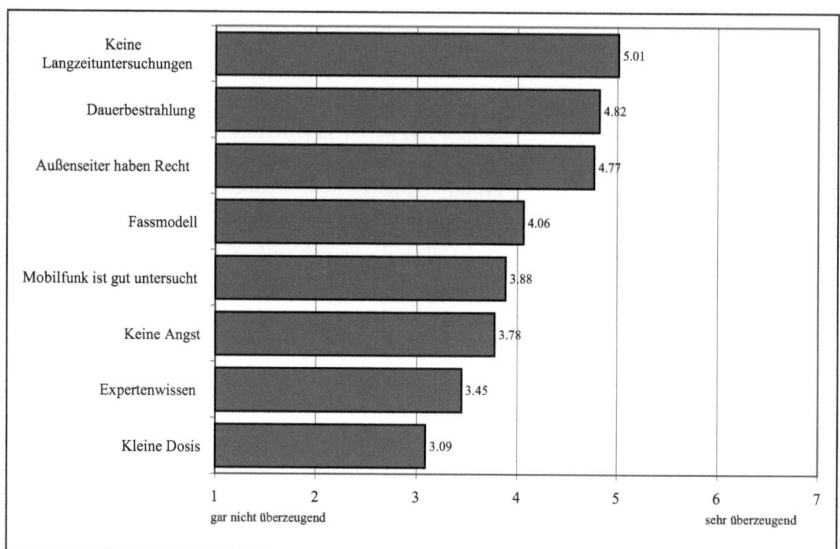

Dies sind Argumente, die auf das Warnen vor möglichen Risiken des Mobilfunks zielen („keine Langzeituntersuchungen", „Dauerbestrahlung" und „Außenseiter haben Recht", „Fassmodell"). Die anderen Argumente liegen entweder nahe bei „4" oder darunter. Diese Argumente zielen alle auf Entwarnen.

Ein ganz anderes Bild ergibt sich allerdings, wenn man die Überzeugungskraft der Argumente für die drei Gruppen getrennt betrachtet. Aus Abbildung 15 ist ersichtlich, dass die Gruppen zu ganz unterschiedlichen Bewertungen kommen. Für die *Besorgten* sind die Argumente überzeugend, mit denen vor Risiken des Mobilfunks gewarnt wird; als wenig überzeugend werden dagegen die Argumente bewertet, die entwarnen. Umgekehrt halten die *Unbesorgten* diejenigen Argumente für überzeugend, die gegen mögliche Risiken des Mobilfunks sprechen, während Argumente, die warnen, für weniger überzeugend gehalten werden. Die Bewertungen der *Unbesorgten* fallen allerdings – abgesehen vom Argument „Fassmodell" – nicht so extrem aus wie die der *Besorgten*. Zwischen diesen beiden Gruppen liegen die Bewertungen der *Unsicheren*. Ihre Bewertungen liegen fast alle nahe dem Skalenmittelpunkt „4", folgen im Verlauf aber eher der Bewertung der Besorgten.

9.5 Ergebnisse

Abbildung 15: Überzeugungskraft von Argumenten für Gruppen (mit 95 % Konfidenz-Intervallen)

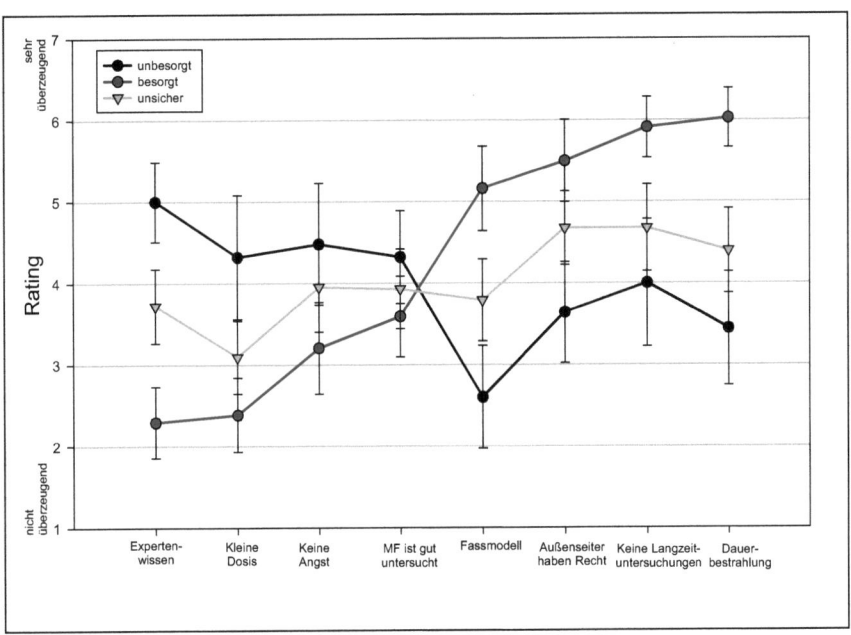

Diese Ergebnisse machen deutlich, dass die beiden Gruppen der *Besorgten* und der *Unbesorgten* durchgängig solche Argumente für überzeugend halten, die ihrer eigenen Einschätzung des Mobilfunkrisikos entsprechen, und solche für wenig überzeugend halten, die ihrer eigenen Einschätzung des Mobilfunkrisikos widersprechen.

Bereitschaft zur Veränderung der Risikoeinschätzung

Ein wesentliches Problem für die Risikokommunikation ist, inwieweit Personen bereit sind, ihre bestehenden Risikoeinschätzungen zu verändern, wenn sie neue Informationen zu dem jeweiligen Risiko bekommen. Bei diesen neuen Informationen kann es sich zum Beispiel um Einschätzungen oder Empfehlungen wissenschaftlicher Organisationen oder staatlicher Institutionen handeln. Solche Informationen können aber auch aus den Medien oder dem persönlichen Umfeld (der persönlichen Erfahrung) stammen. Diese neuen Informationen können in zwei Richtungen gehen: Sie können vor einem Risiko warnen oder entwarnen. Um zu erfassen, wie groß die subjektive Bereitschaft ist, die eigene Risikoeinschätzung aufgrund neuer Informationen zu verändern, wurden verschiedene Informationsszenarien jeweils in einer Variante „Warnen" und „Entwarnen" präsentiert und nach ihrem Einfluss auf eine Steigerung bzw. Verminderung der eigenen Risikoeinschätzung gefragt (Tabelle 11). Für ein Item, die Gründung einer Bürgerinitiative vor Ort, ist die Entwarnungsvariante allerdings nicht sinnvoll, sie wurde deshalb nicht abgefragt.

Tabelle 11: Informationsszenarien in den Varianten „Warnen" und „Entwarnen"

Warnen	Entwarnen
Wenn die Strahlenschutzkommission beim Bundesministerium für Gesundheit, Sport und Konsumentenschutz in Österreich warnen würde, dann würde meine Einschätzung des Risikos von Handymasten steigen.	Wenn die Strahlenschutzkommission beim Bundesministerium für Gesundheit, Sport und Konsumentenschutz in Österreich entwarnen würde, würde sich meine Einschätzung des Risikos von Handymasten verringern.
Wenn in meiner unmittelbaren Nachbarschaft eine Station errichtet würde, würde meine Einschätzung des Risikos von Handymasten steigen.	Wenn die Sendestation noch weiter weg wäre, würde sich meine Einschätzung des Risikos von Handymasten verringern.
Wenn die Weltgesundheitsorganisation vor Handymasten warnen würde, würde meine Einschätzung des Risikos von Handymasten steigen.	Wenn die Weltgesundheitsorganisation vor Handymasten entwarnen würde, würde sich meine Einschätzung des Risikos von Handymasten verringern.
Wenn einer meiner Bekannten in der Aufstellung eines Sendemastes den Grund für seine Gesundheitsstörungen sähe, würde meine Einschätzung des Risikos vor Handymasten steigen.	Wenn keiner meiner Bekannten in der Aufstellung eines Sendemastes den Grund für seine Gesundheitsstörungen sieht, würde sich meine Einschätzung des Risikos von Handymasten verringern.
Wenn ich selber Gesundheitsstörungen wahrnehmen würde, würde meine Einschätzung des Risikos von Handymasten steigen.	Wenn ich selber keine Gesundheitsstörungen wahrnehme, würde sich meine Einschätzung des Risikos von Handymasten verringern.

9.5 Ergebnisse

Warnen	Entwarnen
Wenn die Zeitungen immer mehr über gesundheitliche Beeinträchtigungen durch den Mobilfunk berichten würden, würde meine Einschätzung des Risikos von Handymasten steigen.	Wenn in Zeitungen immer weniger über gesundheitliche Probleme ausgelöst durch den Mobilfunk berichten würde, würde sich meine Einschätzung des Risikos von Handymasten verringern.
Wenn sich Bürgerinitiativen im Ort dagegen gründen würden, würde meine Einschätzung des Risikos von Handymasten steigen.	(nicht gefragt)
Wenn der ansässige Arzt davor warnen würde, würde meine Einschätzung des Risikos von Handymasten steigen.	Wenn der ansässige Arzt entwarnen würde, würde sich meine Einschätzung des Risikos von Handymasten verringern.
Wenn ich über Probleme bei der Tierhaltung hören würde, würde meine Einschätzung des Risikos von Handymasten steigen.	Wenn keine Probleme bei der Tierhaltung auffallen, würde sich meine Einschätzung des Risikos von Handymasten verringern.

Wie aus Tabelle 11 ersichtlich ist, liegen die mittleren Einschätzungen für die verschiedenen Informationsszenarien nicht sehr weit auseinander. Den stärksten Einfluss auf eine Steigerung der Risikoeinschätzung haben Warnungen der WHO („WHO warnt") und eigene Gesundheitsstörungen („selbst krank"), der geringste Einfluss wird für „BI vor Ort dagegen", „Tierhaltung Probleme" und „Bekannte krank" gesehen. Bei der analogen Frage nach dem Einfluss auf eine Risikominderung wird ebenfalls Warnungen der WHO der größte Einfluss zugesprochen, gefolgt von „Strahlenschutz warnt" und „Mast in Nachbarschaft".

Interessanter ist aber, dass in allen Fällen die Mittelwerte für die warnenden Informationsszenarien höher sind als für die entwarnenden Informationsszenarien, d.h. im Mittel haben Warnungen nach Einschätzung der Untersuchungsteilnehmer einen größeren Einfluss auf ihre eigene Risikoeinschätzung als Entwarnungen. Die Unterschiede in den Mittelwerten für die Bereitschaft zur Steigerung bzw. Verringerung der Risikoeinschätzung sind für alle Informationsszenarien statistisch hoch signifikant (t-Test für gepaarte Stichproben, $p = 0.000$).

Abbildung 16: Subjektive Bereitschaft zur Veränderung der Risikoeinschätzung (ausführlicher Text siehe Tab. 11)

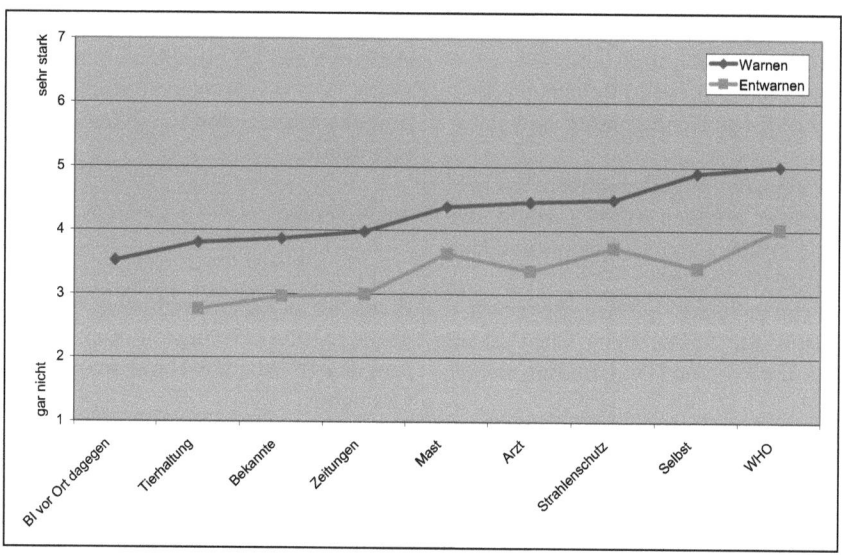

Ein differenziertes Bild ergibt sich, wenn man die Bereitschaft zur Veränderung der Risikoeinschätzung für die drei Gruppen getrennt betrachtet. Abbildung 16 zeigt, dass die Bereitschaft zur Erhöhung der Risikoeinschätzung für die Gruppen aufgrund von Warnungen sehr unterschiedlich ausfällt. Die Mittelwertunterschiede zwischen den drei Gruppen sind alle statistisch signifikant ($p < 0.01$; nur für „Strahlenschutz warnt" ist $p = 0.014$). Post-hoc-Scheffé-Tests ergeben allerdings, dass das nur für das Informationsszenario „BI vor Ort dagegen" sich alle drei Gruppen statistisch signifikant voneinander unterscheiden. In den anderen Fällen unterscheiden sich nur einzelne Gruppen voneinander. Die nicht signifikanten Gruppenunterschiede sind in Abbildung 17 mit einer Klammer gekennzeichnet.

9.5 Ergebnisse

Abbildung 17: Subjektive Bereitschaft zur Erhöhung der Risikoeinschätzung aufgrund von Warnen für die drei Gruppen (Klammern kennzeichnen nicht-signifikante Unterschiede)

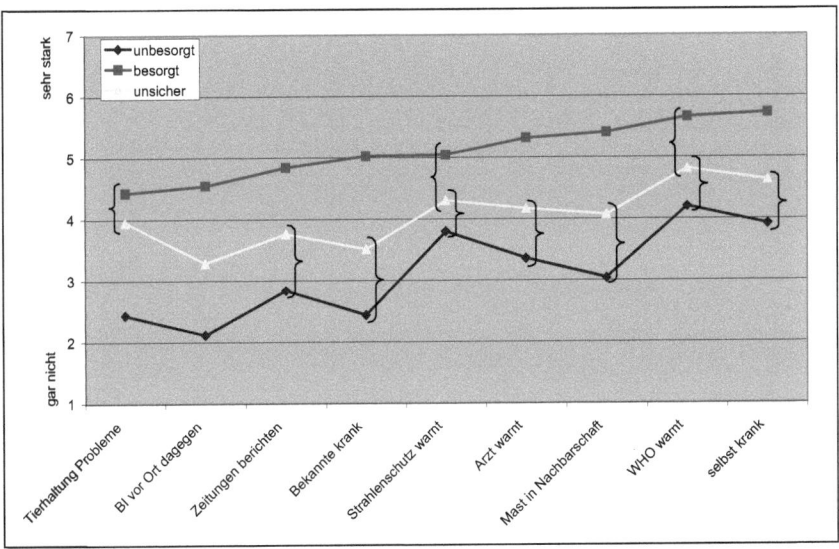

Dagegen liegen die Mittelwerte für die Bereitschaft zur Verringerung der Risikoeinschätzung aufgrund von Entwarnungen für die drei Gruppen eng beieinander (siehe Abbildung 18) und die Mittelwertunterschiede zwischen den drei Gruppen sind – mit einer Ausnahme – statistisch nicht signifikant. Lediglich für „Mast weiter weg" ist p = 0.006. Hier unterscheiden sich die Besorgten von den anderen beiden Zielgruppen (Post-hoc-Scheffé-Test).

Abbildung 18: Subjektive Bereitschaft zur Verminderung der Risikoeinschätzung aufgrund von Entwarnen für die drei Gruppen

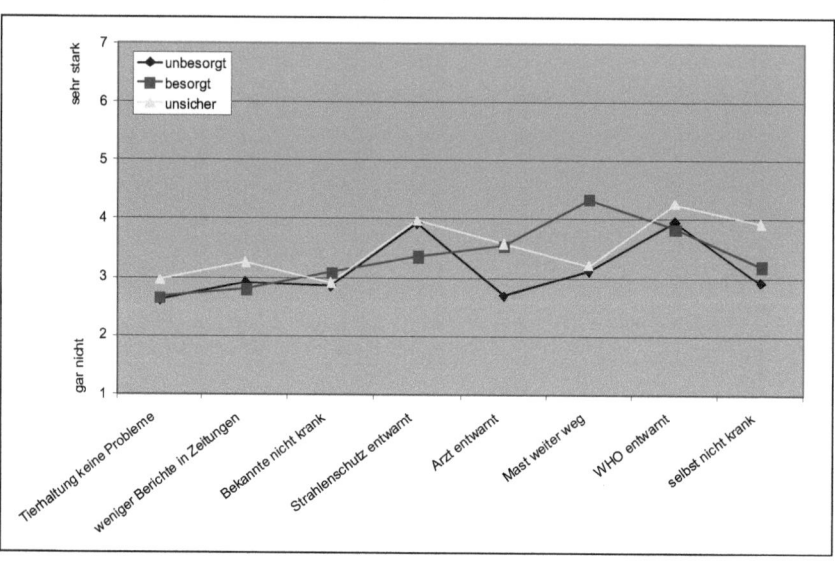

Schon die deutlichen Unterschiede zwischen den drei Gruppen in der Bereitschaft zur Risikoerhöhung bei Warnungen und die sehr viel geringeren Unterschiede in der Bereitschaft zur Risikoverminderung bei Entwarnungen legen die Annahme nahe, dass Warnungen und Entwarnungen bei den drei Gruppen unterschiedlich gewichtet werden. Dass dies in der Tat so ist, zeigen die Abbildungen 19 bis 21, in denen für jede Zielgruppe die gemittelte Bereitschaft zur Risikoerhöhung bzw. -verringerung für die verschiedenen Informationsszenarien wiedergegeben ist.

Für die Gruppe der Besorgten zeigt Abbildung 19, dass die Bereitschaft zur Verminderung der Risikoeinschätzung bei Entwarnungen deutlich geringer ist als die Bereitschaft für die Erhöhung bei Warnungen. Die Unterschiede sind für alle Informationsszenarien statistisch hoch signifikant (t-Tests für gepaarte Stichproben; für alle Informationsszenarien p = 0.000). Es fällt auf, dass vor allem für das Informationsszenario „selbst krank" der Unterschied zwischen Warnen und Entwarnen besonders eklatant ist. Während dieses Informationsszenario in der Variante Warnen im Mittel den höchsten Einfluss auf die Bereit-

9.5 Ergebnisse

schaft zur Risikoveränderung hat, ist der Einfluss der Entwarnungsvariante eher gering, d.h. in der Tatsache, dass man selbst keine Gesundheitsstörungen wahrnimmt, wird wenig Bedeutung für die Risikoeinschätzung gesehen. Ähnliches gilt auch für das Informationsszenario „WHO warnt".

Abbildung 19: Bereitschaft der Besorgten zur Risikoerhöhung bzw. -verringerung für die verschiedenen Informationsszenarien (ausführlicher Text siehe Tabelle 11)

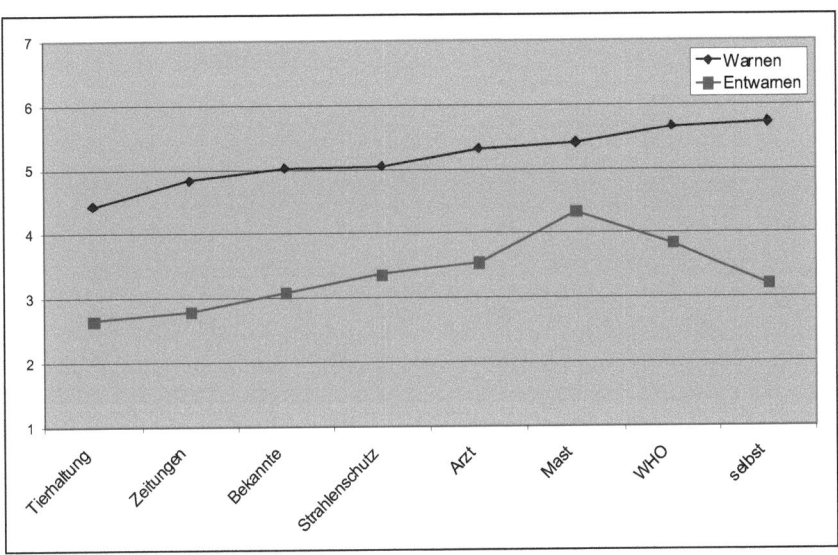

Auch bei den Unsicheren ist der Einfluss der Entwarnungen auf die Bereitschaft zur Veränderung von Risikoeinschätzungen geringer als der von Warnungen (Abbildung 20). Die Unterschiede sind hier allerdings deutlich geringer und in zwei Fällen auch statistisch nicht signifikant („Strahlenschutz warnt" und „WHO warnt").

Abbildung 20: Bereitschaft der Unsicheren zur Risikoerhöhung bzw. – verringerung für die verschiedenen Informationsszenarien (ausführlicher Text siehe Tabelle 11)

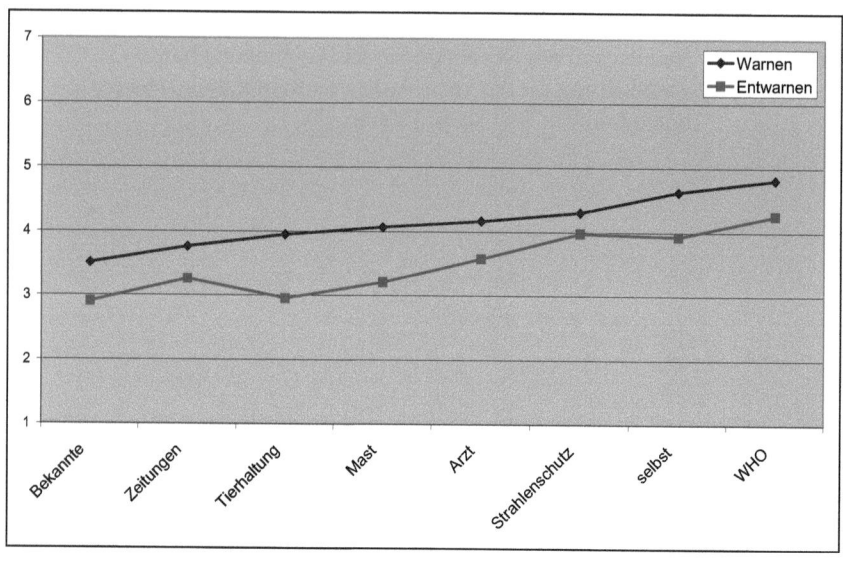

Kaum Unterschiede im Einfluss von Warnungen und Entwarnungen auf die Bereitschaft zur Veränderung von Risikoeinschätzungen zeigen sich schließlich für die Gruppe der Unbesorgten. Hier liegen die Mittelwerte für fast alle Informationsszenarien dicht beieinander (siehe Abbildung 21). Lediglich für „selbst krank" und „Arzt warnt" sind die Unterschiede in den Mittelwerten statistisch signifikant (t-Tests für gepaarte Stichproben; $p = 0.032$ bzw. $p = 0.016$).

Abbildung 21: Bereitschaft der Unbesorgten zur Risikoerhöhung bzw. - verringerung für die verschiedenen Informationsszenarien (ausführlicher Text siehe Tabelle 11)

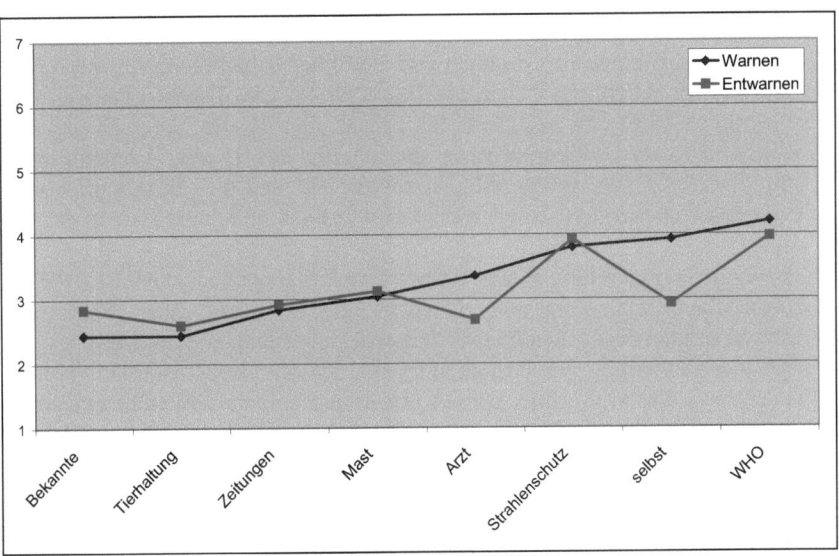

9.6 Diskussion

In einer empirischen Untersuchung wurden Einschätzungen, Überzeugungen und Einstellungen zum Thema Mobilfunk untersucht. Die wichtigsten Ergebnisse sind:

- Die Ergebnisse zur Risikowahrnehmung von EMF im Vergleich mit anderen Risikothemen stimmen im Wesentlichen mit vergleichbaren Studien überein. Auf einer aggregierten Ebene – ohne die Betrachtung von Gruppenunterschieden – werden sowohl Risiken von Mobilfunkstationen als auch von Handys als weniger bedrohlich eingeschätzt.
- Im Unterschied zu eigenen, früheren Untersuchungen (Schütz und Wiedemann 1998) finden sich jedoch keine Differenzen bei der Risikoeinschätzung von Handymasten und Handys sowie der Bewertung.
- Die Identifizierung von Gruppen (Besorgte, Unsichere, Unbesorgte) aufgrund von risikobezogenen Überzeugungen war möglich: 75% der Befragten können einer der drei Gruppen eindeutig zugeordnet werden.

- Der subjektive Informationsstand ist für die drei Themen des Mobilfunks „Risiko/Sicherheit", „Technik" und „Recht" insgesamt relativ gering. Unsichere fühlen sich aber für die beiden Themen „Risiko/Sicherheit" und „Recht" subjektiv noch weniger gut informiert als die Besorgten.
- Als glaubwürdigste Informationsquelle wird von allen drei Gruppen die Wissenschaft eingestuft; Medien und Betreiber haben die geringste Glaubwürdigkeit. Allerdings haben die Betreiber für das Thema „Technik" die zweithöchste Glaubwürdigkeit. Statistisch signifikante Unterschiede zwischen den drei Gruppen ergeben sich nur für das Thema „Einhaltung der Grenzwerte". Hier werden die „Ärzte vor Ort" und die „Bürgerinitiativen" von den Unbesorgten als weniger glaubwürdig eingeschätzt als von den Besorgten.
- Besorgte kommen für alle acht betrachteten Risikoquellen zu höheren Risikoeinschätzungen als Unsichere und Unbesorgte. Das deutet darauf hin, dass bei den Besorgten eine generelle risikosensible Einstellung vorhanden ist.
- Bei der Bewertung von Argumenten aus der Mobilfunkdiskussion werden insgesamt die Argumente, die für ein Risiko sprechen, für überzeugender gehalten als die Argumente, die dagegen sprechen. Betrachtet man die Gruppen getrennt, so zeigt sich, dass die Besorgten und die Unbesorgten jeweils die Argumente für überzeugender halten, die ihrer Einstellung entsprechen.
- Bezüglich der Bereitschaft, die eigene Risikoeinschätzung aufgrund neuer Informationen zu verändern, ergibt sich, dass Warnungen in höherem Maße als relevant für die Änderung der Risikoeinschätzung angesehen werden, als Entwarnungen.
- Betrachtet man die drei Gruppen bezüglich der Bereitschaft, die eigene Risikoeinschätzung aufgrund neuer Informationen zu verändern, getrennt, so zeigen sich bei den Warnungen klare Unterschiede: Warnungen werden von den Besorgten durchweg als sehr viel bedeutsamer für die eigene Meinungsänderung eingeschätzt als von den Unbesorgten; die Unsicheren liegen mit ihren Einschätzungen dazwischen. Dagegen fallen die Unterschiede zwischen den drei Gruppen für Entwarnungen deutlich geringer aus. Die Besorgten gewichten Entwarnungen durchweg geringer für die Veränderung der eigenen Risikoeinschätzung als Warnungen. Das gilt auch für die Gruppe der Unsicheren, allerdings sind hier die Unterschiede zwischen Warnungen und Entwarnungen weniger stark. Für die Unbesorgten schließlich ergeben sich kaum Unterschiede.

9.6 Diskussion

Aus diesen Ergebnissen lassen sich eine Reihe von Schlussfolgerungen für die Risikokommunikation ziehen. Wie erwartet, ist der subjektive Informationsstand bei den Befragten generell gering. Dies entspricht auch den Ergebnissen von Büllingen, Hillebrand und Wörter (2002) sowie Zwick (2002a). Aber auch bei diesem geringen subjektiven Informationsstand finden sich noch Unterschiede zwischen den identifizierten Risikoeinschätzungsgruppen. Die Gruppe der Unsicheren gibt die niedrigste Einschätzung ab. Daraus resultiert erst einmal die Notwendigkeit von Risikoinformation und -kommunikation.

Allerdings zeigen die Untersuchungsergebnisse, dass hinsichtlich der Wirksamkeit von Risikoinformation mit größeren Unterschieden zu rechnen ist. Dies soll in Zusammenhang mit der Überzeugungskraft von Argumenten (Message-Effekte), der Glaubwürdigkeit von Informationsgebern (Quellen-Effekte) und Merkmalen der Adressaten (Empfänger-Effekte) diskutiert werden.

Bei der Bewertung der Argumente fällt auf, dass für die Gruppe der Besorgten und – wenn auch in etwas geringerem Maße – für die Unsicheren der Verweis auf das Expertenwissen nur eine geringe Überzeugungskraft hat („Nur international renommierte Experten, die in anerkannten Gremien zusammenarbeiten, verfügen über das Fachwissen, um die Risiken des Mobilfunks einschätzen zu können. Diese Gremien kommen zu dem Schluss, dass es keinen begründeten Verdacht auf ein Risiko gibt. Deswegen ist Mobilfunk gesundheitlich unbedenklich."). Damit in Zusammenhang steht die Auffassung der Befragten, dass in der Wissenschaft auch Außenseiter Recht haben können („Es gab immer wieder Fälle, da hatten wissenschaftliche Außenseiter, die sich gegen die herrschende wissenschaftliche Meinung stellten, Recht mit ihren Risikoeinschätzungen gehabt. Das kann auch beim Mobilfunk der Fall sein. Deswegen kann nicht ausgeschlossen werden, dass der Mobilfunk ein Risiko ist."). Für die Risikokommunikation ergibt sich daraus eine klare Schlussfolgerung: Die Expertenfrage, d.h. wer kann kompetent eine Risikobewertung vornehmen und wer nicht, muss klarer kommuniziert werden. Dabei muss aber berücksichtigt werden, dass die Öffentlichkeit auch ein Problem mit der herrschenden wissenschaftlichen Meinung hat. Die Wissenschaft muss sich deshalb Gedanken machen, wie Expertise und Wertepluralismus miteinander verbunden werden können und wie das in der Öffentlichkeit transparent dargestellt werden kann.

Interessant ist weiterhin, dass zwei Argumente für die Befragten eine hohe Bedeutung haben. Zum einen betrifft das die Dauerbestrahlung („Wenn Menschen dauernd einer Strahlung ausgesetzt sind, so kann dies über die Zeit zu Gesundheitsrisiken führen. Handymasten senden im 24-Stunden-Betrieb. Deswegen ist Mobilfunk ein Risiko.") und zum anderen die Langzeitstudien („Der Mobilfunk ist eine neue Technik. Es gibt noch keine Langzeituntersuchungen über 10 Jahre und mehr. Deswegen ist beim Mobilfunk besondere Vorsicht geboten"). Diese Themen sollten nicht nur in der Risikoforschung (dort geschieht dies ja schon), sondern auch bei der Risikokommunikation besondere Aufmerksamkeit finden.

Die Glaubwürdigkeit der verschiedenen Akteure und deren Information werden von den Befragten unterschiedlich eingeschätzt. Beispielsweise wird der Wissenschaft die höchste und den Betreibern (mit der Ausnahme der Information über Technik) die geringste Glaubwürdigkeit zugesprochen. Entgegen der in der Literatur zur Risikokommunikation vielfach vertretenen Auffassung, dass die Wirksamkeit von Risikoinformation bzw. –kommunikation wesentlich von der Glaubwürdigkeit der Informationsquelle abhängt (z.B. Fessenden-Raden, Fitchen und Heath 1987; Flynn, Slovic und Mertz 1993; Slovic 1999), ist in der vorliegenden Untersuchung die Glaubwürdigkeit aber nicht der entscheidende Faktor für die Einschätzung der Wirksamkeit von konkreten Informationen auf die Bereitschaft zur Veränderung der eigenen Risikoeinschätzung. Dass zwischen Glaubwürdigkeit und Informationswirksamkeit zumindest kein einfacher linearer Zusammenhang besteht und damit die Bedeutung von Glaubwürdigkeit für die Effektivität von Risikokommunikation begrenzt ist, legen auch die Ergebnisse anderer Studien nahe. So fanden Frewer und Shepherd (1994), dass die Glaubwürdigkeit von Informationsquellen keinen signifikanten Einfluss auf die Einstellung (im Sinne von Risiko-Nutzen-Wahrnehmung) zur Anwendung der Gentechnik im Lebensmittelbereich hat. In einer empirischen Untersuchung von Jungermann, Pfister und Fischer (1996) zu verschiedenen Technikrisiken zeigte sich, dass die Präferenz für Informationsquellen nicht unmittelbar von der Glaubwürdigkeit dieser Informationsquelle abhängt.

In der vorliegenden Untersuchung zeigt sich, dass warnende Informationen generell ein höheres Gewicht für die Bereitschaft zur Veränderung der eigenen Risikoeinschätzung haben als Informationen, die entwarnen. In den Informationsszenarien, die neue Faktenlagen simulierten, hatten alle Warnungen einen statistisch signifikanten höheren Einfluss auf die Bereitschaft, die eigene Risikoeinschätzung zu verändern. Wer jeweils die eigentlichen Quelle (Wissenschaft, Medien, Bürgerinitiative oder Alltagserfahrungen) dieser Information ist, spielt dabei keine Rolle. Allerdings gilt dieser Befund so eindeutig nur für die Gruppe der Besorgten und – wenn auch nicht so ausgeprägt – für die Unsicheren. Dagegen gibt es für die Gruppe der Unbesorgten kaum Unterschiede in der Gewichtung von Warnungen und Entwarnungen.

Eine ähnliche Asymmetrie wurde in verschiedenen Studien zur Wirkung „positiver" (entwarnender) und „negativer" (warnender) Information auf die Risikowahrnehmung aufgezeigt. Siegrist und Cvetkovich (2001) fanden in einer

9.6 Diskussion

experimentellen Untersuchung zur Wirkung der Ergebnisse (hypothetischer) wissenschaftlicher Studien, dass solche Studien, in denen über das Vorhandensein eines Risikos (negative Information) berichtet wurde, ein höheres Gewicht für die Risikowahrnehmung der Untersuchungsteilnehmer hatten als Studien, in denen berichtet wurde, dass kein Risiko (positive Information) gegeben ist. In diesem Zusammenhang sind auch die Ergebnisse von Peters (1999) interessant, dessen Experimente zur Rezeption von Medienbotschaften eine Asymmetrie in der Verarbeitung kognitiver Reaktionen auf positive bzw. negative Informationen ergaben, dass die Rezipienten bevorzugt auf solche Medieninhalte reagieren, die zu negativen Bewertungen bzw. Widerspruch Anlass geben.

Man kann hier spekulieren, dass eine solche „Bevorzugung" negativer Inhalte das Ergebnis evolutionärer Prozesse ist, in denen sich die Beachtung von Warnungen als wichtiger für das Überleben erwiesen hat, als die Beachtung von Entwarnungen (Siegrist und Cvetkovich 2001; vgl. auch Sinn und Weichenrieder 1993). Auf jeden Fall stellt diese selektive Informationsgewichtung ein Problem für die Risikokommunikation dar.

Als entscheidender Faktor für die Wirkung von Risikoinformation erweisen sich in der vorliegenden Untersuchung die Empfänger-Merkmale, d.h. die risikobezogenen Überzeugungen der Personen. Sie bilden einen Filter für alle risikorelevanten Informationen. Das zeigt sich bei der Beurteilung von Risikoargumenten. Deren Überzeugungskraft hängt davon ab, ob sie eine bereits vorhandene Risikobewertung stützen: Die Besorgten gewichten Pro-Risiko-Argumente hoch und Kontra-Risiko-Argumente beim Mobilfunk niedrig. Umgekehrt verhalten sich die Unbesorgten, wenn auch nicht ganz so auffällig. Gleiches gilt für die Veränderungsbereitschaft der eigenen Risikobewertung. Bei der Gruppe der Besorgten ist die Bereitschaft auf Warnungen zu reagieren signifikant höher als dies für Entwarnungen der Fall ist. Dagegen finden sich bei den Unbesorgten – bis auf zwei Szenarien – keine Unterschiede zwischen dem Einfluss von warnender und entwarnender Information. Eine Mittelstellung nehmen die Unsicheren ein. Allerdings tendieren auch sie eher zu einer höheren Gewichtung von Warnungen.

Damit werden Grenzen für die Risikokommunikation deutlich. Allein die Unsicheren sind noch „ergebnisoffen" in dem Sinne, dass sie einstellungskonträre Informationen berücksichtigen. Das gilt mit Einschränkungen auch für die Pro- und Kontra-Risiko-Argumente in der Mobilfunkdiskussion, deren Bewertung noch nicht so deutlich auseinander fällt wie bei den anderen beiden Gruppen. Besorgte sind dagegen weitgehend änderungsresistent gegenüber einstellungskonträren Informationen und Argumenten. Sie scheinen generell risikosensibel zu sein, nicht nur in Bezug auf den Mobilfunk – Handymasten werden hier fast ebenso riskant eingeschätzt wie Atomkraftwerke. Auch Unbesorgte sind wenig bereit, angesichts neuer Informationen ihre Risikoeinschätzung zu verändern. Der Sperrgürtel einmal entwickelter Bewertungen und Einstellungen ist schwer zu überwinden.

10 Vorsorge und Risikowahrnehmung (Studie 2)

10.1 Einleitung

Seit in Schweden (2001) die Gewerkschaft TCO ein Label für strahlungsarme Handys auf den Markt gebracht hat, ist die Diskussion um Öko-Siegel für strahlungsarme Handys in Deutschland Teil der Diskussion um den vorsorgenden Gesundheitsschutz (z.B. König 2002).

Der SAR-Wert, d.h. die spezifische Absorptionsrate, gibt an, wie viel Leistung – gemessen in Watt pro kg (W/kg) – vom Körper aufgenommen wird. Die zulässige Absorption von elektromagnetischen Wellen in biologischen Geweben liegt bei 2 W/kg. Dieser Grenzwert gilt seit August 2001 in ganz Europa (Produktnorm EN 50360). Der SAR-Wert wird bei Handys durch komplizierte Messungen im Betrieb mit maximaler Sendeleistung ermittelt. Im Alltagsbetrieb variiert der SAR-Wert jedoch beträchtlich in Abhängigkeit von den Sendebedingungen (z.b. spielt eine Rolle, wie weit das Handy von der nächsten Basisstation entfernt ist).

Die Mobilfunkbetreiber haben 2001 in ihrer freiwilligen Selbstverpflichtung erklärt, dass sie diese Initiative unterstützen (siehe BMU 2001). Sie haben zugesagt, zugunsten einer besseren Information der Verbraucher die Angaben der SAR-Werte der Handys zu veröffentlichen und darüber hinaus erklärt, dass sie bei den Herstellern auf eine verbraucherfreundliche Ausgestaltung dieser Informationen drängen werden.

Seitdem machen die Mobilfunkbetreiber den SAR-Wert für die von ihnen vertriebenen Handys zugänglich. Im Juni 2002 hat das deutsche Bundesministerium für Umwelt, Naturschutz und Reaktorsicherheit das Umweltzeichen „Blauer Engel" für Handys kreiert. Es „soll dem Käufer eines Gerätes signalisieren, dass das damit versehene Produkt – im Vergleich zu anderen – dem vorbeugenden Verbraucherschutz eher Rechnung trägt und für Gesundheit und Umwelt günstigere Eigenschaften hat. Damit kann das Umweltzeichen eine Entscheidungshilfe bei der Anschaffung neuer Geräte bieten."[36] Den „Blauen Engel" können alle Handys bekommen, deren SAR-Wert unter 0,6 W/kg liegt.

---

36 http://www.blauer-engel.de/deutsch/produkte_zeichenanwender/vergabegrundlagen/ral.php?id=89

Der Einfluss von Informationen über den SAR-Wert auf Kaufentscheidungen hängt davon ab, (a) ob diese Informationen von den Verbrauchern richtig verstanden werden und (b) wie sie gegenüber Informationen, die andere Merkmale von Mobiltelefonen anzeigen (wie z.b. der Preis), gewichtet werden. Diese beiden Aspekte werden in der vorliegenden Studie untersucht.

10.2 Fragestellungen

Eine Reihe von Studien – vorwiegend für Haushaltsprodukte, Kosmetika und Pharmazeutika – haben gezeigt, dass der Versuch, den Konsumenten mittels Warn- und Hinweiszeichen relevante Informationen für ihre Entscheidungen zu geben, nicht trivial ist (Magat und Viscusi 1992, Viscusi 1994, Levy et al. 1997). Dabei ist eine Vielzahl von Fragestellungen interessant (vgl. Sattler et al. 1997). Neben der Sichtbarkeit, der Signalwirkung und der Lesbarkeit geht es um die Verständlichkeit, um die Berücksichtigung derartiger Informationen bei Kaufentscheidungen sowie um die Auswirkungen auf die Risiko- bzw. Sicherheitswahrnehmung.

In Bezug auf Handys hat noch niemand untersucht, ob vorsorgerelevante Informationen für potenzielle Käufer entscheidend sind und welche Auswirkungen solche Informationen auf die Risikowahrnehmung haben. Unter Vorsorgeaspekten geht es vor allem um die Frage, ob Informationen über das Einhalten /Nichteinhalten eines Vorsorgewertes die Risikowahrnehmung beeinflusst. Dies ist erstaunlich, denn gerade die Risikowahrnehmung spielt eine wesentliche Rolle in der Debatte über die Notwendigkeit der Anwendung des Vorsorgeprinzips (Goldstein und Carruth 2004).

In der vorliegenden Untersuchung interessieren deshalb die folgenden Fragen:

- Ist der SAR-Wert ein entscheidungsrelevanter Parameter, den die Konsumenten bei ihren Kaufentscheidungen einbeziehen?
- Auf welche Weise beeinflussen Vorsorge-SAR-Werte die Risikowahrnehmung?

Mit Bezug zur zweiten Frage lässt sich eine Hypothese aufstellen: Information über Vorsorgemaßnahmen verringert das wahrgenommene Risiko, wenn diese Vorsorgemaßnahmen eingehalten werden (vgl. Johnson 2004b, Weinstein, Sandman und Roberts 1989; Severtson et al. 2006).

Johnson (2004) zeigte, dass Emissionsgrenzwerte – als Vergleichswerte – als hilfreich bewertet werden und dass sie tendenziell die Risikoakzeptanz erhöhen. Weinstein, Sandman und Roberts (1989) demonstrierten, dass die Information über einen Standard- bzw. Grenzwert Folgendes bedeutet: „it creates an artificial discontinuity in hazard response as one goes from just below the standard to just above the standard." Demzufolge würde man auch annehmen können, dass Vorsorgewerte die Risikowahrnehmung beim Mobilfunk „spreizen": Werden sie eingehalten, ist die Wahrnehmung des Risikos deutlich geringer als wenn sie nicht eingehalten werden.

10.3 Untersuchungsansatz

Die Untersuchung umfasst zwei Teile. Im ersten Teil wird mittels einer Conjoint-Analyse die Relevanz des SAR-Wertes für Kaufentscheidungen untersucht.

Der zweite Teil ist eine experimentelle Untersuchung, in der die Sicherheitsurteile bezüglich unterschiedlicher SAR-Werte in Abhängigkeit von Informationen zu einem vorgeschlagenen Vorsorgewert, der zum einen dem Bundesamt für Strahlenschutz und zum anderen den Verbraucherschutzverbänden zugeschrieben wurde.

In den beiden Studien A und B wurde auch auf der Basis der Studie (siehe Kapitel 1) untersucht ob zwischen den Gruppen der Besorgten, Unbesorgten und Unentschiedenen Unterschiede existieren (siehe dazu Anhang 1).

10.4 Stichprobe

Insgesamt nahmen 240 Probanden (Pbn) an der Untersuchung teil. Jeder Pb erhielt 10 € für die Teilnahme an der Untersuchung. Die Rekrutierung erfolgte über Direktansprache in Volkshochschulkursen, Uni-Vorlesungen, Sportvereinen, Kursen des zweiten Bildungsweges (Hauptschul- und Realschulabschluss), Cafes sowie über E-Mail-Kontaktierung von Probanden, die bereits an anderen Untersuchungen des Instituts für Psychologie und Arbeitswissenschaft (IPA) der TU Berlin teilgenommen hatten.

Von den 240 Pbn waren 118 (49.2%) männlich und 122 (50.8%) weiblich. Der Altersmedian lag bei 29 Jahren (Bereich: 17 bis 57 Jahre). Es gab keine Unterschiede in der Altersverteilung zwischen den Geschlechtern. Ein Handy besaßen 224 (93,3%) Pbn.

Tabelle 12 zeigt die Verteilung der Bildungsabschlüsse in der Stichprobe. Die Hochschulabsolventen sind im Mittel ca. 10 Jahre älter als die anderen drei Bildungsgruppen (40 Jahre vs. ca. 30 Jahre).

Tabelle 12: Bildungsabschlüsse der Pbn (N=240)

Abschluss	N	Prozent
Hauptschule	31	12.9
Realschule	85	35.4
Abitur	68	28.3
Hochschulabschluss	56	23.3

Die Studie wurde im Zeitraum Ende November 2004 bis Anfang Januar 2005 durchgeführt. Die Pbn wurden sowohl in Einzelbefragungen als auch in Kleingruppen (2 – 8 Personen) befragt. Das Untersuchungssetting variierte (Unterrichtsräume der Volkshochschule, Seminarraum des IPA der TU Berlin, Arbeitsplatz, Wohnung). Bis auf wenige Ausnahmen wurden alle Befragungen in Berlin durchgeführt. 2 Interviewer (1 weiblich, 1 männlich) führten die Studie durch.

10.5 Studienteil A: Conjoint-Analyse

Der erste Teil der Untersuchung basiert auf einer Conjoint-Analyse. Das ist ein in der Markt- und Marketingforschung häufig angewandtes quantitatives Verfahren zur Schätzung von individuellen Präferenzen und Nutzenwerten.

Die Conjoint-Analyse wird eingesetzt, um zu ermitteln, welche Merkmale von Mobilfunktelefonen Kaufintentionen beeinflussen. Von besonderem Interesse ist dabei der SAR-Wert, weiterhin interessieren der Preis, Ausstattung, Design und Technikmerkmale.

10.5.1 Vorgehensweise

In der Untersuchung werden diese fünf Merkmale mit jeweils unterschiedlichen Ausprägungen (Tabelle 13) kombiniert. Da eine vollständige Kombination aller Attributausprägungen 3 x 2 x 4 x 2 x 2 = 96 Profile erfordert hätte, wurde ein orthogonales Design gewählt, das eine Schätzung der Parameter erlaubt, ohne dass alle Kombinationen von Attributausprägungen vorgegeben werden müssen.[37] Damit wurde die Zahl auf 16 Profile reduziert (siehe Anhang 1).

---

37 Hierzu wurde die SPSS Prozedur „Orthogonales Design erzeugen" genutzt.

10.5 Studienteil A: Conjoint-Analyse

Tabelle 13: Merkmale und Merkmalsausprägungen für die Conjoint-Analyse

Merkmal	Merkmalsausprägungen			
Preis	10,- €	27,- €	79,- €	
Austattung	mit Kamera	ohne Kamera		
SAR-Wert[38]	0,16 W/kg	0,58 W/kg	1,14 W/kg	1.63 W/kg
Design:	aufklappbar	nicht aufklappbar		
Technik:	internetfähig	nicht internetfähig		

Tabelle 14 zeigt an zwei Beispielen, wie diese Profile aussehen. Im Anhang sind alle Profile aufgelistet. Diese 16 Profile wurden auf Kärtchen geschrieben und den Pbn in zufälliger Reihenfolge vorgelegt. Auf Nachfrage wurde den Pbn erklärt, dass der SAR-Wert den Strahlungswert der Handys angibt.

Tabelle 14: Beispielprofile

Profil A	*Profil B*
Preis: 79 Euro Ausstattung: ohne Kamera SAR-Wert: 1,14 W/kg Design: nicht aufklappbar Technik: nicht internetfähig	Preis: 10 Euro Ausstattung: mit Kamera SAR-Wert: 0,58 W/kg Design: nicht aufklappbar Technik: internetfähig

In einem ersten Schritt hatten die Pbn diese Kärtchen einer von drei Gruppen zuzuordnen. In Gruppe 1 kamen Handys, die die Pbn kaufen würden, in Gruppe 2 solche, die sie nicht kaufen würden. Der Gruppe 3 sollten die Handys zugeordnet werden, die bedingt für einen Kauf in Frage kommen würden. Innerhalb jeder Gruppe hatten die Pbn dann eine Rangreihe zu bilden. Auf diese Weise können alle 16 Profile in eine Rangreihe gebracht werden (siehe Anhang).

---

38 Die SAR-Werte für die Handys entstammen der Datenbank des Nova-Instituts; siehe http://www.handywerte.de/

10.5.2 Ergebnisse

Resultate der Gruppenanalyse

In einem Fragebogen wurden sechs sieben-stufige Skalen vorgegeben, die darauf abzielen, die Pbn entsprechend ihrer jeweiligen Risikowahrnehmung zu unterscheiden. Auf diese Weise konnten bereits in anderen Untersuchungen (vgl. Wiedemann und Schütz 2002, Urbain 2004, Thalmann 2005; hier Studie 1) Gruppen mit unterschiedlicher Risikowahrnehmung in Bezug auf den Mobilfunk bestimmt werden, nämlich eine Gruppe besorgter, eine Gruppe unbesorgter und eine Gruppe unentschiedener Personen.

Die Erfassung dieser Gruppen basiert auf sechs Skalen:

- Ich glaube, dass die Risikobefürchtungen in Bezug auf den Mobilfunk übertrieben sind. Ich selbst sehe kein Risiko. (Abk.: Risiko übertrieben)
- Es wird so vieles aufgeregt diskutiert, auch der Mobilfunk. Ich kümmere mich darum nicht. Es gibt dringlichere Probleme. (Abk.: dringlichere Probleme)
- Auch wenn sicher in den Medien hin und wieder übertrieben wird, so denke ich doch, dass an den Mobilfunk-Risiken etwas dran sein kann. Aber eigentlich weiß ich zu wenig, um mir ein Urteil bilden zu können. (Abk.: weiß zu wenig)
- Irgendwie ist mir nicht ganz wohl dabei. Man hört doch immer wieder, dass der Mobilfunk Risiken hat. (Abk.: unwohl)
- Ich bin überzeugt, dass der Mobilfunk gesundheitsschädlich ist. (Abk.: gesundheitsschädlich)
- Ich bin überzeugt, dass Handymasten-Strahlung bei mir hin und wieder gesundheitliche Beschwerden auslöst. (Abk.: krank wg. Masten)

Inhaltlich zielen die Fragen 1 und 2 auf die unbesorgten Personen, die Frage 3 auf die Verunsicherten, und die Fragen 4, 5 und 6 auf die Besorgten. Diese konzeptionellen Unterschiede lassen sich auch empirisch bestätigen. Eine Hauptkomponentenanalyse über die sechs Variablen liefert zwei Faktoren, die insgesamt 57 Prozent der Gesamtvarianz der Variablen aufklären, wobei auf die erste (rotierte) Hauptkomponente 33 Prozent und auf die zweite (rotierte) Hauptkomponente 24 Prozent entfallen. Abbildung 22 gibt die Platzierung der sechs Variablen im rotierten Hauptkomponentenraum wieder.

10.5 Studienteil A: Conjoint-Analyse

Abbildung 22: Platzierung der Variablen im rotierten Hauptkomponentenraum

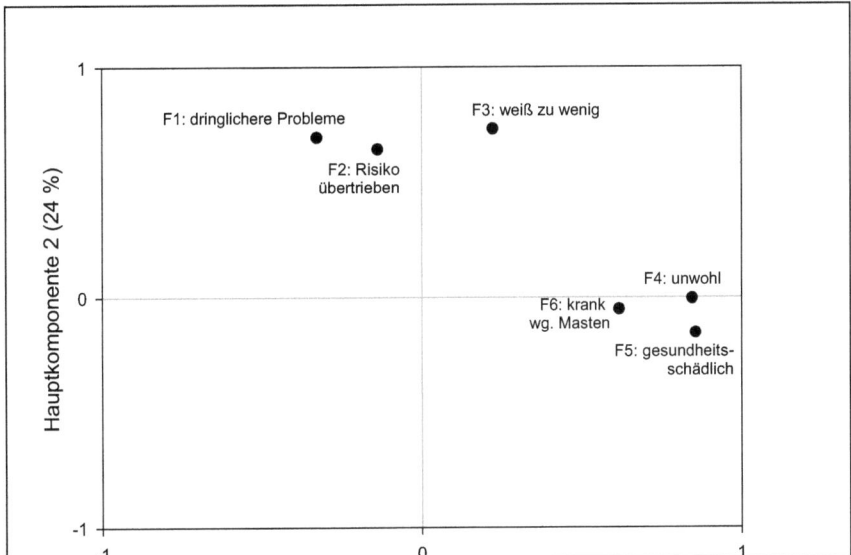

Insgesamt lassen sich 210 der 240 Pbn der vorliegenden Untersuchung (Studienteil B) einer der drei Gruppen zuordnen. Die Zuordnung erfolgt anhand der folgenden Klassifikationsregeln:

- Besorgte Personen: Personen, die auf mindestens zwei der drei Fragen 4, 5 und 6 mit einem Wert > 4 geantwortet haben und nicht zu den Unbesorgten gehören.
- Unbesorgte Personen: Personen, die auf Frage 1 und auf Frage 2 jeweils mit einem Wert > 4 geantwortet haben und nicht zu den Besorgten gehören.
- Unsichere Personen: Personen, die nicht zu den Unbesorgten bzw. Besorgten gehören und auf Frage 3 mit einem Wert > 4 geantwortet haben.

Resultate der Conjoint-Analyse
Tabelle 15 zeigt die über die Pbn aggregierten Gewichte der fünf verschiedenen Merkmale für die Kaufentscheidung an. Es erweist sich, dass der SAR-Wert die größte Bedeutung hat, vor Preis, Ausstattung (Kamera), Technik (Internetfähigkeit) und Design.

Tabelle 15: Ergebnisse der Conjoint-Analyse (aggregierte Nutzenwerte)

Attribut	Mittelwert	Minimum	Maximum	Standardabweichung
SAR-Wert	36.57%	2.74%	87.27%	21.48%
Preis	25.68%	2.61%	66.67%	16.29%
Ausstattung	14.27%	0.00%	57.14%	13.92%
Technik	11.94%	0.00%	53.33%	12.37%
Design	11.54%	0.00%	57.66%	11.95%

Die Tabelle macht aber auch deutlich, dass sich für jedes Attribut eine große Spannbreite in der Gewichtung ergibt.

Allerdings ist anzumerken, dass von den 224 Handybesitzern in der Stichprobe 210 (93.8%) keine Angaben zum SAR-Wert ihres Handys machen können.

Die gruppenweise Betrachtung zeigt, dass der SAR-Wert für alle drei Gruppen (die Besorgten, die Unbesorgten und die Unsicheren) die höchste Relevanz hat. Die Gruppen unterscheiden sich aber im Hinblick auf die Höhe des Gewichts. Die Besorgten geben dem SAR-Wert das höchste, die Unbesorgten das niedrigste Gewicht. Dazwischen liegen die Unsicheren. Diese Differenzen sind statistisch signifikant (Kruskal-Wallis-Test; χ^2 = 9.916; df = 2; p = 0.007). Für alle anderen Attribute finden sich keine signifikanten Gewichtungsunterschiede zwischen den drei Gruppen.

10.5 Studienteil A: Conjoint-Analyse

Tabelle 16: Gewichte der Merkmale in den Gruppen „Unbesorgte", „Besorgte", und „Unsichere"

	Unbesorgte (N = 52)		
Attribut	x̄	Min.	Max.
SAR-Wert	29.90%	5.63%	76.52%
Preis	28.74%	2.61%	66.67%
Ausstattung	15.61%	0.00%	51.61%
Design	13.45%	0.00%	49.61%
Technik	12.31%	0.00%	47.06%

	Unsichere (N = 78)		
Attribut	x̄	Min.	Max.
SAR-Wert	36.75%	2.74%	81.36%
Preis	23.90%	3.23%	65.57%
Ausstattung	15.19%	0.00%	57.14%
Design	11.97%	0.00%	50.00%
Technik	12.20%	0.00%	50.39%

	Besorgte (N = 80)		
Attribut	x̄	Min.	Max.
SAR-Wert	40.47%	3.33%	87.27%
Preis	25.54%	2.94%	66.67%
Ausstattung	11.10%	0.00%	48.12%
Design	10.98%	0.00%	57.66%
Technik	11.91%	0.00%	53.33%

Die Unterschiede zwischen den drei Gruppen lassen sich auch noch in einer anderen Betrachtungsweise verdeutlichen: Während für die Gruppe der Unbesorgten der Abstand zwischen dem Attribut „SAR-Wert" und dem zweitwichtigsten Attribut „Preis" nur rund einen Prozentpunkt beträgt – für die Gruppe beide Attribute praktisch gleich wichtig sind –, ist dieser Abstand für die Unsicheren immerhin schon 12.84 Prozent und für die Besorgten sogar 14.94 Prozent (Tab. 16).

10.6 Studienteil B: Information über den SAR-Wert und Risikowahrnehmung

Um zu bestimmen, ob der Hinweis auf den Vorsorgewert von 0,6 W/kg die Risikowahrnehmung beeinflusst, wurde ein Experiment durchgeführt.

10.6.1 Vorgehensweise

In dem Experiment wurden Informationen zum SAR-Wert variiert. Im einfachsten Fall (Bedingung 1) erhielten die Pbn nur die Basisinformation zum SAR-Wert. In zwei weiteren Varianten erhielten die Pbn zusätzlich Informationen über Vorsorge-Grenzwerte, die einmal dem Bundesamt für Strahlenschutz, zum anderen den Verbraucherschutzverbänden zugeschrieben waren (siehe Bedingung 2 und 3 in Tabelle 17). Die Pbn wurden zufällig einer der drei Bedingungen zugeteilt.

Im Anschluss daran hatten die Pbn ihre Risikowahrnehmung einzuschätzen. Operationalisiert wurde diese als Sicherheitswahrnehmung, d.h. die Pbn wurden gefragt, welche Sicherheit die zu beurteilenden SAR-Werte für den Schutz der Gesundheit bieten (abhängige Variable). Die Pbn hatten ihre Urteile in Prozentwerten zwischen 0 und 100% Sicherheit anzugeben. Für diese Sicherheitsbeurteilung wurden vier SAR-Werte vorgegeben: 0,16 W/kg, 0,58 W/kg, 1,14 W/kg und 1,63 W/kg. Die vier Werte waren bereits in der Conjoint-Analyse untersucht worden, weil sie das Spektrum der gemessenen SAR-Werte für Handys repräsentieren. Sie repräsentieren außerdem 2 Werte über und 2 Werte unterhalb des Vorsorgewertes von 0,6 W/kg.

10.6 Studienteil B: Information über den SAR-Wert und Risikowahrnehmung

Tabelle 17: Im Experiment verwendete Texte

Bedingung 1: Basistext	Bei der Nutzung von Mobiltelefonen tritt im Kopf eine Absorption hochfrequenter elektromagnetischer Felder auf, die durch die so genannte spezifische Absorptionsrate (SAR), ein Maß für den auf die Gewebemasse bezogenen Leistungsumsatz (W/kg), quantifiziert wird. Die Begrenzung dieser Absorptionsrate ist ein international weitgehend akzeptiertes Strahlenschutzkriterium im Bereich hochfrequenter elektromagnetischer Felder. Zur Festlegung des Grenzwertes wird in Deutschland eine Empfehlung der Strahlenschutzkommission zugrunde gelegt, die als Obergrenze einen Wert von 2 W/kg, gemittelt über jeweils 10 g, nennt. Diese Empfehlung basiert auf einer Leitlinie der Internationalen Kommission zum Schutz vor Nichtionisierender Strahlung (ICNIRP), die sich auch der Rat der Europäischen Gemeinschaft angeschlossen hat.
Bedingung 2:	Basistext + Das Bundesamt für Strahlenschutz empfiehlt aber, aus Vorsorgegründen eine Minimierung der Exposition anzustreben und einen SAR-Wert von 0.60 W/kg nicht zu überschreiten.
Bedingung 3:	Basistext + Verbraucherschutzverbände empfehlen aber, aus Vorsorgegründen eine Minimierung der Exposition anzustreben und einen SAR-Wert von 0.60 W/kg nicht zu überschreiten.

10.6.2 Ergebnisse

Die Sicherheitsurteile der Pbn sind in Abbildung 23 dargestellt. Der niedrigste SAR-Wert (0,16 W/kg) wird im Hinblick auf die Sicherheit, mit der die Gesundheit geschützt wird, am besten bewertet, der höchste SAR-Wert (1,63 W/kg) am schlechtesten beurteilt. Allerdings bietet – bei einer aggregierten Betrachtung über alle Pbn – kein SAR-Wert eine 100-prozentige Sicherheit für die Gesundheit. Der niedrigste SAR-Wert bietet einen 80-prozentigen Schutz, der höchste verwendete SAR-Wert dagegen nur noch eine 32-prozentige Sicherheit.

Abbildung 23: Boxplot für die Verteilung der Sicherheitsurteile zu den vier SAR-Werten

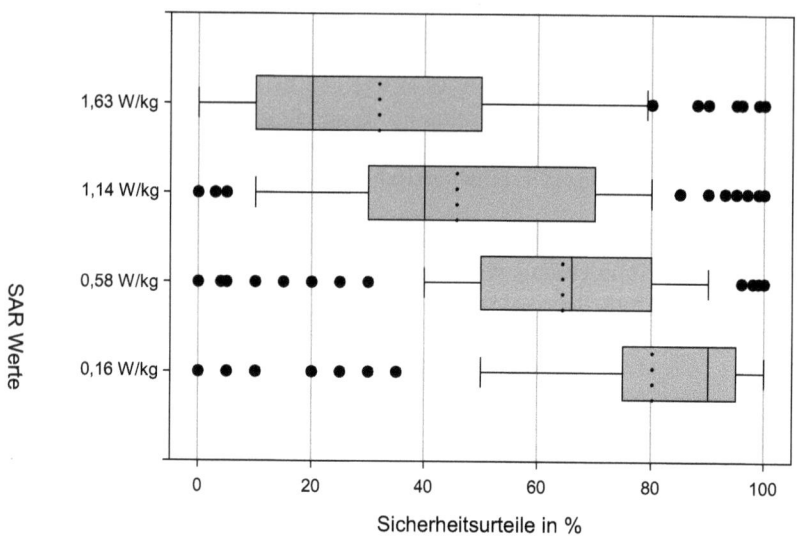

Für die Interpretation der Befunde ist es wichtig zu wissen, dass die Pbn bei der Durchführung des Experiments informiert wurden, dass der Grenzwert bei 2.0 W /kg liegt. Zu berücksichtigen ist auch, dass der Vorsorgewert 0,6 W/kg beträgt – was immer noch deutlich über dem niedrigsten im Experiment verwendeten SAR-Wert (0,16 W/kg) liegt. Auffällig ist die relativ große Streuung der geschätzten Sicherheit. Der Boxplot in Abbildung 23 zeigt die mittleren 50% der Verteilung (25% bis 75%), die „Whisker"[39] umfassen den Bereich zwischen 10% und 90%. Die durchgezogene Linie im Kasten ist der Median, die gestrichelte Linie der Mittelwert.

Um zu prüfen, ob die drei verschiedenen Informationsbedingungen (keine Angabe eines Vorsorgewertes, Vorsorgewert mit Verweis auf das Bundesamt für Strahlenschutz, Vorsorgewert mit Verweis auf die Verbraucherschutzverbände) die Sicherheitsurteile beeinflussen, wurde eine Varianzanalyse (ANOVA) gerechnet, bei der die SAR-Werte als Messwiederholungen behandelt wurden und die Informationsbedingungen die unabhängige Variable bildeten. Sie zeigt, dass die drei verschiedenen Informationsbedingungen keinen Einfluss auf die Sicher-

---

39 „Whisker" sind die dünnen, durch Querstriche begrenzten Linien.

10.6 Studienteil B: Information über den SAR-Wert und Risikowahrnehmung 147

heitsurteile haben (p=0.173, siehe Abbildung 24). Weder der Hinweis auf den Vorsorgegrenzwert von 0,6 W/kg durch das Bundesamt für Strahlenschutz noch der entsprechende Hinweis durch die Verbrauchschutzverbände verändert die Sicherheitswahrnehmung signifikant. Im Schnitt liegt die wahrgenommene Sicherheit in allen drei Untersuchungsbedingungen bei etwa 55%.

Abbildung 24: Sicherheitsurteile unter den drei Informationsbedingungen

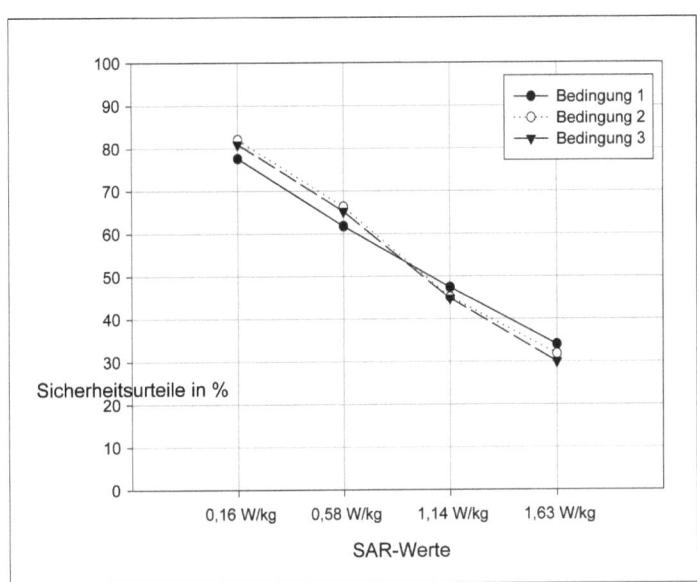

Damit bleibt die gewünschte Wirkung des Blauen Engels aus. Personen, die über diesen Wert informiert sind, beurteilen Handys, die dem damit verbundenen SAR-Wert genügen werden, nicht besser als Personen, denen diese Information fehlt. Darüber hinaus gilt auch, dass die über den Vorsorgewert informierten Personen die Handys, die den Vorsorgewert nicht einhalten, nicht schlechter bewerten als die un-informierten Personen.

Im Weiteren soll der Zusammenhang zwischen Sicherheitswahrnehmung und der Gruppenzugehörigkeit „Besorgte", „Unsichere" und „Unbesorgte" betrachtet werden. Wie zu erwarten, spielen Gruppenunterschiede eine Rolle; die Besorgten haben die niedrigste Sicherheitswahrnehmung. Ihr Mittelwert bei der Sicherheitsbewertung über alle vier SAR-Werte ist 49% gegenüber 55% bei den Unsicheren und 70% bei den Unbesorgten. In einer ANOVA mit den Gruppen als unabhängige Variablen und den zu beurteilenden SAR-Werten als Messwiederholungen sind diese Unterschiede statistisch signifikant (p< 0.006).

Abbildung 25 zeigt, dass bei den Unbesorgten mit wachsender Nähe zum Grenzwert die Sicherheitswahrnehmung bei Weitem nicht so stark abfällt wie bei den Besorgten. Aber selbst bei den Unbesorgten gibt es – bei der Betrachtung des Mittelwertes über alle zu dieser Gruppe gehörenden Pbn – keine unbedenklichen SAR-Werte.

Abbildung 25: Gruppenspezifische Sicherheitsurteile von SAR-Werten

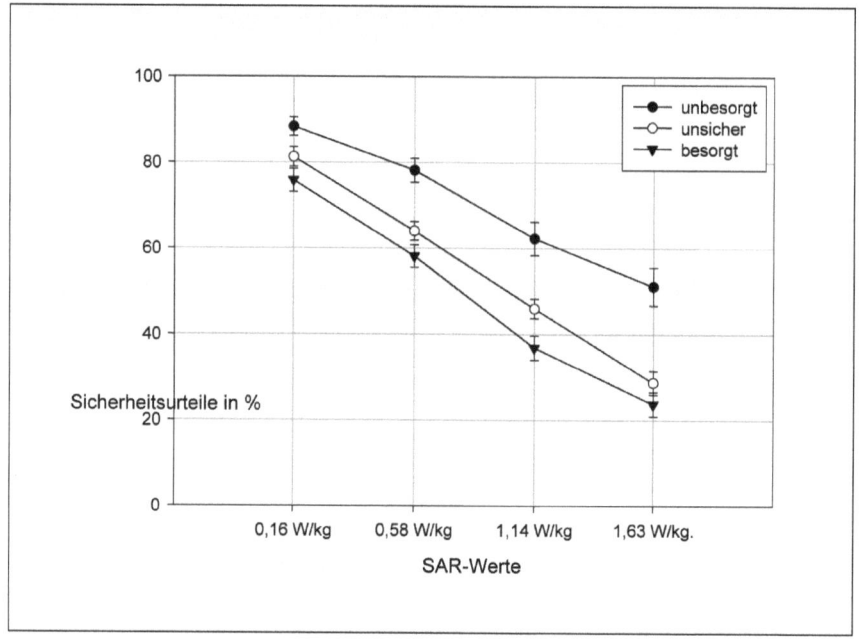

10.7 Diskussion

Die vorliegenden Ergebnisse ergeben ein weitgehend konsistentes Bild: Für die Pbn ist die Angabe des SAR-Wertes der Mobiltelefone eine bedeutsame Information, die bei beabsichtigten Kaufentscheidungen das höchste Gewicht hat. Damit kommt dem SAR Wert zumindest für die Gruppe der Besorgten und Unsicheren – eine eindeutig größere Bedeutung zu als den Merkmalen Preis, Ausstattung, Design und Technik. Aber: Auch Unbesorgte, d.h. Personen, die

10.7 Diskussion

den Mobilfunk nicht für ein Risiko halten, schätzen die Information über den SAR-Wert hoch ein. Allerdings kann kaum einer der Pbn, die fast alle ein Handy besitzen, den SAR-Wert seines Handys nennen.

Damit ergeben sich zwei Interpretationsmöglichkeiten: Zum einen könnte man davon ausgehen, dass der SAR-Wert nur im Experiment – als Wissen um eine korrekte Antwort – präferiert wurde. Ansonsten kommt ihm keine Bedeutung zu. Wir hätten es hier mit einem Befragungseffekt, genauer mit dem Effekt der sozialen Erwünschtheit zu tun (Tendenz zu Antworten, die den Befragten als sozial wünschenswert erscheinen). Dem kann aber entgegengehalten werden, dass die Pbn nur auf Nachfrage darüber informiert wurden, was der SAR-Wert bedeutet, weil dieses Merkmal nicht besonders herausgestellt werden sollte. Außerdem kann es sein, dass die Pbn den SAR-Wert ihres Handys nicht kennen, weil diese Information zum Zeitpunkt des Kaufes noch schwer zugänglich war.

Obwohl der Effekt der sozialen Erwünschtheit nicht ausgeschlossen werden kann, ist eine andere Interpretationsmöglichkeit zu bevorzugen: Die Pbn bewerten – im Prinzip – den Gesundheitsschutz am höchsten, auch wenn sie sich in ihrem Alltagsverhalten nicht immer daran halten. Ein solcher Unterschied zwischen Einstellung und Verhalten ist ein bekanntes Phänomen (z.B. Ajzen und Fishbein 1977). Selbst eine möglicherweise mangelnde Nutzung eines Informationsangebotes spricht nicht gegen ein solches Angebot.

Es ist aber denkbar, dass in der realen Kaufsituation die Gewichtung der Merkmale eine andere ist als im Experiment. Solche Präferenz-Veränderungen sind nicht ungewöhnlich und können eine Reihe von Gründen haben (vgl. Hsee 2000). Aus der Conjoint-Studie kann deshalb nicht geschlossen werden, dass die Entscheidung, sich ein bestimmtes Handy zu kaufen, tatsächlich vom SAR-Wert dominiert wird. Allerdings kann man aus der Studie ableiten, dass der SAR-Wert dann ein wesentliches Kriterium ist, wenn der SAR-Wert als Merkmal hervorgehoben wird und die Kaufentscheidung rational erfolgt.

Die Risikowahrnehmung des SAR-Wertes zeigt an, dass die Pbn einer spezifischen Interpretation folgen: Sie sehen umso mehr Sicherheit, je kleiner der SAR-Wert ist. Und: Sie sehen umso weniger Sicherheit, je größer der SAR-Wert ist. Damit weichen sie von der Interpretation ab, die alle Werte unterhalb des Grenzwertes als gleichermaßen sicher ansieht, eben weil sie unterhalb des Grenzwertes liegen. Zudem haben Laien auch eine besonders kritische Sicht: Wenngleich es einzelne Ausnahmen gibt, geht doch die überwiegende Mehrheit davon aus, dass es keine 100-prozentige Sicherheit gibt, auch wenn die Grenzwerte unterschritten werden. Der explizite Hinweis auf einen Vorsorgewert, sei es durch das Bundesamt für Strahlenschutz oder durch Verbraucherverbände, ändert die Sicherheitswahrnehmung nicht.

Das bedeutet, dass der SAR-Wert von den meisten Pbn nicht kategorial kodiert wird: Unterhalb des Grenzwertes oder unterhalb eines Vorsorgewertes ist er nicht im „grünen Bereich". Auch ein SAR-Wert, der leicht unterhalb des Vorsorgewertes von 0,6 W/kg liegt, ist für 90% der Pbn nicht 100%-ig sicher.

Zusammengefasst kann festgestellt werden, dass die SAR-Werte zwar in der erwarteten Richtung (je geringer der SAR-Wert, desto höher das Sicherheitsurteil), aber doch skeptisch hinsichtlich des damit verbundenen Gesundheitsschutzes beurteilt werden. Daran ändert auch der Hinweis auf Vorsorgewerte nichts. Letztere beeinflussen die Sicherheitswahrnehmung weder positiv noch negativ.

Unter Vorsorgeaspekten lässt sich somit feststellen, dass zwar die Information über den SAR-Wert für eine vorsorgeorientierte Kaufentscheidung relevant ist, der „Vorsorgewert" jedoch keinen Einfluss hat.

11 Vorsorge und Risikowahrnehmung (Studie 3)

11.1 Einleitung

Vor allem politische Entscheidungsträger hoffen, mit der Einführung von Vorsorgemaßnahmen ein Mittel gegen Befürchtungen der Öffentlichkeit über mögliche EMF-Risiken gefunden zu haben. Dabei werden ganz unterschiedliche Arten von Vorsorgemaßnahmen in Betracht gezogen: gesundheitsbezogene Maßnahmen, wie etwa Expositionsminimierung oder strengere Grenzwerte; prozessbezogene Maßnahmen, wie z.b. Verbesserung der Partizipationsmöglichkeiten der Öffentlichkeit bei Standortentscheidungen von Basisstationen und schließlich auch forschungsbezogene Maßnahmen (siehe Wiedemann et al. 2001). Verschiedene Länder haben unterschiedliche Optionen umgesetzt: In den Niederlanden die Beteiligung von Anwohnern bei Standortentscheidungen über Basisstationen, in der Schweiz die Einführung strengerer, anlagenbezogener Vorsorgewerte und in England neben allgemeinen Maßnahmen zur Expositionsminimierung eine bessere Risikokommunikation (z.b. öffentlicher Zugriff auf Datenbanken mit den Standorten und technischen Daten von Basisstationen).

Ob die Risikowahrnehmung der Öffentlichkeit ein hinreichender Anlass für die Anwendung von Vorsorgemaßnahmen sein kann, ist eine heikle Frage (Goldstein und Carruth 2004). Die Gegner einer Einbeziehung von Risikowahrnehmung betonen, dass Risikomanagement ausschließlich auf Wissenschaft basieren sollte, bei der die beste verfügbare Evidenz herangezogen wird (z.B. Nilsson 2004). Angenommen wird, dass wahrgenommene Risiken viel leichter zu manipulieren sind als wissenschaftliche Risikoabschätzungen. Hinzu kommt die Befürchtung, dass mit der Anwendung von Vorsorgemaßnahmen die wissenschaftliche Basis der festgesetzten Grenzwerte unterminiert werden könnte. Nach Ansicht der Gegner sollten Vorsorgemaßnahmen bei EMF nur mit großer Vorsicht angewendet werden.

Dagegen argumentieren die Befürworter, dass die öffentliche Risikowahrnehmung beim Risikomanagement berücksichtigt werden sollte: Wenn die Öffentlichkeit Befürchtungen zu einem bestimmten Risikopotenzial hat, sollten Risikomanager diesen Befürchtungen durch zusätzliche Schutzmaßnahmen begegnen. Sie betonen außerdem, dass gesellschaftliche Werte und die Bereitschaft der Öffentlichkeit, ein Risiko zu akzeptieren, eine Schlüsselrolle bei der Festlegung des gesellschaftlichen Schutzniveaus spielen. Die Risikowahrnehmung der Öffentlichkeit muss deshalb als ein Faktor bei der Entscheidung über Vorsorgemaßnahmen anerkannt werden. Ein drittes Argument zielt auf die Notwendigkeit, dass das Wissen, das für Vorsorgeentscheidungen genutzt wird, nicht nur eine solide wissenschaftliche Grundlage haben sollte, sondern auch aus einer gesellschaftlichen Perspektive stichhaltig sein muss. Das heißt, neben den wissenschaftlichen Daten wird auch das Wissen, das aus den praktischen Erfahrungen verschiedener Berufsgruppen wie auch den Risikowahrnehmungen von Laien stammt, als eine gültige Basis für Entscheidungen über die Anwendung von Vorsorgemaßnahmen gesehen (z.b. Stirling und Gee 2001).

11.2 Fragestellungen

Bislang hat aber bis jetzt noch niemand empirisch untersucht, ob die Kommunikation von Vorsorgemaßnahmen die Risikowahrnehmung beeinflusst und wenn, in welche Richtung. Dies ist erstaunlich, denn gerade die Risikowahrnehmung der Öffentlichkeit spielt eine wesentliche Rolle in der Debatte über die Notwendigkeit der Anwendung des Vorsorgeprinzips (Goldstein und Carruth 2004).

In dieser Arbeit wird genau dieser Punkt untersucht: Wie reagieren Menschen auf die Anwendung des Vorsorgeprinzips? Zentral ist dabei der Einfluss von Vorsorgemaßnahmen auf die Risikowahrnehmung.

Hierzu lassen sich zwei einander entgegen gesetzte Hypothesen aufstellen. Die erste lautet: Vorsorgemaßnahmen erhöhen das Vertrauen in das Risikomanagement und dieses wiederum verringert das wahrgenommene Risiko (vgl. Siegrist und Cvetkovich 2000). Die zweite, alternative Hypothese verweist auf die Möglichkeit, dass Vorsorgemaßnahmen als Hinweis auf die tatsächliche Existenz eines Risikos interpretiert werden (vgl. Mazur 1990). Das wahrgenommene Risiko sollte dadurch verstärkt werden.

Der Grund für die Anwendung des Vorsorgeprinzips ist, wie oben ausgeführt, die wissenschaftliche Unsicherheit bei der Einschätzung eines potenziellen Risikos. Es ist deshalb auch aufschlussreich zu prüfen, ob die Betonung dieser Unsicherheit im wissenschaftlichen Erkenntnisstand zu EMF-Risiken die Risikowahrnehmung beeinflusst. In diesem Zusammenhang ist auch von Interesse, ob die Betonung der Unsicherheit Einfluss auf die Bewertung der Qualität des wissenschaftlichen Erkenntnisstandes hat.

11.3 Untersuchungsansatz

Zur Untersuchung dieser Fragen wurden zwei Experimente durchgeführt. Im ersten Experiment wurden verschiedene gesundheitsbezogene Vorsorgemaßnahmen als Stimuli verwendet, im zweiten Experiment wurde eine prozessbezogene Vorsorgemaßnahme: Partizipation der Öffentlichkeit bei der Standortentscheidung für Basisstationen genutzt.

11.4 Experiment A

Gegenstand des ersten Experiments war der Einfluss unterschiedlicher gesundheitsbezogener Vorsorgemaßnahmen sowie der Unsicherheit von Experten über die Angemessenheit des gegenwärtigen Schutzes vor Elektrosmog auf die Risikowahrnehmung und die Beurteilung des wissenschaftlichen Erkenntnisstandes.

11.4.1 Vorgehensweise

Diese Fragen wurden in einem Experiment mit einem zweifaktoriellen Versuchsplan untersucht. Im ersten, vierfach gestuften Faktor wurden die Vorsorgemaßnahmen operationalisiert. Dieser Faktor bestand aus einem Basistext und drei verschiedenen Vorsorgemaßnahmen (Tabelle 18). In der Bedingung „keine Vorsorgemaßnahmen" wurde nur der Basistext dargeboten, in den drei „Vorsorgemaßnahmen"-Bedingungen wurde der Basistext sowie einer der drei Vorsorgetexte präsentiert.

Mit dem zweiten, zweifach gestuften Faktor wurde die Betonung der Unsicherheit variiert. In der Bedingung „Unsicherheit" wurde im Basistext ein Satz eingefügt, der auf die Zweifel von Experten hinwies, dass die derzeitigen gesundheitlichen Schutzmaßnahmen ausreichend sind. In der Bedingung „keine Unsicherheit" fehlte dieser Satz (siehe Tab. 18).

Tabelle 18: Textbausteine Experiment A

Experimentelle Bedingung	Text
Keine Vorsorgemaßnahmen (Basistext)	Über mögliche Risiken des Elektrosmogs wird derzeit viel diskutiert. Manche Wissenschaftler sind der Auffassung, dass es erhebliche Unsicherheiten darüber gibt, ob der gegenwärtige Schutz vor Elektrosmog ausreicht.(*) Die Internationale Strahlenschutzkommission weist aber darauf hin, dass die gegenwärtigen Grenzwerte den Schutz der Bevölkerung gewährleisten.
Expositionsminimierung	Trotzdem empfiehlt die Kommission Vorsorgemaßnahmen: Die Belastung mit Mobilfunkstrahlen ist so klein wie möglich zu halten.
Besonderer Schutz sensitiver Bereiche	Trotzdem fordern viele Kommunen zur Vorsorge darauf zu achten, dass Mobilfunksendestationen nicht in der Nähe von sensiblen Einrichtungen wie Kindergärten, Schulen und Krankenhäusern errichtet werden.
Vorsorgegrenzwerte	Zur Vorsorge wird in der Schweiz trotzdem der Grenzwert dort, wo Menschen sich dauerhaft aufhalten, noch einmal um das 10-fache verschärft.

(*) Dieser Satz wurde in der Unsicherheitsbedingung des zweiten Faktors hinzugefügt.

Zu Beginn des Experiments wurden die Versuchsteilnehmer (Vpn) nach ihrer Risikobeurteilung für die folgenden Items gefragt (ebenfalls auf 7-stufigen Ratingskalen): BSE, Atomkraftwerke, Rauchen, gentechnisch veränderte Lebensmittel, weltweiter Klimawandel und Kriminalität. Dann erhielten die Vpn den

11.4 Experiment A

Text mit der jeweiligen experimentellen Bedingung. Im Anschluss folgten die beiden Fragen zur Risikowahrnehmung und zum wissenschaftlichen Kenntnisstand: „Wie stark fühlen Sie sich alles in allem durch Elektrosmog bedroht?" (mit den Skalenendpunkten: 1 „Ich fühle mich gar nicht bedroht" und 7 „Ich fühle mich sehr bedroht"; und „Wie schätzen Sie den Stand der wissenschaftlichen Erkenntnis zu den gesundheitlichen Risiken von Elektrosmog ein?" (1 „In der Wissenschaft ist das Wissen darüber sehr mangelhaft"; 7 „Die Wissenschaft weiß eher gut Bescheid").

11.4.2 Stichprobe

Teilnehmer an diesem Experiment war eine Ad-hoc-Stichprobe von 246 Österreicherinnen und Österreichern im Alter von 18 bis 81 Jahren (Median 24 Jahre; 62% weiblich, 38% männlich). Die Teilnehmer wurden zufällig einer der experimentellen Bedingungen zugeordnet und beantworteten einen Fragebogen, in dem der zur experimentellen Bedingung gehörende Text sowie eine Reihe von 7-stufigen Ratingskalen aufgeführt waren.

11.4.3 Ergebnisse

Für die abhängige Variable „Risikowahrnehmung" ergibt eine zweifaktorielle Varianzanalyse einen statistisch signifikanten Haupteffekt für den Faktor „Vorsorgemaßnahmen" ($F_{3,238} = 3.954$; $p = 0.009$). Dagegen zeigt sich für den zweiten Faktor „Unsicherheit" kein signifikanter Haupteffekt ($F_{1,238} = 0.730$; $p = 0.394$). Auch die Interaktion zwischen den beiden Faktoren ist statistisch nicht signifikant ($F_{3,238} = 0.343$; $p = 0.794$). Abbildung 26 zeigt die Mittelwerte der Ratings für den Faktor „Vorsorgemaßnahmen". Der Mittelwert für die Bedingung „keine Vorsorge" liegt deutlich unter den Mittelwerten für die drei Vorsorgemaßnahmen, die ihrerseits eng beieinander liegen.

Abbildung 26: Ergebnisse von Experiment A

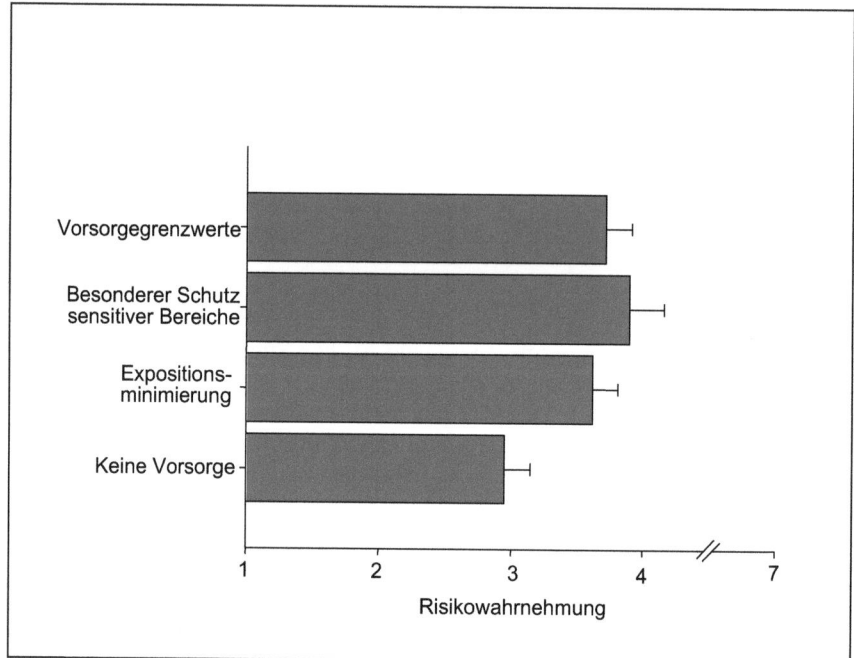

Eine gesonderte Analyse mittels eines Post-hoc-Tests (Tukey HSD) bestätigt diesen visuellen Eindruck. Die „Keine-Vorsorge"-Bedingung unterscheidet sich statistisch signifikant ($p < 0.05$) von „Besonderer Schutz sensitiver Bereiche" und „Vorsorgegrenzwerte" und marginal signifikant ($p = 0.074$) von „Expositionsminimierung". Dagegen unterscheiden sich diese drei Vorsorgemaßnahmen voneinander statistisch nicht signifikant.

Um zu prüfen, ob diese signifikanten Effekte tatsächlich durch die experimentelle Variation erzielt wurden, wurden separate Varianzanalysen (wieder mit den beiden Faktoren „Vorsorgemaßnahmen" und „Unsicherheit") für die Risikowahrnehmung der Items gerechnet, die mittels Fragebogen vor der Durchführung der experimentellen Variation erhoben worden waren (BSE, Atomkraftwerke, Rauchen, gentechnisch veränderte Lebensmittel, weltweiter Klimawandel und Kriminalität). Diese Risikourteile können deshalb auch nicht durch die experimentelle Manipulation beeinflusst worden sein und sollten sich also zwischen den verschiedenen Experimentalbedingungen nicht unterscheiden. Tatsächlich liefert keine dieser Varianzanalysen ein statistisch signifikantes Resultat. Dies stützt die Einschätzung, dass die Unterschiede in der Risikowahrnehmung zwischen der Bedingung „keine Vorsorge" und den anderen drei „Vorsorge"-Bedingungen tatsächlich durch die experimentelle Manipulation hervorgerufen wurde.

Für die zweite abhängige Variable dieses Experiments, die Einschätzung des wissenschaftlichen Erkenntnisstandes zu den gesundheitlichen Risiken von Elektrosmog wurden keine statistisch signifikanten Effekte gefunden.

11.5 Experiment B

Im zweiten Experiment wurde wieder der Einfluss einer – diesmal prozessbezogenen – Vorsorgemaßnahme sowie der Unsicherheit von Experten über die Angemessenheit des gegenwärtigen Schutzes vor Elektrosmog auf die Risikowahrnehmung und die Beurteilung des wissenschaftlichen Erkenntnisstandes sowie – als zusätzliche abhängige Variable – das Vertrauen in den Gesundheitsschutz der Bevölkerung untersucht.

11.5.1 Vorgehensweise

Dieses Experiment wurde ebenfalls mit einem zweifaktoriellen Versuchsplan durchgeführt. Der erste, zweifach gestufte Faktor „Vorsorge" bestand aus dem Basistext (identisch mit dem Text aus Experiment A) und der Vorsorgemaßnahme „Partizipation". In der Bedingung „keine Vorsorgemaßnahme" wurde wieder nur der Basistext präsentiert. In der Bedingung „Vorsorgemaßnahme" wurden der Basistext und der Text zur Partizipation dargeboten. Der zweite, zweifach gestufte Faktor war identisch mit dem ersten Experiment: In der Bedingung „Unsicherheit" wurde im Basistext ein Satz eingefügt, der auf die Unsicherheit von Experten bezüglich der gegenwärtigen Schutzmaßnahmen vor Elektrosmog verwies. In der Bedingung „keine Unsicherheit" fehlte dieser Satz.

Tabelle 19: Textbausteine Experiment B

Experimentelle Bedingung	Text
Keine Vorsorgemaßnahme (Basistext)	Über mögliche Risiken des Elektrosmogs, der vom Mobilfunk ausgeht, wird derzeit viel diskutiert. Manche Wissenschaftler sind der Auffassung, dass es erhebliche Unsicherheiten darüber gibt, ob der gegenwärtige Schutz vor Elektrosmog ausreicht.[*] Die Internationale Strahlenschutzkommission weist aber darauf hin, dass die bestehenden Grenzwerte den Schutz der Bevölkerung gewährleisten.
Vorsorgemaßnahme Partizipation	Zur Vorsorge fordern viele Kommunen trotzdem, die Bevölkerung bei der Planung der Standorte von Mobilfunksendestationen in den Kommunen zu beteiligen.

[*] Dieser Satz wurde in der Unsicherheitsbedingung des zweiten Faktors hinzugefügt.

Für die Erhebung der Ratings der abhängigen Variablen (Risikowahrnehmung, Qualität des wissenschaftlichen Erkenntnisstandes und Vertrauen in den Gesundheitsschutz) wurden die folgenden 7-stufigen Skalen verwendet: „Risikoeinschätzung: Für wie bedrohlich halten Sie alles in allem das Risiko des Elektrosmogs?" (mit den Skalenendpunkten: 1 „Gar nicht bedrohlich" und 7 „Sehr bedrohlich"). „Vertrauen: Inwieweit vertrauen Sie darauf, dass der Gesundheitsschutz der Bevölkerung in Bezug auf Elektrosmog gewährleistet ist?" (1 „Überhaupt nicht"; 7 „Vollständig"). „Stand der wissenschaftlichen Erkenntnis: Wie schätzen Sie das Wissen über die gesundheitlichen Auswirkungen des Elektrosmogs ein?" (1 „Das Wissen ist sehr schlecht"; 7 „Das Wissen ist sehr gut").

11.5.2 Stichprobe

Teilnehmer der Studie war eine Ad-hoc-Stichprobe von 84 Österreicherinnen und Österreichern im Alter zwischen 19 und 45 Jahren (Median: 23 Jahre; 76% weiblich, 24% männlich), die zufällig einer der vier Experimentalbedingungen zugewiesen wurden. Jeder Teilnehmer erhielt ein Blatt mit dem Text für die

11.5 Experiment B

jeweiligen Experimentalbedingungen und darunter den drei Ratingskalen zur Risikowahrnehmung, zur Qualität des wissenschaftlichen Erkenntnisstandes und zum Vertrauen in den Gesundheitsschutz. Die Teilnehmer wurden gebeten, zunächst den Text zu lesen und dann ihre Einschätzungen auf den Skalen abzugeben.

11.5.3 Ergebnisse

Für jede der drei abhängigen Variablen wurde eine zweifaktorielle Varianzanalyse gerechnet. Dabei ergab sich weder für die Variable „Risikowahrnehmung" noch für „perzipierte Qualität des wissenschaftlichen Erkenntnisstandes" ein statistisch signifikantes Ergebnis. Für die Variable „Vertrauen in den Gesundheitsschutz" zeigte sich dagegen ein statistisch signifikanter Effekt ($F_{1,80}$ = 5.533; p = 0.021).

In Abbildung 27 sind die Mittelwerte für jede der drei abhängigen Variablen und die beiden Bedingungen des Faktors „Vorsorge" dargestellt. Für „Vertrauen in den Gesundheitsschutz" ist der Mittelwert in Bedingung „Partizipation" deutlich geringer.

Abbildung 27: Ergebnisse von Experiment B

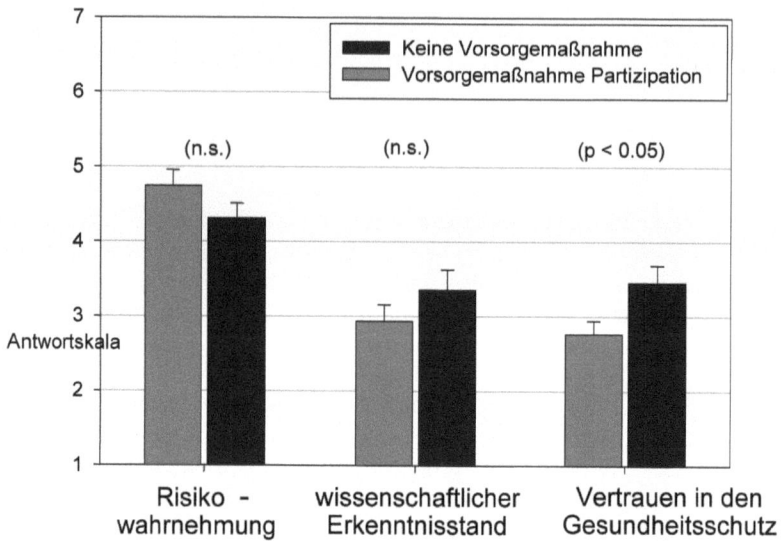

Wie schon im Experiment A finden sich keine statistisch signifikanten Effekte für den Faktor „Unsicherheit".

11.6 Diskussion

Die Ergebnisse des ersten Experiments zeigen, dass die Mittelwerte der Risikoeinschätzungen unter den drei Bedingungen der „Vorsorgemaßnahmen" statistisch signifikant höher waren als unter der Bedingung „keine Vorsorgemaßnahmen". Damit sprechen sie für die zweite der oben genannten Hypothesen: Vorsorgemaßnahmen führen zu einer erhöhten Risikowahrnehmung. Sie werden offenbar als Hinweis darauf verstanden, dass tatsächlich ein Risiko besteht.

Das zweite Experiment zeigt, dass die Vorsorgemaßnahme „Partizipation" nicht zu einem Zuwachs an Vertrauen in den öffentlichen Gesundheitsschutz führt. Dieses Ergebnis spricht ebenfalls gegen die Hypothese, dass Vorsorgemaßnahmen zu mehr Vertrauen beitragen und mehr Vertrauen wiederum mit einer geringeren Risikowahrnehmung einhergeht.

11.6 Diskussion

Für manche mag es uninteressiert sein, welche Effekte Vorsorgemaßnahmen auf die Risikowahrnehmung haben, weil sie argumentieren, dass solche Maßnahmen nicht auf Beruhigung, sondern auf den Gesundheitsschutz abzielen. Verfechtern dieser Perspektive lässt sich aber entgegenhalten, dass Angst und Besorgnis ein Zustand ist, der von der WHO als nicht-gesundheitskonform bewertet wird (vgl. die WHO-Definition von Gesundheit, WHO 1948).

Man kann weiter kritisieren, dass die beobachteten Effekte zwar statistisch signifikant sind, dass aber deren Stärke gering ist und deswegen die Ergebnisse ohne praktische Relevanz sind. Aber, wie klein die Effekte auch sein mögen, sie widersprechen den Erwartungen derjenigen, die darauf hoffen, Befürchtungen in der Öffentlichkeit über mögliche Risiken von Mobilfunkfeldern durch Vorsorgemaßnahmen mildern zu können. Sie weisen, und das ist das wesentliche Argument, in die entgegengesetzte Richtung.

Schließlich lässt sich einwenden, dass es in den Experimenten subtile „Wording"-Effekte geben kann. Denn in den verwendeten Informationstexten zur Vorsorge wurde zumeist auf Forderungen bzw. Empfehlungen hingewiesen. Forderungen sind aber etwas anderes als ungesetzte Maßnahmen. Deswegen ist nicht auszuschließen, dass der Verweis auf erfolgreich umgesetzte Vorsorgemaßnahmen eine andere Wirkung haben könnte, zumindest wäre das plausibel für die abhängige Variable „Vertrauen in den Gesundheitsschutz".

Die zweite Variable, deren Wirkung in den beiden Experimenten untersucht wurde, war die Unsicherheit von Experten über die Angemessenheit gegenwärtiger Schutzmaßnahmen vor Elektrosmog. Für diese Variable fand sich für keine der abhängigen Variablen (Risikowahrnehmung, Qualität des wissenschaftlichen Erkenntnisstandes und Vertrauen in den Gesundheitsschutz) ein Effekt. Dies ist überraschend, denn genau in dieser Unsicherheit liegt der Grund für die Anwendung des Vorsorgeprinzips. Mögliche Gründe für dieses negative Ergebnis könnten eine zu geringe Power oder eine zu schwache experimentelle Variation der Unsicherheitsbedingung sein. Auch hier bleibt abzuwarten, ob eine Replikation diese Befunde bestätigt.

Die Ergebnisse lassen sich als Hinweis darauf verstehen, dass Vorsorgemaßnahmen Befürchtungen auslösen und so die Risikowahrnehmung von EMF verstärken. Das würde bedeuten, dass Vorsorgemaßnahmen, die eben auch mit der Absicht eingeführt werden, eine besorgte Öffentlichkeit zu beruhigen, genau den gegenteiligen Effekt haben. Denn wenn man „Gesundheit" im Sinne der Definition der Weltgesundheitsorganisation versteht („Gesundheit ist ein Zustand vollkommenen körperlichen, geistigen und sozialen Wohlbefindens und nicht allein das Fehlen von Krankheit und Gebrechen", WHO 1948), so sind Vorsorgemaßnahmen problematisch, weil sie selbst Aufregungsschäden verursachen können.

Davon unbenommen ist der intendierte zusätzliche Gesundheitsschutz durch die gewählten Vorsorgemaßnahmen. Allerdings müssen im Sinne einer Risiko-Nutzen-Abwägung beide Effekte – zunehmende Besorgnis vs. zusätzlicher Gesundheitsschutz – gegeneinander abgewogen werden, bevor man eine Entscheidung über Vorsorgemaßnahmen trifft.

Die Ergebnisse der beiden Experimente stützen auch die Warnung, die die Weltgesundheitsorganisation in ihrem „Backgrounder" zur Vorsorgepolitik formuliert: „that such policies be adopted only under the condition that scientific assessments of risk and science-based exposure limits should not be undermined by the adoption of arbitrary cautionary approaches" (WHO 2000). Hinzuzufügen ist, dass jede vorsorgende Risikopolitik Maßnahmen einplanen sollte, um die unnötige Verbreitung von Ängsten zu minimieren, die wiederum selbst ein gesundheitliches Risiko beinhalten können.

Daraus folgt jedoch nicht, wie man auf den ersten Blick annehmen könnte, dass es besser wäre, Vorsorge und die Kommunikation über Vorsorge zu unterlassen. Die Schlussfolgerung ist vielmehr, dass es neben der Information über Vorsorge erforderlich ist, die Entwicklung der Risikomündigkeit der Bürger zu unterstützen, d.h. die Fähigkeit, Informationen über Unsicherheiten zu verstehen und die wissenschaftliche Evidenzlage zu einem (potenziellen) Risiko kritisch bewerten zu können.

Die Ergebnisse lassen sich auch als Hinweis auf ein generalisiertes Misstrauen gegenüber den Institutionen verstehen, die für das Sicherheits- und Risikomanagement verantwortlich sind. Wenn die Bürger glauben, dass die Behörde ein Risiko negiert, solange es wissenschaftlich nicht eindeutig nachgewiesen ist, dann ist es nur konsequent, wenn sie die Einführung von Vorsorgemaßnahmen durch die Behörde als Signal für das Vorhandensein eines Risikos deuten.

Hinzu kommt die allgemeine Tendenz zur stärkeren Beachtung und Gewichtung negativer Informationen (negativity bias; vgl. Rozin und Royzman 2001). Information, die auf (mögliche) Risiken verweist, wird eher geglaubt als Information, die gegen das Bestehen eines Risikos spricht (Siegrist und Cvetkovich 2001). Unter solchen Bedingungen wird der Risikoverdacht dann zur glaubwürdigsten Botschaft.

Natürlich müssen die Befunde in weiteren Experimenten bestätigt werden, bevor man praktische Schlussfolgerungen für eine Vorsorgepolitik zieht. Die Ergebnisse werfen auch eine Reihe von Fragen für die weitere Forschung auf. So wäre zum Beispiel zu untersuchen, warum die Unsicherheitsbedingung (d.h. der Verweis auf die Unsicherheit von Experten über die Angemessenheit gegenwärtiger Schutzmaßnahmen vor Elektrosmog) keinen Einfluss auf die Risikowahrnehmung, die Einschätzung der Qualität des wissenschaftlichen Erkenntnisstan-

11.6 Diskussion

des und das Vertrauen in den Gesundheitsschutz hat. Wichtiger aber noch wäre es zu wissen, unter welchen Bedingungen Vorsorgemaßnahmen zu mehr Vertrauen beitragen und dieses dann zu einer geringeren Risikowahrnehmung führt.

12 Vorsorge und Risikowahrnehmung (Studie 4)

12.1 Einleitung

Die Studie 4 ist eine Replikation und Erweiterung der vorausgehenden Studie 3 zu den Effekten der Information über Vorsorgemaßnahmen. In dieser Studie zur Wirkung des Vorsorgeprinzips auf die Risikowahrnehmung konnte gezeigt werden, dass Vorsorgemaßnahmen die Risikowahrnehmung verstärken. Probanden, die zusätzlich zur Risikobewertung („Die Grenzwerte gewähren ausreichend Schutz vor Gesundheitsrisiken") die Information bekommen, dass Vorsorgemaßnahmen implementiert werden, bewerten den Mobilfunk signifikant stärker als Risiko, als Probanden, denen diese Zusatzinformation nicht gegeben wird.

Für die Einschätzung der externen Validität dieses Befundes ist es wichtig zu wissen, ob eine unabhängige Wiederholung der Studie zu den gleichen Resultaten führt, d.h. es geht insbesondere darum zu prüfen, ob sich die Befunde auf andere Personen, Situationen bzw. Kulturen verallgemeinern lassen. Zu diesem Zweck wurde die Frage „Vorsorge und Risikowahrnehmung" in der Schweiz wiederholt. Dafür waren zwei Gründe ausschlaggebend. Zum einen gibt es auch in der Schweiz eine lebhafte Debatte über die möglichen gesundheitlichen Folgen des Mobilfunks, zum anderen ist im Schweizer Umweltschutzrecht (USG) der Vorsorgegedanke unverkennbar verankert. Es heißt dort: „Vorsorgliche Emissionsbegrenzungen sind nach USG soweit zu treffen, als dies technisch und betrieblich möglich und wirtschaftlich tragbar ist. Anders gesagt: Vermeidbare Belastungen müssen vermieden werden. Emissionsvermindernde Maßnahmen, die praktisch möglich sind, müssen auch tatsächlich durchgeführt werden" (zitiert nach Röösli und Rapp 2003, S. 57). So werden in der Schweiz – um dem Schutz der Bevölkerung vor EMF vorsorglich Rechnung zu tragen – strengere Begrenzungen vorgenommen, die über die Empfehlungen der ICNIRP hinausgehen. Mit der Einführung eines Anlagegrenzwertes in der Schweiz stützt sich das BUWAL insbesondere auf das Vorsorgeprinzip.

In diesem Umfeld soll nun überprüft werden, ob die Befunde aus Studie 3 sich replizieren lassen.

12.2 Fragestellungen

Anknüpfend an bestehende Ergebnisse aus Studie 3 lassen sich folgende, alternative Hypothesenpaare formulieren:

1a: Die Information über eine Vorsorgemaßnahme wird als Gefahrenhinweis verstanden und führt zu einer Erhöhung in der Risikowahrnehmung verglichen mit einer Information, die keine Hinweise auf Vorsorge beinhaltet.

1b: Die Information über eine Vorsorgemaßnahme stärkt das Vertrauen in die Risikoregulation, das wiederum eine Absenkung der Risikowahrnehmung bewirkt.

Hypothese 1a postuliert einen Pfad in Anlehnung an die Cue Utilization Theory, die auf Easterbrook (1959) zurückgeht. Ein geeigneter „Cue" wird als kognitives Warnsignal aufgefasst, das dann die Risikowahrnehmung verstärkt. Gerade anschauliche und affektiv getönte Informationen besitzen solche Schlüsselreiz-Qualitäten. Der Hypothese 1b liegt ein anderer Pfad zugrunde: Die Information verstärkt das Vertrauen, weil sie Schutzmaßnahmen ankündigt und bewirkt auf diese Weise eine Reduktion der Risikowahrnehmung (vgl. Siegrist et al. 2000). Beiden Hypothesen ist gemeinsam, dass sie der peripheren Route im Informationsverarbeitungsmodell von Petty und Cacioppo (1986) zuzuordnen sind, d.h. es wird von einer eher oberflächlichen Argumentationsverarbeitung ausgegangen.

Zur Wirkung von Informationen über Unsicherheit liegen – wie schon in Kapitel 9 zu Studie 3 beschrieben – bislang keine überzeugenden Modelle und widersprüchliche Befunde vor. Zwar konnten in Studie 3 keine Effekte der Information über Unsicherheit (Operationalisierung: „Manche Wissenschaftler sind der Auffassung, dass es erhebliche Unsicherheiten darüber gibt, ob der gegenwärtige Schutz vor Elektrosmog ausreicht") bezüglich auf die Risikowahrnehmung und auf das Vertrauen in den Gesundheitsschutz gefunden werden, aber auch für diesen Befund steht eine Replikation noch aus.

Analog zur vorausgehenden Studie 3 werden damit die folgenden, einander ausschließenden Hypothesen getestet:

2a: Die Thematisierung von Unsicherheit in der Wissenslage führt zu einer Erhöhung in der Risikowahrnehmung verglichen mit der Nicht-Thematisierung dieses Tatbestandes.

2b: Die Thematisierung von Unsicherheit beeinflusst die Risikowahrnehmung nicht signifikant.

12.3 Untersuchungsansatz

Die Hypothesen werden mit einem zweifaktoriellen Versuchsplan überprüft. Die Faktoren sind: (1) Vorsorge, die fünf verschiedene Varianten umfasst, (2) Unsicherheit in der Wissenslage mit zwei verschiedenen Ausprägungen. Beide Faktoren werden mittels Informationstexten variiert. Als abhängige Variable fungieren Risikowahrnehmung, Vertrauen in die Risikoregulation und Einschätzung des Stands der wissenschaftlichen Erkenntnisse.

Das Design führt zwei Typen von Vorsorgemaßnahmen zusammen, die in der dritten Studie (Kapitel 12) noch in getrennten Experimenten untersucht wurden: gesundheitsbezogene und prozessbezogene Vorsorgemaßnahmen[40]. Letztere zielen darauf ab, Konflikte zu reduzieren und Vertrauen und Glaubwürdigkeit zu verbessern. Dabei geht es um Dialog und Beteiligung. Neben der rechtzeitigen Information über geplante Basisstationen geht es vor allem um die Einbeziehung von Vertretern der Kommunen in Mobilfunknetzplanung sowie die Einbeziehung der lokalen Öffentlichkeit in die Standortentscheidung. Außerdem wird die Frage nach dem Vertrauen in den Gesundheitsschutz für alle Faktorenstufen der Vorsorge-Variable als abhängige Variable genutzt.

Beide Faktoren werden mittels unterschiedlicher Texte, die die Pbn zu lesen hatten, variiert. Den Ausgangspunkt der Texte stellen bestehende Risikocharakterisierungen des Mobilfunks dar, wie sie bei der SSK (2001), BUWAL (1999) oder bei Ecolog (2000) zu finden sind. Darüber hinaus werden bestehende Vorsorgevorschläge und -maßnahmen einbezogen. Dazu gehören zum Beispiel die Reduzierung der ICNIRP-Werte um den Faktor 10 (das Schweizer Modell) oder die Empfehlung der deutschen Strahlenschutzkommission SSK (2001), auf eine Expositionsminimierung zu achten, sowie die Forderung nach Partizipationsmöglichkeiten von Bürgern/innen bei der Wahl von Standorten von Mobilfunksendeanlagen.

Der *erste Faktor* bezieht sich auf die in der EMF-Debatte diskutierten Vorsorgeoptionen. In der Variante 1 wird ein Basistext vorgegeben, der in den anderen Varianten durch eine der folgenden Beschreibungen von Vorsorgemaßnahmen ergänzt wird: „Forderung nach Belastungsminimierung", „Reduzierung der bestehenden Grenzwerte um den Faktor 10", „Auslassung sensibler Bereiche" und „Öffentlichkeitsbeteiligung bei der Standortbestimmung".

---

40 Wiedemann et al. (2001) unterscheiden (1) auf den Gesundheitsschutz bezogene Maßnahmen, (2) Maßnahmen, die sich auf Prozesse erstrecken, welche der Entscheidungsunterstützung und der Konfliktreduzierung dienen, und (3) forschungsbezogene Maßnahmen.

Tabelle 20: Textbausteine Faktor „Vorsorgemaßnahmen"

Experimentelle Bedingung	Text
Basistext	Über mögliche Risiken des Elektrosmogs, der vom Mobilfunk ausgeht, wird derzeit viel diskutiert. Die Internationale Strahlenschutzkommission weist aber darauf hin, dass die bestehenden Grenzwerte den Schutz der Bevölkerung gewährleisten.
Forderung nach Belastungsminimierung	Basistext + Trotzdem empfiehlt die Kommission Vorsorgemaßnahmen: Die Belastung mit Mobilfunkstrahlen ist so klein wie möglich zu halten.
Reduzierung der bestehenden Grenzwerte um den Faktor 10	Basistext + Trotzdem wird in der Salzburger Petition im Sinne der Vorsorge eine Reduzierung des Grenzwertes dort, wo Menschen sich dauerhaft aufhalten, um ca. das 10-fache gefordert.

Der *zweite Faktor* variiert die Unsicherheit in der Angemessenheit bezüglich der Risikoschutzmaßnahmen. Es werden zwei Stufen verwendet: (1) Kein Hinweis auf Unsicherheiten, (2) Hinweis auf Unsicherheiten. Die Unsicherheitsbedingung wird in einem Abschlusssatz formuliert, der dem jeweiligen Text nachgestellt ist (Tabelle 21). In der Sicherheitsbedingung fehlt dieser Satz.

Tabelle 21: Textbausteine Faktor „Unsicherheit der Angemessenheit der Schutzmaßnahmen"

Basistext (wie in Tabelle 20)
Über mögliche Risiken des Elektrosmogs, der vom Mobilfunk ausgeht, wird derzeit viel diskutiert.
Die Internationale Strahlenschutzkommission weist aber darauf hin, dass die bestehenden Grenzwerte den Schutz der Bevölkerung gewährleisten.
Basistext +
Manche Wissenschaftler sind der Auffassung, dass es erhebliche Unsicherheiten darüber gibt, ob der gegenwärtige Schutz vor Elektrosmog ausreicht.

12.4 Vorgehensweise

Das Experiment wurde in Einzelsitzungen von Mitarbeitern der Universität St. Gallen (HSG) sowie die Universität Fribourg durchgeführt. Nach einer kurzen Einführung hatten die Teilnehmer einen Textbaustein zu lesen, dessen Inhalt entsprechend dem Versuchsplan variierte. Im unmittelbaren Anschluss wurden die Teilnehmer gebeten, drei Bewertungen abzugeben: Bezüglich ihrer Risikowahrnehmung, ihres Vertrauens in die vorhandenen Schutzmaßnamen sowie bezüglich ihrer (subjektiven) Einschätzung der Qualität des wissenschaftlichen Wissensstandes zu Gesundheit und Mobilfunk.

Für die Erhebung der Ratings zu den Variablen Risikowahrnehmung, Qualität des wissenschaftlichen Erkenntnisstandes und Vertrauen in den Gesundheitsschutz) wurden die gleichen 7-stufigen Skalen verwendet wie in Studie 3: „Risikoeinschätzung: Für wie bedrohlich halten Sie alles in allem das Risiko des Elektrosmogs?" (mit den Skalenendpunkten: 1 „Gar nicht bedrohlich" und 7 „Sehr bedrohlich"). „Vertrauen: In wie weit vertrauen Sie darauf, dass der Gesundheitsschutz der Bevölkerung in Bezug auf Elektrosmog gewährleistet ist?" (1 „Überhaupt nicht"; 7 „Vollständig"). „Stand der wissenschaftlichen Erkenntnis: Wie schätzen Sie das Wissen über die gesundheitlichen Auswirkungen des Elektrosmogs ein?" (1 „Das Wissen ist sehr schlecht"; 7 „Das Wissen ist sehr gut").

Am Schluss der Untersuchung hatten die Probanden anzugeben, ob sie Vorsorgemaßnahmen für sinnvoll halten oder nicht („Für wie sinnvoll halten Sie die Einführung von Vorsorgemaßnahmen im Bereich des Mobilfunks?").

12.5 Stichprobe

Die experimentelle Studie wurde an einer Ad-hoc Stichprobe von 640 Probanden aus der deutschsprachigen und französischsprachigen Schweiz durchgeführt (deutschsprachige Schweiz: n=396 [62%], französischsprachige Schweiz: n=244 [38%]). Davon waren n=270 Frauen (42%) und n=369 Männer (58%). Es nahmen Personen im Alter zwischen 17 und 43 Jahren teil. Das Durchschnittsalter beträgt 22 Jahre; der Median liegt bei 21 Jahren. Alle Probanden stammen aus dem Umfeld zweier Universitäten: Universität St. Gallen (HSG) und Universität Fribourg. Die Verteilung der Probanden auf die zehn Bedingungen war ausgewogen (zwischen 57 und 74 Probanden pro Bedingung) und erfolgte randomisiert.

Auf einen direkten Vergleich der beiden Stichproben in Bezug auf Unterschiede auf den abhängigen Variablen „Risikowahrnehmung", „Vertrauen in den Gesundheitsschutz" sowie „Stand des wissenschaftlichen Wissens" wird verzichtet, da beide Stichproben zwar aus ähnlichen Milieus stammen, sich aber bezüglich Alter und Geschlechterverteilung deutlich unterscheiden und nicht bekannt ist, in welchen Merkmalen sie sich noch unterscheiden.

Tabelle 22: Merkmale der Stichproben

	Alter – Mittelwert	Männlich	Weiblich
St. Gallen (D/Schweiz)	21,0	63,6%	36,4%
Fribourg (F/Schweiz)	23,8	48,1%	51,9

12.6 Ergebnisse

Für die drei abhängigen Variablen „Risikoperzeption", „Vertrauen" und „Stand des wissenschaftlichen Wissens" wurden je eine ANOVA gerechnet. Im Falle eines Effekts wurden die Mittelwertdifferenzen mit Ad-hoc-Tests (Tukey HSD) geprüft.

12.6.1 Vorsorgemaßnahmen und Risikowahrnehmung

Der Faktor „Vorsorgemaßnahmen" beeinflusst die Risikowahrnehmung signifikant ($F_{4,627}=2.843$, $p=0.024$). Abbildung 28 zeigt die Mittelwerte der Ratings für die Risikowahrnehmung. Der Mittelwert für die Bedingung „Keine Vorsorge" liegt deutlich unter den Mittelwerten für die Vorsorgebedingungen.

Eine Analyse mittels eines Post-hoc-Tests (Tukey HSD) zeigt, dass sich die Bedingungen „Keine Vorsorge" und „Schutz vor sensiblen Bereichen" statistisch signifikant unterscheiden ($p=0.014$). Alle anderen Unterschiede sind statistisch nicht signifikant.[41]

---

41 Eine nichtparametrische Analyse (siehe dazu Wiedemann et al. 2006) bestätigt diese Befunde: „The analysis carried out with a Mann-Whitney U Test shows that the conditions of "no precaution" and "protection of sensitive locations" differ significantly ($U=5134$, $p=0.001$). This difference also remains significant after a Bonferroni-correction for multiple testing. All other factorial differences are statistically insignificant. When looking at the two samples (German-speaking and French-speaking Swiss) separately, the same significant effect on risk perception can be observed (French-speaking sample: $Chi^2(4)=9.783$, $p=0.044$ / $U=904$, $p=0.031$; German-speaking sample: $Chi^2(4)=10.462$, $p=0.033$ / $U=1722.5$, $p=0.006$).

12.6 Ergebnisse

Abbildung 28: Wirkung der Information von Vorsorgemaßnahmen auf die Risikoperzeption

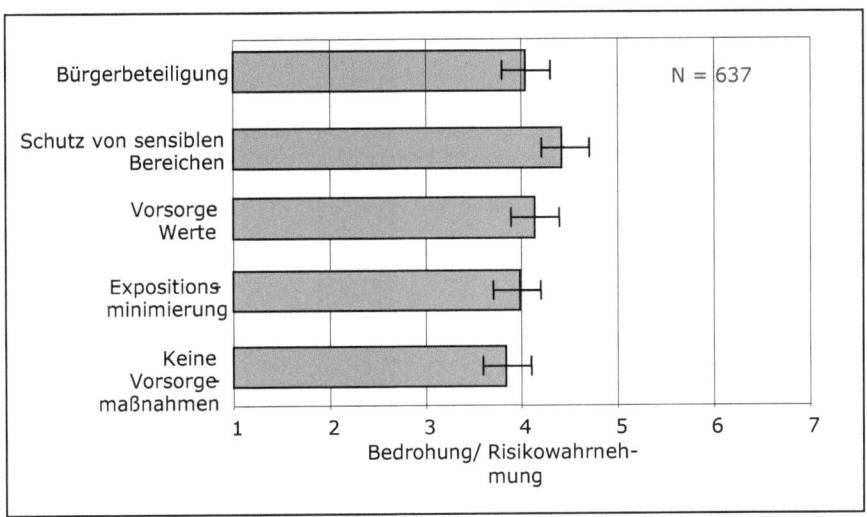

Betrachtet man beide Stichproben (deutschsprachige und französischsprachige Schweizer/innen) getrennt, so finden sich ähnliche Effekte auf die Risikowahrnehmung, wenn von Vorsorge thematisiert wird. Allerdings besteht eine Differenz bezüglich der statistischen Signifikanz der Effekte. In der französischsprachigen Stichprobe war der Haupteffekt „Vorsorgemaßnahmen" auf die Variable „Risikowahrnehmung" signifikant ($F_{4,231}=2.421$; p=.049). In der deutschsprachigen Schweiz ist der Alpha-Wert nicht mehr signifikant ($F_{4,386}=2.373$; p=.052). Die Differenz zwischen den Mittelwerten ist jedoch marginal.

Die Information über Vorsorgemaßnahmen hatte keinen Effekt auf das Vertrauen in den öffentlichen Gesundheitsschutz. Es konnte kein signifikanter Haupteffekt ($F_{4,628}=1.136$, p=0.338) gefunden werden. Auch bei einer separaten Analyse der französischsprachigen und der deutschsprachigen Stichprobe zeigen sich keine Effekte auf das Vertrauen in den Gesundheitsschutz (Französisch: $F_{4,232}=1.387$, p=0.239; Deutsch: $F_{4,386}=0.494$, p =0.740).

Abbildung 29: Wirkung der Nennung von Vorsorgemaßnahmen auf das Vertrauen

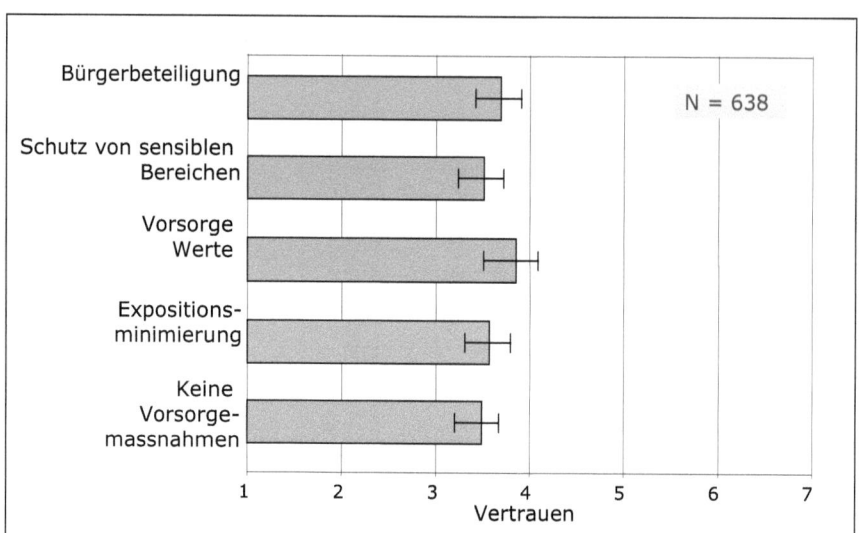

Für die Bewertung des „Standes des wissenschaftlichen Wissens" ist ebenfalls kein statistisch signifikanter Haupteffekt festzustellen ($F_{4,629}=1.414$, $p=0.228$). Die Nennung von Vorsorgemaßnahmen hat hier keinen Einfluss. Das gilt auch für eine getrennte Analyse der beiden Teilstichproben (Französisch: $F_{4,233}=0.717$, $p=0.581$; Deutsch: $F_{4,386}=1.936$, $p=0.104$).

12.6.2 Thematisierung von Unsicherheit und Risikowahrnehmung

Für den Faktor Unsicherheit ist weder ein signifikanter Effekt bezüglich der Risikoperzeption ($F_{1,627}=0.716$, $p=0.398$) noch bezüglich des Vertrauens ($F_{1,628}=0.308$, $p=0.579$) festzustellen. Die Thematisierung von Unsicherheit in der Wissenslage hat keinen Effekt auf die Risikowahrnehmung verglichen mit der Nicht-Thematisierung ($M_{Unsicherheit}=4.1$ vs. $M_{Sicherheit}=4.0$). Das Gleiche gilt für die abhängige Variable ‚Vertrauen'. Die Probanden vertrauen dem öffentlichen Gesundheitsschutz in gleichem Maße – sowohl unter der Unsicherheitsbedingung ($M=3.6$) als auch wenn keine Unsicherheiten thematisiert werden ($M=3.7$). Diese Ergebnisse finden sich auch bei einer separaten Analyse der

12.6 Ergebnisse

beiden Stichproben (für die Risikowahrnehmung: Französisch: $F_{1,231}=0.378$, p=0.539, Deutsch: $F_{1,386}=0.422$, p=0.516; für Vertrauen in den Gesundheitsschutz: Französisch: $F_{1,232}=2.566$, p=0.111; Deutsch: $F_{1,386}=0.463$, p=0.496).

In Bezug auf die Einschätzung des Standes des wissenschaftlichen Wissens zeigt sich ein signifikanter Effekt ($F_{1,629}=9.377$, p=0.002). Die Probanden schätzen das vorhandene wissenschaftliche Wissen über die gesundheitlichen Auswirkungen von EMF besser ein, wenn die Unsicherheit thematisiert wird (M=3.1). Im Vergleich dazu liegt der Mittelwert bei M=2.8, wenn die Unsicherheit nicht ausgewiesen wird.

Abbildung 30 fasst die Ergebnisse für den Faktor „Unsicherheitsthematisierung" zusammen. Bei einer getrennten Analyse der beiden Stichproben zeigte sich dieser Effekt nur bei den französischsprachigen Probanden ($F_{1,233}=12.791$, p=0.000), nicht aber bei den Deutschsprachigen ($F_{1,386}=0.539$, p=0.463).

Abbildung 30: Wirkung der Thematisierung von Unsicherheit in der Wissenslage auf die Risikowahrnehmung, Vertrauen und Einschätzung des aktuellen Wisens. Ns. = nicht signifikant

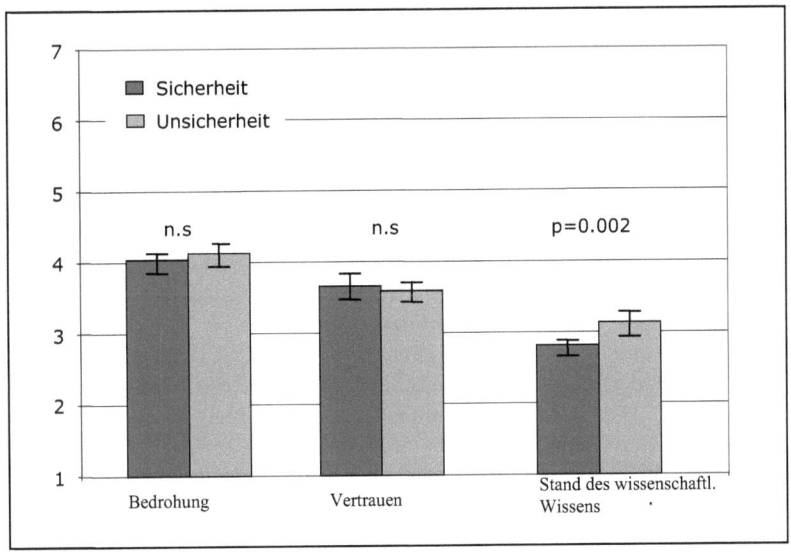

Die Mittelwerte sind auch deutlich verschieden (Deutschsprachige Pbn: M_{sicher}=2,85 vs. $M_{unsicher}$=2.95 / Französischsprachige Pbn: M_{sicher}=2,75 vs. $M_{unsicher}$= 3,38).

12.7 Diskussion

Die Resultate stützen die Ergebnisse von Studie 3, auch wenn sie nicht so prägnant sind. Die Nennung von affektgeladenen Vorsorgemaßnahmen wird als Gefahrenhinweis verstanden und führt zu einer Erhöhung in der Risikowahrnehmung. Diese Tendenz wurde an anderer Stelle (Wiedemann, Clauberg und Schütz 2003) ausführlich unter dem Aspekt der Wirkung von Risiko-Stories beschrieben. Während dort die Merkmale des Risiko-Erzeugers im Fokus standen (z.B. ob es sich um ein großes multinationales Unternehmen oder ein KMU[42] handelt), wurden in den vorliegenden Experimenten Merkmale der Managementstrategien sowie der Risikocharakterisierung variiert.

Insbesondere dann, wenn Vorsorgemaßnahmen (als Managementstrategie) den erhöhten Schutz von sensiblen Bereichen (Kindergärten, Spitäler, Schulen etc.) thematisieren, fühlen sich die Probanden durch den Mobilfunk stärker bedroht. Es kann angenommen werden, dass diese affektiv besetzten Schlüsselreize die Risikowahrnehmung „triggern". Dieser Schluss ist plausibel, ob aber tatsächlich eine affektive Mediatorvariable wirksam wird, müsste in einer nachfolgenden Untersuchung geklärt werden.

Des Weiteren belegen die Ergebnisse, dass Vorsorgemaßnahmen keinen Effekt auf das Vertrauen in den öffentlichen Gesundheitsschutz haben. Damit kann die eingangs beschriebene Vertrauenshypothese zurückgewiesen werden. Auch hier gibt es eine weitgehende Übereinstimmung mit den Ergebnissen von Wiedemann und Schütz (2005). Zwar hatten sie einen negativen Effekt gefunden, während in der vorliegenden Untersuchung kein Einfluss festgestellt wurde. Beide Befunde stützen aber die Schlussfolgerung, dass der Hinweis auf Partizipation kein Plus an Vertrauen bewirkt. Und: Auch gesundheitsbezogene Vorsorgemaßnahmen wie z.B. die Absenkung der Grenzwerte stärken nicht das Vertrauen in den Gesundheitsschutz. Letztere Schlussfolgerung ist neu, da sie nicht von Wiedemann und Schütz (2005) untersucht wurde.

Eine Risikocharakterisierung, die Unsicherheiten explizit thematisiert, hat keine Effekte auf die Risikowahrnehmung, auch nicht auf das Vertrauen in den Gesundheitsschutz. Damit bestätigen sich die Befunde von Wiedemann und Schütz (2005).

Die fehlenden Effekte der Vorsorgethematisierung bezüglich der Variable „Vertrauen" wie auch die fehlenden Effekte der Unsicherheitsthematisierung auf die Risikowahrnehmung und auf Vertrauen lassen sich nicht durch eine schwache Teststärke erklären. Dies bestätigt die Post-hoc Power Analyse: Bei einer Stichprobengröße von 640 kann für den Faktor „Vorsorgemaßnahmen" eine

---

42 KMU = Kleines oder Mittleres Unternehmen

12.7 Diskussion

Power von 0.9998 und für den Faktor „Unsicherheitsthematisierung" eine Power von 1.0 berechnet werden (mittlerer Effekt, Alpha=0.05; N=640). Sollte es sich nur um sehr kleine Effekte handeln, dann würde für den Faktor „Vorsorgemaßnahmen" die Power 0.5 und für den Faktor „Unsicherheitsthematisierung" die Power 0.7 betragen (kleiner Effekt, Alpha=0.05; N=640).

Die Differenzen bei der separaten Betrachtung der französischsprachigen und der deutschsprachigen Stichprobe sind zwar signifikant, bei genauer Betrachtung aber marginal: Die Mittelwerte unterscheiden sich kaum. Dennoch könnten das Ergebnis auf einen mögliche Confounder hinweisen, den Gender-Effekt: Männer sehen weniger Risiken (Flynn, Slovic und Mertz 1994). Da die deutschsprachige Stichprobe zu einem deutlich höheren Prozentsatz männlich ist, könnten alle Effekte auf die Risikowahrnehmung insgesamt kleiner werden. Außerdem könnte die Risikobildung einen Einfluss haben, die im Sinne von Petty und Cacioppo (1986) eine zentrale Informationsverarbeitung bewirkt und so gegenüber affektiven Schlüsselreizen immunisiert. Diese Hypothesen müssten in einer künftigen Studie genauer untersucht werden.

Anlass zur kritischen Reflexion bieten die Befunde zum Einfluss von Unsicherheitsthematisierung auf die Risikowahrnehmung. Sie bestätigen zwar die Ergebnisse von Wiedemann und Schütz (2005), doch wäre es nahe liegend gewesen, dass die explizite Erwähnung von Unsicherheit die Risikowahrnehmung erhöht („Manche Wissenschaftler sind der Auffassung, dass es erhebliche Unsicherheiten darüber gibt, ob der gegenwärtige Schutz vor Elektrosmog ausreicht."). Hier wäre in weiteren Studien die Operationalisierung der Unsicherheit zu verändern, um zu prüfen, ob und wann sich hier Effekte zeigen.

Im Gegensatz zur Studie 3 zeigt die vorliegende Studie aber signifikante Effekte der Unsicherheitsthematisierung auf die Bewertung des aktuellen Stands wissenschaftlicher Erkenntnisse. Unter der Bedingung, dass Unsicherheiten thematisiert werden, schätzen die Probanden das Wissen über die gesundheitlichen Auswirkungen der EMF als besser ein im Vergleich zur Nicht-Thematisierung. In einer künftigen Untersuchung wäre zu prüfen, ob dieser Befund Bestand hat.

Die Größe der gefundenen signifikanten Effekte auf die Risikowahrnehmung stellt sicherlich einen Kritikpunkt dar, der die praktische Relevanz der Ergebnisse in Frage stellen könnte. Aber: Selbst minimale Effekte sind bedeutsam, wenn sie in die entgegen gesetzte Richtung weisen. Denn sie widersprechen den gängigen Erwartungen und Überzeugungen, dass Befürchtungen in der Öffentlichkeit über mögliche Risiken des Mobilfunks durch Vorsorgemaßnahmen gemildert werden könnten.

Außerdem muss bei der Interpretation der Ergebnisse der Textaufbau der im Experiment benutzten Vorsorgeinformationen beachtet werden. Die hier gefundenen Effekte basieren auf Informationen, die als Empfehlungen und nicht als

Hinweis auf tatsächlich implementierte Vorsorgemaßnahmen gegeben wurden. Es ist denkbar, dass der Verweis auf erfolgreich umgesetzte Vorsorgemaßnahmen möglicherweise einen anderen Effekt hat als die im Experiment verwendeten Empfehlungen.

Die Ergebnisse werfen Fragen bezüglich der umsichtigen Kommunikation von Vorsorgemaßnahmen im Bereich des Mobilfunks auf. Im Gegensatz zum politischen Common Sense, dass durch die Einführung von Vorsorgemaßnahmen den Ängsten und Besorgnissen in der Öffentlichkeit entgegen gewirkt und Vertrauen geschaffen werden kann, findet sich kein oder sogar ein negativer Effekt.

Gesundheitsschutz durch Vorsorgemaßnahmen hat folglich solche nichtintendierten „Nebeneffekte" unbedingt zu beachten. Die Warnung der WHO in ihrem Backgrounder zur Vorsorgepolitik, nämlich „that such policies be adopted only under the condition that scientific assessments of risk and science-based exposure limits should not be undermined by the adoption of arbitrary cautionary approaches" (WHO 2000) kann hier präzisiert werden: Es geht darum, Vorsorgemaßnahmen in einen angemessenen Interpretationskontext zu stellen, der Fehlschlüsse vermeiden hilft.

Aus der vorliegenden Studie sollte nicht der Schluss gezogen werden, dass auf vorsorgenden Gesundheitsschutz zu verzichten sei. Vielmehr zeigen diese Befunde, dass die Umsetzung von Vorsorgemaßnahmen ohne ausreichende Förderung der Risikomündigkeit paradoxe Effekte bewirkt. Zwar ist diese Schlussfolgerung unter praktischen Gesichtspunkten (Was tun?) nicht sehr hilfreich, sie bietet aber einen Ausgangspunkt: Sie zeigt auf, wo Forschungsbedarf besteht.

13 Vorsorge und Beteiligung (Studie 5)

13.1 Einleitung

Information und Beteiligung sind Kernpunkte zur Verbesserung der Akzeptanz des Mobilfunks. Diese Haltung haben die Mobilfunkbetreiber in der Verbändevereinbarung mit den kommunalen Spitzenverbänden vom Juli 2001 und in ihrer freiwilligen Selbstverpflichtung vom Dezember 2001 ausdrücklich bezogen.

Dabei geht es vornehmlich um Information der Kommunen über Ausbauplanungen und konkrete Bauabsichten sowie Vereinbarungen über den Verfahrensgang zur Einbeziehung der Kommunen. Des Weiteren spielt der öffentliche Zugang zu Informationen über Standorte von Mobilfunksendestationen eine wichtige Rolle.

Einerseits wird im dritten Jahresgutachten zur Umsetzung dieser Vereinbarungen festgestellt, „dass sich die Gesamtlage sowohl im Bereich der Information wie bei der Kooperation und der Partizipation gegenüber 2002 deutlich entspannt und verbessert hat. Im Wesentlichen funktionieren Kommunikation und Partizipation auf der Basis der Selbstverpflichtungserklärung und der Verbändevereinbarung gut. Im Detail und in Einzelfällen gibt es aber weiterhin Probleme." (DIFU, S. 8, 2005)

Andererseits heißt es jedoch in der gemeinsamen Presseerklärung des Bundesministeriums für Umwelt und des Bundesministeriums für Wirtschaft und Arbeit: „Bundesumweltminister Jürgen Trittin kritisierte, dass die Zahl der Konfliktfälle bei der Standortsuche für Sendemasten nach wie vor nicht deutlich gesunken sei. Die Betreiber sollten sich auch in strittigen Fällen noch mehr auf die Diskussion mit den kommunalen Vertretern sowie engagierten Bürgerinnen und Bürgern einlassen, ..." (Presseerklärung BMU und BMWA, Nr. 075/05).

Diese beiden Themen – Information und Bürgerbeteiligung – stehen im Weiteren im Mittelpunkt. Genauer untersucht werden soll dabei, welche Effekte welche Modelle der Bürgerbeteiligung und der Information bei der Standortfindung von Mobilfunkantennen auf die Kontroverse um den Mobilfunk haben.

13.2 Fragestellungen

Bürgerbeteiligung und Dialogverfahren spielen seit Jahren eine zentrale Rolle in der Diskussion, wie Konflikte um mögliche Risiken von neuen Technologien zu lösen seien (siehe Kasperson 1986; Renn, Webler und Wiedemann 1995). Neben der Frage der grundsätzlichen Bedeutung für moderne Demokratien (Laird 1993) geht es um neue Verfahren wie z.b. die Mediation (vgl. Abels und Bora 2004). Weiterhin ist die Evaluation der Effekte von Information und Beteiligung auf Vertrauen, Risikowahrnehmung oder Akzeptanz ein wichtiges Forschungsfeld (Rowe und Frewer, 2000; Petts 2001; Büllingen et al. 2004).

Über die Wirkung von Beteiligung findet sich in dem Abschlussbericht der Deutschen Risikokommission von 2003 folgende Passage: „Je mehr Individuen und Gruppen die Möglichkeit haben, aktiv an der Risikoregulierung mitzuwirken, desto größer ist die Chance, dass sie Vertrauen in die Institutionen entwickeln und auch selbst Verantwortung übernehmen."

Dieser positiven Erwartung steht aber eine Reihe von Fragen gegenüber. So kann Beteiligung ganz unterschiedlich ausgestaltet werden. Im einfachsten Fall wird nur der Zugang zu Informationen ermöglicht, im besten Fall kommt es zu einer Abstimmung der Entscheidungsträger mit den Beteiligten. Dazwischen sind verschiedene Abstufungen möglich (siehe Wiedemann et al. 2001). Das wirft die Frage auf, wann welche Form der Beteiligung zu wählen ist? Und weiter, was bewirkt die Beteiligung: Verbessert sie anstehende Entscheidungen, trägt sie zur Akzeptanz einer Entscheidung bei, verbessert sie das Klima zwischen Kontrahenten? Kurzum, es geht um die Erfolgsbilanz: Was bringt die Partizipation?

In Bezug auf diese Fragen fehlen für den Mobilfunkbereich bislang die Antworten. Es gibt nur wenige Versuche, neben den Gemeinden, die Bürger vor Ort mit einzubeziehen. Ein Manko ist außerdem, dass systematische Evaluationen der Erfolge von Beteiligungsverfahren im Mobilfunkbereich noch seltener sind.

Bei der Bewertung von Informations- und Partizipationsansätzen können zwei Wege eingeschlagen werden: Zum einen können Fallstudien durchgeführt und von den Beteiligten bewertet werden. Diesen Weg haben Büllingen et al. (2004) beschritten. Positiv daran ist seine hohe Praxisrelevanz. Nachteilig sind jedoch die eingeschränkte Verallgemeinerbarkeit sowie die Kostenintensität. Zum anderen kann in einem Experiment[43] untersucht werden, wie sich Informa-

---

43 Im Unterschied zu einer Befragung – etwa mittels Fragebogen – besteht das Experiment aus einer Versuchsreihe unter kontrollierten Bedingungen. Dabei wird gemessen, welche Effekte die Versuche auf die Untersuchungsobjekte haben, d.h. welche Wirkungen eintreten. Wenn die Versuche systematisch variiert werden und wenn alle sonstigen Bedingungen konstant bleiben, kann das Experiment Kausalbeziehungen überprüfen.

13.2 Fragestellungen

tionen über Beteiligungsmodelle auswirken. Dieser Weg wurde hier gewählt, weil er eine erste Orientierung bezüglich des Nutzens von verschiedenen Beteiligungsansätzen – präzise, rasch und kostengünstig – ermöglicht.

Jede Bewertung von Maßnahmen wie Information über und Beteiligung bei der Standortfindung für Mobilfunksendeanlagen ist abhängig von dem Bewertungsrahmen, d.h. von den Zielen und Funktionen, die überprüft werden sollen.

Mit Bezug auf Beierle (1999) sowie Rowe und Frewer (2000) lassen sich folgende Ziele unterscheiden: Verbesserung der Transparenz der Entscheidung, Verbesserung des Informationsstandes, Einbezug von Werten der Bevölkerung in die Entscheidungsfindung, Qualitätsverbesserung der Entscheidung, Verbesserung des Vertrauens in Institutionen, Konfliktminderung sowie ein vertretbares Kosten-Nutzen-Verhältnis.

Für die Einschätzung der Auswirkungen von Informations- und Beteiligungsmodellen bei der Standortfindung von Mobilfunksendestationen interessiert vor allem, ob es Effekte auf die folgenden Einschätzungen gibt: (1) Transparenz und Nachvollziehbarkeit der Standortfindung für die Mobilfunksendestation, (2) Berücksichtigung von Anliegen der Anwohner bei der Standortfindung für die Mobilfunksendestation, (3) Eignung zur Vermeidung von bereits bestehenden Konflikten bei der Standortfindung der Mobilfunksendestation, (4) Eignung zur Reduzierung von Konflikten, (5) Vertrauen in Sicherheit der Mobilfunksendeanlage, (6) Risikowahrnehmung des Mobilfunks und (7) Akzeptanz des Standorts der Sendestation im Wohngebiet.

Für eine Breitenwirkung ist vor allem entscheidend, wie die Informationsaktivitäten und Beteiligungsverfahren in der betroffenen Nachbarschaft rezipiert und bewertet werden. Diese Perspektive steht im Weiteren im Mittelpunkt.

Die Studie geht von den nachstehenden Hypothesen aus:

- Das Wissen um Information der Öffentlichkeit hat Auswirkungen auf die Einschätzung der Transparenz des Verfahrens zur Standortfindung.
- Das Wissen um die Beteiligung der Öffentlichkeit hat Einfluss auf die Bewertung der Berücksichtigung der Anliegen der Anwohner, auf die Konfliktlösung und Konfliktvermeidung sowie auf das Vertrauen in den Gesundheitsschutz.
- Die Risikoeinschätzung und die Akzeptanz werden weder von dem Wissen um das Vorhandensein einer Informationsstrategie noch von dem Wissen um die Beteiligung beeinflusst. Hier wirken allein bereits vorhandene Einstellungen und Überzeugungen.

Darüber hinaus interessiert, ob neben den im Experiment zu überprüfenden Informations- und Beteiligungsmodellen auch die risikobezogenen Überzeugungen der Vpn zum Mobilfunk das Vertrauen in Sicherheit der Mobilfunksendeanlage, die Risikowahrnehmung und die Akzeptanz beeinflussen.

13.3 Untersuchungsansatz

Das Experiment folgt einem zweifaktoriellen Versuchsplan. Der *erste* Faktor (A) bezieht sich auf die Information der Öffentlichkeit bei der Standortfindung für Basisstationen (siehe dazu Wiedemann und Clauberg 2005). Hier werden folgende Stufen untersucht:
- Abstimmung mit den Gemeinden ohne Info der Bürger (A1),
- Abstimmung mit der Gemeinde *und* Info im Internet der Gemeinde über Vorhaben (A2),
- Abstimmung mit den Gemeinden *und* öffentliche Informationsversammlung mit Eingaberecht (A3).

Der Auswahl dieser Faktorenstufen liegen folgende Überlegungen zugrunde: Die Abstimmung mit den Kommunen ist derzeit der Routinefall. Infos auf der Internet-Seite der Gemeinde wird derzeit nur von wenigen Gemeinden angeboten. Öffentliche Versammlungen sind auch gängige Verfahren zur Information der Anwohner.

Der *zweite* Faktor (B) bezieht sich auf die Beteiligung an der Entscheidungsfindung:

- Abstimmung der Gemeinde (B1),
- Konsenssuche am Runden Tisch (B2),
- Mehrheitsentscheidung der Bewohner des Hauses, auf dem die Basisstation errichtet werden soll (so genanntes Holländisches Modell (B3).

Diese Faktorenstufen sind ebenfalls Abbild der Wirklichkeit: Die Abstimmung der Mobilfunkbetreiber mit den Kommunen ist gängige Praxis. Dagegen sind Runde Tische eher die Ausnahme und werden nur in Regionen eingesetzt, in denen sich Konflikte um den Mobilfunk zugespitzt haben. Die Mehrheitsentscheidung wird in den Niederlanden praktiziert: Hier wird eine Antenne nur gebaut, wenn über 50% der Bewohner des Hauses zustimmen, auf dessen Dach die Antenne platziert werden soll.
Die Faktorenstufen von Faktor A und Faktor B wurden kombiniert und als Textbausteine den Versuchspersonen (Vpn) vorgelegt. Insgesamt ergaben sich 9

13.3 Untersuchungsansatz

verschiedene Textbausteine. Die Vpn wurden einer dieser neun Faktorenkombinationen zufällig zugeteilt, d.h. jede Versuchsperson (Vp) hatte nur einen Textbaustein zu lesen.

Die Textbausteine enthalten Informationen über die Rolle der Versuchsperson (Stellen Sie sich vor ....) sowie über ein Informations- und ein Beteiligungsmodell. Anschließend werden die Vor- und Nachteile der Modelle kurz skizziert, um den Vpn eine informierte Bewertung zu ermöglichen. In Tabelle 23 findet sich dafür ein Beispiel, die anderen Textbausteine sind im Anhang aufgelistet.

Tabelle 23: Beispiel Textbaustein zur Kombination A2B2

Stellen Sie sich vor, dass ein Mobilfunkbetreiber in ihrem Wohngebiet plant, eine neue Sendestation für den Mobilfunk zu errichten.

Die Mobilfunkbetreiber haben im Juli 2001 eine Vereinbarung mit allen Gemeinden in Deutschland getroffen. Hierin wurde festgelegt, dass die Standortfindung für die Sendemasten des Mobilfunks in Abstimmung mit den Kommunen zu erfolgen hat. Deswegen hat der Betreiber die Kommune über den geplanten Standortbereich vorab informiert.

Die Kommune hat einen Runden Tisch eingerichtet, an dem neben Vertretern der Kommune und des Mobilfunkbetreibers auch Bürgerinitiativen beteiligt sind. Außerdem hatten alle Einwohner die Möglichkeit, sich im Internet zu informieren. Der Runde Tisch wird abschließend eine Entscheidung zum Standort treffen, die im Einvernehmen erfolgen soll.

Informationen im Internet sind ein Weg, Bürgerinnen und Bürger zu informieren und ihnen Einblick zu verschaffen. Solche Internetpräsentationen sind aber auch nicht ganz billig, sie verlangen seitens der Kommune eine zusätzliche Vorbereitung.

Ein Runder Tisch ist ein Weg, um Einvernehmen zu erzielen. Er ist aber personal-, kosten- und vor allem zeitaufwändig. Es ist nicht sicher, ob hier auch ein Einvernehmen erzielt werden kann. Wenn aber hier eine Einigung gefunden wird, wird diese in der Regel von allen akzeptiert.

Nachdem der Untersuchungsteilnehmer sich seinen jeweiligen Textbaustein durchgelesen hat, muss er eine Reihe von Bewertungen abgeben (siehe Anhang). Es geht um (1) Risikoeinschätzung Mobilfunk, (2) Transparenz der Vorgehensweise, (3) Berücksichtigung von Anliegen der Anwohner, (4) Eignung der Modelle zur Konfliktvermeidung, (5) Vertrauen in Gesundheitsschutz, (6) Eignung zur Reduzierung von Konflikten und (7) Akzeptanz der Standortentscheidung. Dazu wurden 7-stufige Ratingskalen verwendet.

Zum Abschluss hat jeder Teilnehmer Angaben zur eigenen Person zu machen; weiterhin interessierte seine Einstellung zum Mobilfunk (siehe Anhang). Dabei kommen sechs Skalen zum Einsatz, die sich bereits in früheren Untersuchungen bewährt hatten (Wiedemann und Schütz 2004, Wiedemann et al. 2005), um Gruppen mit unterschiedlicher Risikowahrnehmung in Bezug auf den Mobilfunk zu unterscheiden, nämlich eine Gruppe besorgter, eine Gruppe unbesorgter und eine Gruppe unentschiedener Personen.

13.4 Stichprobe

Insgesamt nahmen an dem Experiment N= 225 Versuchspersonen teil. Jeder Vp erhielt 10 € für die Teilnahme an der Untersuchung. Die Rekrutierung erfolgte über Direktansprache in Volkshochschulkursen, Uni-Vorlesungen, Sportvereinen, Kursen des zweiten Bildungsweges (Hauptschul- und Realschulabschluss), Cáfes sowie über E-Mail-Kontaktierung von Probanden, die bereits an Untersuchungen des Instituts für Psychologie und Arbeitswissenschaft (IPA) der TU Berlin teilgenommen hatten.

Von den 225 Vpn sind 119 weiblich (53%) und 106 männlich (47%). Der Altersmedian liegt bei 30 Jahren. In Bezug auf die Schulbildung zeigt die Stichprobe folgende Zusammensetzung:

- Hauptschule: 22 (10%)
- Realschule: 73 (32%)
- Abitur: 67 (30%)
- Hochschule: 63 (28%)

Die Studie wurde im Zeitraum Januar bis April 2005 durchgeführt. Die Vpn wurden sowohl in Einzelbefragungen als auch in Kleingruppen (2-8 Personen) befragt. Das Untersuchungssetting variierte (Unterrichtsräume der Volkshochschule, Seminarraum des IPA der TU Berlin, Arbeitsplatz, Wohnung). Bis auf wenige Ausnahmen wurden alle Befragungen in Berlin durchgeführt. 2 Interviewer (1 weiblich, 1 männlich) führten die Studie durch.

13.5 Ergebnisse

Das vorliegende Experiment kann keine Aussagen darüber machen, wie die Bürgerinnen und Bürger ein Partizipationsverfahren, an dem sie selbst teilgenommen haben, einschätzen oder welche Wirkungen es auf sie hat. Vielmehr gestattet das Experiment nur Aussagen wie die Informationen über die ausgewählten Informations- und Beteiligungsmodelle wirken. Aber: Da nie „Alle" beteiligt werden können, spiegelt sich die experimentelle Situation die Realität der meisten Menschen wider. In diesem Sinne ist eine Verallgemeinerung der Befunde zulässig.

Einfluss von Information und Beteiligung

Das Experiment wurde mittels Kruskal-Wallis-Tests ausgewertet, da die Voraussetzungen für eine ANOVA nicht erfüllt sind. Die Variation der Informationsmodelle (Information der Öffentlichkeit) hat keinerlei signifikante Wirkungen.

Tabelle 24: Ergebnisse der Krusal-Wallis-Tests für die beiden experimentellen Bedingungen

Variable	Information der Öffentlichkeit			Beteiligung an der Entscheidungsfindung		
	χ^2	df	p	χ^2	df	p
fühle mich bedroht	0.023	2	0.989	0.924	2	0.630
transparente Standortfindung	1.141	2	0.565	6.458	2	0.040
Anliegen der Anwohner berücksichtigen	1.408	2	0.495	13.131	2	0.001
Konflikte lösen	0.274	2	0.872	17.724	2	0.000
Vertrauen in Sicherheit beeinflussen	5.359	2	0.069	2.271	2	0.321
Konflikte bei Standortfindung vermeiden	0.289	2	0.865	3.087	2	0.214

	Information der Öffentlichkeit			Beteiligung an der Entscheidungsfindung		
Akzeptanz des Standorts im Wohngebiet	0.251	2	0.882	0.308	2	0.857

Auch der erwartete Effekt einer verbesserten Information auf die Einschätzung der Transparenz des Verfahrens zur Standortfindung tritt nicht ein.

Ob eine Gemeinde die Bürger via Internet oder via öffentliche Informationsversammlung über den Bau von Mobilfunksendemaßnahmen informiert oder nicht, spielt keine Rolle für die Risikowahrnehmung (fühle mich bedroht) sowie für die anderen Variablen. Die Unterschiede sind nie größer als 0,4 Skalenpunkte auf einer 7-stufigen Ratingskala. Dagegen zeigen sich signifikante Effekte des Faktors „Beteiligung an der Entscheidungsfindung" auf die Variablen „transparente Standortfindung", „Berücksichtigung der Anliegen der Anwohner" sowie in Bezug auf die „Lösung bereits bestehender Konflikte bei der Standortfindung der Mobilfunksendestation" (Konflikte lösen).

Abbildung 31: Einfluss der Faktors „Information" auf die abhängigen Variablen

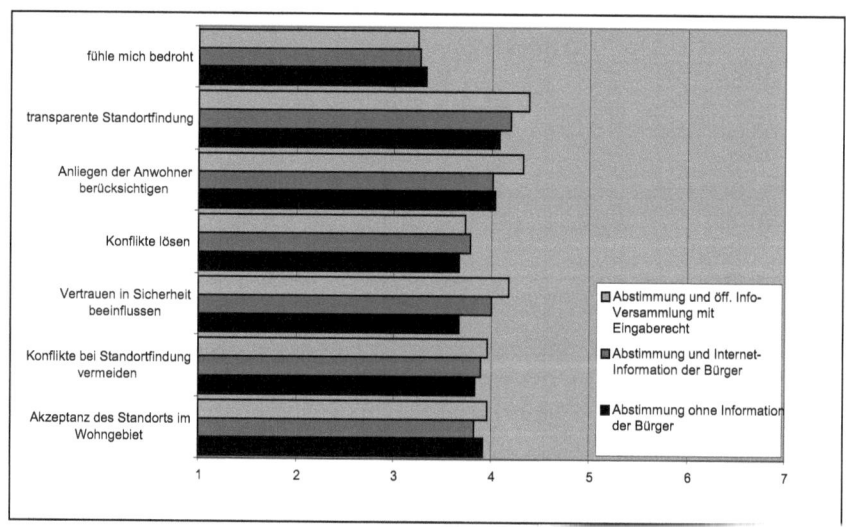

13.5 Ergebnisse

Somit muss die Hypothese, dass Beteiligungsverfahren das Vertrauen in die Sicherheit des Mobilfunks beeinflussen, zurückgewiesen werden. Gleiches gilt für die Hypothese, dass Beteiligungsverfahren dabei helfen, Konflikte zu vermeiden. Die Informations- und Beteiligungsmodelle zeigen auch keine signifikanten Effekte auf Risikowahrnehmung und Akzeptanz.

Betrachtet man die signifikanten Effekte des Faktors „Beteiligung" auf die Variablen „transparente Standortfindung", „Anliegen der Anwohner berücksichtigen" sowie in Bezug auf die „Lösung bereits bestehender Konflikte bei der Standortfindung der Mobilfunksendestation" so fällt auf, dass die Konsenssuche am Runden Tisch hier die signifikanten Unterschiede ausmacht. Dagegen bewirkt das holländische Modell (Mehrheitsentscheidung der Bewohner) keine deutlichen Veränderungen gegenüber der Abstimmung mit den Gemeinden.

Abbildung 32: Einfluss des Faktors „Beteiligung" auf die abhängigen Variablen

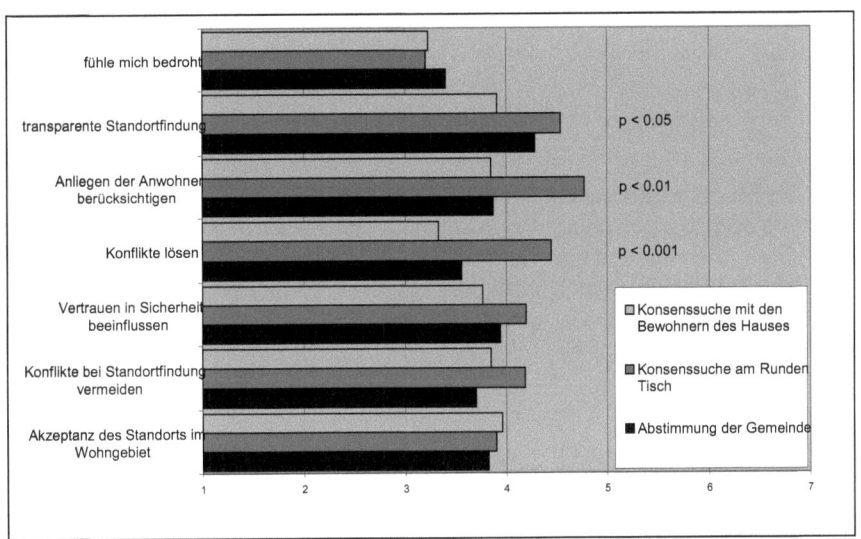

Einfluss der Besorgnis

225 Vpn lassen sich 188 (83,6%) einer der drei Gruppen „Besorgte", „Unsichere" und „Unbesorgte" zuordnen (siehe dazu Studie 1).

Wie erwartet ist die Risikowahrnehmung in den drei Gruppen unterschiedlich. Eine Varianzanalyse mit den drei Gruppen als unabhängige Variablen ergibt eine Signifikanz von p < 0.001 für diesen Unterschied.

Abbildung 33: Mittelwerte und 95%-Konfidenz-Intervalle für die drei Gruppen

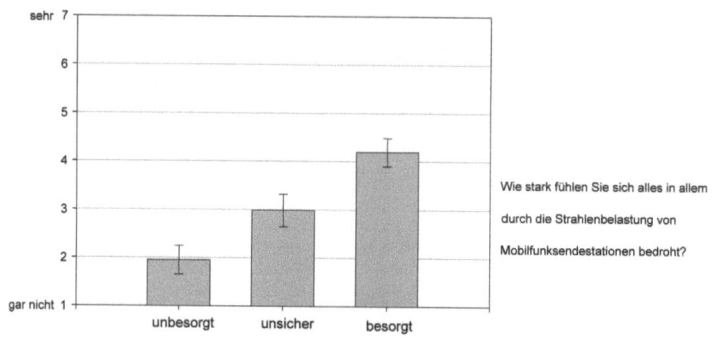

Darüber hinaus zeigen sich keinerlei Effekte auf die untersuchten anderen Variablen. Weder die Bewertung der Akzeptanz, die Einschätzung der Transparenz der Standortfindung und des Vertrauens in die Sicherheit der Mobilfunkanlagen noch die Beurteilung der Konfliktlösungs- und Vermeidungspotenziale unterscheiden sich in den drei Gruppen signifikant.

13.6 Diskussion

Wie bei allen Experimenten gelten natürlich Einschränkungen hinsichtlich der Übertragbarkeit der Ergebnisse auf die Problemlage in den Gemeinden. Hier können keine Aussagen über die Wirkung von tatsächlich in den Gemeinden umgesetzten Maßnahmen gemacht werden. Dazu sind vergleichende Evaluationsstudien nötig, die allerdings sehr aufwändig wären, wenn sie zuverlässige und valide Ergebnisse erbringen sollen. Deswegen ist bei der Interpretation der Ergebnisse Vorsicht nötig. Das vorliegende Experiment ist aber durchaus brauchbar, wenn es um die Abschätzung von Wirkungen von Informationen über durchgeführte Informations- und Beteiligungsmodelle geht. Anders ausgedrückt:

13.6 Diskussion

Es eignet sich, um abzuschätzen, wie Personen reagieren, wenn sie erfahren, dass ihre Gemeinde einen Informationsabend zum Mobilfunk durchführt oder eine eigene Internetseite dazu anbietet. Gleiches gilt für die Beteiligung: Wie reagiert eine Person, wenn sie erfährt, dass ein Runder Tisch zur Standortsuche eingerichtet ist oder die Anwohner über den Antennenstandort abstimmen können?

Die Ergebnisse weisen darauf hin, dass Information und Beteiligung bei der Debatte um akzeptable Verfahren der Standortfindung für Mobilfunksendeanlagen differenziert betrachtet werden müssen.

Beteiligungsmodelle haben einen Einfluss auf die Beurteilung der Transparenz der Standortfindung sowie auf die Einschätzung, ob die Anliegen der Anwohner berücksichtigt werden. Sie werden auch als Chance für Lösung bereits bestehender Konflikte bei der Standortfindung der Mobilfunksendestation angesehen. Dabei ist die Bewertung des Anwohnerabstimmungsmodells (Umfragemodell) allerdings weniger positiv als die Konsenssuche am Runden Tisch.

Die Akzeptanz von Mobilfunkstandorten wird im vorliegenden Experiment nicht von dem Vorhandensein erweiterter Beteiligungsmodelle beeinflusst. Auch das Vertrauen in die Sicherheit von Mobilfunksendeanlagen wird davon nicht vergrößert.

Informationsmodelle schneiden generell schlechter ab. Sie haben keinerlei Einfluss in Bezug auf die untersuchten Variablen. Weder öffentliche Informationsveranstaltungen noch Internetangebote der Gemeinden bewirken eine Veränderung.

Zusammenfassend lässt sich feststellen, dass Information und Beteiligung keine Allheilmittel sind. Ein „Mehr" an Information und Beteiligung bedeutet nicht automatisch akzeptable Standorte und ein Zuwachs an Vertrauen in die Sicherheit des Mobilfunks und schon gar nicht eine veränderte Risikowahrnehmung. Allerdings deuten die Ergebnisse darauf hin, dass Runde Tische einen guten Ruf haben und als Instrumente angesehen werden, um Transparenz zu erhöhen, Anliegen der Anwohner einzubeziehen und Konflikte zu lösen.

14 Zusammenfassende Diskussion und Schlussfolgerungen

In den vorausgehenden Kapiteln wurden Fragen der Risikowahrnehmung und der Risikokommunikation zum Mobilfunk sowie zur Anwendung des Vorsorgeprinzips experimentell untersucht. Ausgangspunkt waren praktische Probleme, für die Lösungen gebraucht werden. Vereinfacht charakterisiert: Welche Besonderheiten zeichnet die Risikokontroverse zum Mobilfunk aus, sind die Ansatzpunkte für das vorsorgende Risikomanagement richtig gewählt und wovon hängt der Kommunikationserfolg ab?

Zu diesem Problemkreis liegen nun Antworten vor, die im vorliegenden Kapitel zusammengefasst und diskutiert werden sollen. Dabei geht es nicht nur um einzelne wissenschaftliche Fragestellungen, sondern auch um Politikberatung als Ganzes: Welche Forschungsstrategie kann der Politik am besten helfen, informierte Entscheidungen in Sachen Risikokommunikation zu treffen? Es soll auch verdeutlicht werden, dass eine Strategie der evidenzbasierten Risikokommunikation gegenüber einem Ansatz der Risikokommunikation, der auf gutem Glauben und bloßen Annahmen beruht, deutliche Vorteile hat.

Die wesentlichen Erträge der fünf Studien sollen im Weiteren in Form von Thesen dargestellt und kommentiert werden. In diesem Zusammenhang soll auch die Position einer evidenzbasierten Risikokommunikation verdeutlicht werden, die dieser Arbeit zugrunde liegt.

Die intuitive Risikowahrnehmung sollte untersucht und nicht ideologisiert werden.

Vor etwa 30 Jahren war es durchaus nicht anstößig festzustellen, dass Laien irren. Dementsprechend wurde auch im linken politischen Lager argumentiert: „Alltagsbewusstsein ist der Modus des Bewusstseins der Individuen, der ihre Bewusstlosigkeit von den gesellschaftlichen Verhältnissen und deren Entstehungsgeschichte ausdrückt. Wie in einer Art Zerrspiegel reflektieren sich in dieser Bewusstseinsfigur Verhaltens- und Handlungsdeterminationen".[44] Im

---

44 Thomas Leithäuser, Formen des Alltagsbewusstseins, Frankfurt/Main 1974, p. 10

Klartext: Alltagsbewusstsein ist bestenfalls unaufgeklärte Unmündigkeit. Das sollte sich ändern: Es dauerte nicht mehr lange bis es Stimmen gab, die die Laien als die Klügeren, zumindest aber als ebenbürtig – verglichen mit den Experten – herausstellten. In fast jeder politischen Diskussion um technikbezogene Risikowahrnehmungen fand sich der Hinweis, dass das Risikokonzept der Laien doch qualitativ facettenreicher und daher ganzheitlich sei und damit – das ist der Kern der Botschaft – dem engen quantitativen Risikoansatz der Experten überlegen sein müsse. Diese Stimmen gibt es auch heute noch. Aber ist das richtig?

Um Missverständnisse zu vermeiden: Hier soll der Laie nicht zum Deppen gemacht werden. Wohl aber wird zur Vorsicht gemahnt, das Kind nicht mit dem Bade auszuschütten. Denn, um Risiken frühzeitig zu erkennen und um sie angemessen managen zu können, ist das beste Wissen gerade gut genug. Und das heißt: Experten hinzuziehen. Dies aus ideologischen Gründen abzulehnen ist ein Spiel mit dem Feuer.

Und weiter: Menschen sind aller Erfahrung nach keine Rechenmaschinen, sie urteilen mit zumeist begrenzter Rationalität. Es gilt anzuerkennen, dass der intuitiven Risikowahrnehmung keine besondere Qualität zukommt; weder in Bezug auf die Fähigkeit, Risiken zu erkennen noch bezüglich der Implikationen für die Demokratie. Was Laien über Risiken wissen und was sie nicht wissen, kann kein Kompass für das Risikomanagement sein. Kein Zweifel sollte jedoch darüber bestehen, dass die Risikowahrnehmung aber eine ernst zu nehmende Größe ist, die sorgfältig studiert werden muss. Die intuitive Risikowahrnehmung ist zu untersuchen und nicht zu ideologisieren.

Risikokommunikation kann auf einer soliden Grundlage aufbauen

Die vorliegende Arbeit versteht sich als ein Beitrag zu einer evidenzbasierten Risikokommunikation. Es geht um den gewissenhaften und vernünftigen Gebrauch der gegenwärtig besten wissenschaftlichen Evidenz für Entscheidungen über die Art und Weise der Risikokommunikation. Sie will damit über die Folgen von Kommunikationsstrategien informieren und solide Entscheidungsgrundlagen bereitstellen.

Die Zeit ist vorbei, in der es reichte, eine Strategie für die Risikokommunikation allein auf der Basis von Gefühlen zu entwickeln. Denn: „Risk communication is not just a matter of good intentions and a thoughtful analysis of motivations. Risk messages must be understood by the recipients, and their impacts and effectiveness must be understood by communicators. To that end, it is not longer appropriate to rely on hunches and intuitions regarding the details of message

14 Zusammenfassende Diskussion und Schlussfolgerungen

formulation." (Morgan und Lave, 1990, 358). Insbesondere im Hinblick auf diese Schlussfolgerung – es reicht nicht aus, sich bei der Risikokommunikation allein auf Intuition zu stützen –, ist Morgan und Lave zuzustimmen. Ansonsten bliebe nicht nur der Erfolg von Risikokommunikation im Dunkeln, sie selbst bliebe eben nur Zufallssache: Ebenso gut wie dem „Bauch" zu folgen, könnten die Entscheidungen über die Art und Weise der Risikokommunikation auch ausgewürfelt werden.

Benötigt wird aber ein evidenzbasierter Ansatz, der es erlaubt, zuverlässige Aussagen zur Wirkung von Risikokommunikation zu machen. Eine solche Vorgehensweise 'helps people make well informed decisions about policies, programmes and projects by putting the best available evidence from research at the heart of policy development and implementation' (Davies 2004, zitiert nach Sutcliffe und Court 2005).

Vor allem gilt es zu beherzigen, dass die Risikokommunikation sich ideologischer Sehnsüchte erwehren muss. Was gut scheint, muss sich nicht unbedingt auch als gut erweisen. Um ein Beispiel zu bringen: Natürlich ist Transparenz ein hehres Ziel und es lassen sich gute Gründe für Bürgerbeteiligung bei Entscheidungen über Risiken vorbringen. Genauso gut lässt sich aber auch argumentieren, dass eine solche Vorgehensweise nur die Gegenseite (die man mit dieser Forderung konfrontiert) in Begründungsverlegenheiten bringt[45]. Was ist nun richtig? Zwar kann man versuchen weitere theoretische Argumente pro und kontra Bürgerbeteiligung vorzubringen. Förderlicher wäre es aber anhand der Empirie zu prüfen, für welche Annahme sich empirische Befunde finden lassen. Es gilt – wo immer das möglich ist – die Fakten sprechen zu lassen oder besser: sie zum Sprechen zu bringen. Damit soll keinem platten Positivismus das Wort gesprochen werden, wohl aber ist es ratsam, schiere Glaubensbekenntnisse kritisch zu hinterfragen.

Wer kommunizieren will, muss wissen, wen er ansprechen kann

Wer kommunizieren will, muss wissen, wen er wie ansprechen kann. Diese Binsenwahrheit gilt auch für das Thema „Mobilfunk und Risiko". Zwei Sachverhalte spielen dabei eine besondere Rolle. Es ist zum einen der Informationsstand und zum anderen das Informationsbedürfnis. Wer keine Informationsbedürfnisse hat, wird kaum an Information interessiert sein. Verknüpft damit ist die Einstellungs- und Bewertungsfrage. Aus theoretischer Sicht spielt dabei das RISP Modell der

---

45 Luhmann äußert sich zu Partizipation wie folgt: „Politisch gesehen handelt es sich zunächst um ein Instrument zur Erzeugung von Begründungsverlegenheiten" (Luhmann 1991, 163).

Risikoinformationssuche und -verarbeitung (risk information seeking and processing model: RISP) von Griffin, Dunwoody und Neuwirth (1999) eine Rolle. Die Studie 1 kann in diesem Lichte auch interpretiert werden. Sie zeigt, dass Besorgte, Unbesorgte und Unentschiedene bezüglich der Risiken des Mobilfunks unterschiedliche Informationen präferieren. Dabei spielt nicht der Neuigkeitswert, sondern der Bestätigungswert der Information die entscheidende Rolle. Das zeigt zum einen die Analyse der Überzeugungskraft von Pro- und Kontra-Mobilfunk-Risiko-Argumenten. Die Besorgten und die Unbesorgten halten durchgängig solche Argumente für überzeugend, die ihrer eigenen Einschätzung des Mobilfunkrisikos entsprechen. Weiterhin halten sie die Argumente für wenig überzeugend, die ihrer eigenen Einschätzung des Mobilfunkrisikos widersprechen. Zum anderen zeigt sich, dass die Bereitschaft, die eigene Risikoeinschätzung zu korrigieren, gering ist. Zwar ist es so, dass Warnungen nach Einschätzung der Untersuchungsteilnehmer einen größeren Einfluss auf ihre eigene Risikoeinschätzung als Entwarnungen haben. Aber wenn man die Gruppen der Besorgten, Unbesorgten und Unentschiedenen getrennt betrachtet, ergibt sich ein verändertes Bild. Warnungen werden von den Besorgten durchweg als sehr viel bedeutsamer für die Veränderung der eigenen Risikobewertung eingeschätzt als Entwarnungen. Dagegen fallen bei den Unbesorgten die Unterschiede zwischen Entwarnungen und Warnungen deutlich geringer aus, verweisen aber auf das gleiche Phänomen. Auch für die Unbesorgten gilt, dass sie überzeugungskonformen Informationen eine höhere Wirkung auf die eigene Risikowahrnehmung zusprechen.

Diese Ergebnisse legen nahe, dass Risikokommunikation, die den Zweck verfolgt, falsches oder einseitiges Risikowissen auszubessern, auf Schwierigkeiten stößt. In der sozialen Wirklichkeit bleibt der „zwanglose Zwang des besseren Arguments" eine – wohlgemeinte – Fiktion. Denn jedes Argument wird daran gemessen, ob es die eigenen Überzeugungen stützt. Ist das nicht der Fall, so entfaltet es kaum Wirkung, jedenfalls nach der Auffassung der Befragten.

Für die praktische Risikokommunikation ergeben sich so zwei Schlussfolgerungen. Zum ersten muss davon ausgegangen werden, dass Information über Risiken immer wirksamer ist als Information über Sicherheit. Das ist zwar nicht neu, wird aber immer wieder ausgeblendet. Zum zweiten kann Risikokommunikation immer nur die Perzeption der „Unentschiedenen" verändern. Die Entschiedenen, also jene, die eine Risikobewertung entwickelt haben, suchen sich nur noch die einstellungskonformen Informationen heraus. Da die Besorgten in stärkerem Ausmaß als die Unbesorgten dieser Tendenz zu Bestätigungsfehler folgen, ist Entwarnen schwieriger als Warnen.

14 Zusammenfassende Diskussion und Schlussfolgerungen

Auch in der vorliegenden Studie zeigt sich die Tendenz zur stärkeren Beachtung und Gewichtung negativer Informationen (vgl. Rozin und Royzman 2001). Information, die auf (mögliche) Risiken verweist, wird eher geglaubt als Information, die gegen das Bestehen eines Risikos spricht (Siegrist und Cvetkovich 2001). Unter solchen Bedingungen wird der Risikoverdacht zur glaubwürdigsten Botschaft.

Die Risikokommunikation steht damit vor dem Problem zu prüfen, welche Methoden sich eignen, um einmal entwickelte Einstellungen und Bewertungen zu verändern. Damit hängen auch ethische Fragen zusammen: Was ist erlaubt, was nicht? Ist es beispielsweise ethisch zu vertreten, die Risikowahrnehmung über Tricks und damit jenseits der kritischen Reflexion der Betroffenen zu beeinflussen?

Ohne Wissen über die kognitiven Modelle der Rezipienten ist Risikokommunikation ohne sicheren Boden

Die Studie zur Wirkung von Vorsorgeinformationen beim Handy ging von zwei Fragen aus: Ist der SAR-Wert ein entscheidungsrelevanter Parameter, den die Konsumenten bei ihren Kaufentscheidungen einbeziehen? Und: Auf welche Weise beeinflussen Vorsorge-SAR-Werte die Risikowahrnehmung? Damit werden Annahmen geprüft, die der Labeling-Strategie der Risikokommunikation zugrunde liegen. Sie besagt: Informiere den Konsumenten über mögliche Risiken oder/und besondere Schutzmaßnahmen, damit dieser sich informiert entscheiden kann.

Studie 2 demonstriert, dass Menschen dem SAR-Wert für ihre Kaufintentionen einen hohen Wert beimessen, d.h. sie geben an, dass dieser Wert bei ihren Planungen bezüglich des Kaufes eines Handys einen wesentlichen Stellenwert hat. Ob sich diese Präferenz allerdings beim Kauf auch zeigt, ist eine andere Frage (siehe dazu Loewenstein 2005): Menschen können offenbar Ihre Präferenzen eher schlecht voraussagen. Unberührt davon bleibt jedoch, dass die hohe Präferenz für den SAR-Wert ein Zeichen für die Wertschätzung dieses Merkmals ist, auch wenn daraus nicht unbedingt ein entsprechendes Kaufverhalten folgt.

Das interessantere Resultat der Studie 2 betrifft allerdings die Auswirkungen der Information über Vorsorge auf die Risikowahrnehmung. Die Studie zeigt, dass Menschen keine signifikant erhöhte Sicherheit sehen, wenn sie darüber informiert sind, dass ihr Handy selbst den Vorsorgegrenzwert unterschreitet. Und weiter: Weder der Hinweis, dass dieser Vorsorgegrenzwert vom Bundesamt für Strahlenschutz stammt, noch der entsprechende Hinweis, dass der

Vorsorgegrenzwert von den Verbraucherschutzverbänden kommt, verändert die Risikowahrnehmung signifikant. Sicherheit wird subjektiv vielmehr als inkrementelle Größe und nicht mittels eines Schwellen-Wert-Modells konzipiert: Je niedriger der SAR-Wert, desto besser. Das bedeutet, dass es kein sicheres Handy gibt; Menschen gehen immer von einem Risiko aus. Dabei ist besonders hervorzuheben, dass offenbar auch die Unbesorgten eine solche Auffassung teilen. Das vorliegende Experiment benötigt allerdings – um diese Ergebnisse als gesichert bewerten zu können – noch einer Replikation.

Risikokommunikation, die auf Grenzwerte zurückgreift, steht damit vor der Aufgabe zu ermitteln, ob das Grenzwertkonzept überhaupt in den mentalen Modellen der Empfänger der Kommunikation verankert ist. Ohne eine solche Verankerung muss jede Kommunikation mit Grenzwerten scheitern. Somit kann zwar Johnson und Chess (2003) zugestimmt werden, dass der Verweis auf das Einhalten von Grenzwerten nur von begrenzter Wirksamkeit für die Beruhigung bestehender Risikobefürchtungen ist. Ein Grund dafür ist, dass das Grenzwertmodell in seiner Ganzheit auf kognitive Barrieren trifft. Wenn die Risikowahrnehmung auf einem inkrementellen Modell basiert, kann der Hinweis auf einen Schwellenwert nichts bewirken.

Es macht außerdem wenig Sinn, technische Informationen wie den SAR-Wert, der zudem noch eine stetige quantitative Variable ist, selbst als Sicherheitslabel zu nutzen. Ansatzpunkt für das Labeling sollten vielmehr explizite Sicherheitsinformationen sein, die zu einem qualitativen Gütesiegel verdichtet werden. So könnte analog zum „Blauen Engel" ein Sicherheitsengel kreiert werden, der nur für strahlungsarme Handys vergeben wird. Eine solche Etikettierung wäre, wenn sie als glaubwürdig wahrgenommen würde, für die Verbraucherinnen und Verbraucher besser zu verstehen und wegen ihrer symbolischen Form auch besser zu kommunizieren.

Unter Vorsorgeaspekten lässt sich somit feststellen, dass zwar die Information über den SAR-Wert für eine vorsorgeorientierte Kaufentscheidung relevant ist, der Vorsorgewert jedoch keinen Einfluss auf die Risikowahrnehmung hat. Damit steht die praktische Risikokommunikation, zu deren Standardmethoden das Labeling gehört, vor einem Dilemma: Was kann man tun, um die Verbraucher zu unterstützen, sichere Handys zu kaufen? Die Lösung, die sich andeutet, besteht in der Kreation eines symbolischen Sicherheitslabels, der hierzu skizzierte Vorschlag muss jedoch noch weiter ausgearbeitet und evaluiert werden.

Darüber hinaus zeigt die Studie, dass jede Argumentation mit Grenzwerten, beispielsweise auch bei Messkampagnen, sehr vorsichtig sein muss. Denn jede Information über die Exposition mit EMF etwa in der Nähe einer Basisstation, die in Prozentwert des Grenzwertes angegeben wird („Der Grenzwert wird zu 0,1

14 Zusammenfassende Diskussion und Schlussfolgerungen

% ausgeschöpft") baut darauf, dass der Grenzwert als Markierung zwischen Sicherheit und Risiko akzeptiert wird. Das ist offenbar aber nicht der Fall.

Vorsorgeinformationen müssen auf ihren Signalwert geprüft werden

Vorsorge soll helfen, mehr Sicherheit herzustellen und gesundheitliche Sorgen zu mindern – soweit der Anspruch. Information über Vorsorgemaßnahmen befördern *nicht* – wie immer wieder erwartet – das Vertrauen in das Risikomanagement. Sie helfen auch nicht, Risikobefürchtungen abzubauen. Diese Befunde konnten repliziert werden. Sowohl die Studie 3 als auch die Studie 4 ergeben ein konsistentes Bild. Vorsorge wird als Gefahrenhinweis interpretiert. Insbesondere die Nennung von affektgetönten Vorsorgemaßnahmen wird als Gefahrenhinweis verstanden und führt zu einer Erhöhung in der Risikowahrnehmung. Auch Barnett et al (2007) kommen in einer quasi-experimentellen Studie zur Wirkung von Vorsorgeinformationen zu einem ähnlichen Resultat bei ihrer Analyse der Wirkungen von Informationen zum vorsorglichen Umgang mit Mobiltelefonen.

Insbesondere dann, wenn Vorsorgemaßnahmen (als Managementstrategie) den erhöhten Schutz von sensiblen Bereichen (Kindergärten, Spitäler, Schulen etc.) thematisieren, fühlen sich die Probanden durch den Mobilfunk stärker bedroht. Es kann angenommen werden, dass diese affektiv besetzten Schlüsselreize die Risikowahrnehmung „triggern". Dieser Schluss ist plausibel, ob aber tatsächlich eine affektive Mediatorvariable wirksam wird, müsste in einer nachfolgenden Untersuchung geklärt werden.

Man könnte sich nun auf den Standpunkt stellen, dass etwas mehr an Risikowahrnehmung kein Schaden, sondern ein Vorteil ist. Denn, so die Hoffnung, mehr Risikowahrnehmung führt zu einem vorsichtigeren Verhalten. Aber um welchen Preis? Zum einen sind – legt man die Definition von Gesundheit der Weltgesundheitsorganisation WHO zugrunde – Einbußen an Wohlbefinden (und dazu führen Befürchtungen) selbst Einbußen an Gesundheit. Zum anderen weiss man ja nicht, ob überhaupt ein Risiko vorliegt. Jedenfalls gibt es dafür keinen Beweis. Damit verknüpft ist die Frage, welche Vorsorgemaßnahmen denn wie schützen?[46] Außerdem führt es zu dem Problem, wie groß die Verdachtsmomente sein müssen, um zu warnen bzw. das Vorsorgeprinzip anzuwenden.

Für die Vorsorgekommunikation ergibt sich so keine erfreuliche Lage: Wer beruhigen will erzeugt oder verstärkt Risikobefürchtungen. Gesundheitsschutz

---

46   Dazu das Australische Parlament „...it has not been possible to estimate or quantify with any degree of accuracy the extent of a safety margin that needs to be prescribed in standards to be properly protective of the risk to the public" (Australia, 2001).

durch Vorsorgemaßnahmen hat folglich solche „Nebeneffekte" zu beachten. Die Warnung der WHO, nämlich „that such policies be adopted only under the condition that scientific assessments of risk and science-based exposure limits should not be undermined by the adoption of arbitrary cautionary approaches" (WHO 2000) kann hier nur zugestimmt werden. Es geht darum, Vorsorgemaßnahmen in eine angemessene Perspektive zu stellen, die Fehlschlüsse vermeiden hilft. Eine Lösung dieser Problematik ist aber noch nicht in Sicht.

Möglicherweise sind hier Framing-Effekte der Schlüssel zum Erfolg (siehe Kühberger 1998, Levin, Schneider and Gaeth 1998). Dabei geht es nicht nur um das klassische Problem der Abhandlung von Entscheidungsoptionen als Gewinn oder Verlust (Tversky and Kahneman 1981, McNeil et al. 1982), sondern in einem mehr generellen Sinne um die Rahmung in einer spezifisch emotionalen Perspektive (Johnson and Tversky 1983, Sandman et al. 1993). Es wäre zu prüfen, ob ein Framing von Vorsorgemaßnahmen als „Gewinn von Sicherheit" versus „Reduktion von Risiko" einen Unterschied erbringt. Eine solche Studie steht aber noch aus. Bis dahin müssen Informationen über Vorsorgemaßnahmen auf ihre Wirkungen sorgsam getestet werden und es ist die Botschaft zu wählen, die die geringsten Nebenwirkungen aufweist.

Die Effekte der Information über Unsicherheit sind schwach.

Zur Wirkung von Informationen über Unsicherheit liegen bislang inkonsistente Ergebnisse vor. Man kann zwar davon ausgehen, dass tendenziell Ambiguität vermieden wird, d.h. Menschen ziehen in der Regel sichere Optionen unsicheren Optionen vor (siehe Camerer und Weber 1992). Aber da selbst bei Entscheidungen diese Ambiguitätsaversion nicht immer gilt, ist es auch unklar, wie sich Informationen über Unsicherheiten bei der Risikocharakterisierung auswirken sollten.

So sind die Untersuchungen, die dem psychometrischen Paradigma von Slovic folgen, eher eine Bestätigung dafür, dass Unsicherheit keinen Effekt auf die Risikowahrnehmung hat (Slovic, Fischhoff und Lichtenstein 1985). Denn in der faktorenanalytischen Studie hat der zweite Faktor, auf dem Variable wie Bekanntheit/Unbekanntheit des Risikos, Neuigkeit des Risikos in der Wissenschaft und Vertrautheit mit dem Risiko hoch laden, nur einen marginalen Einfluss auf das wahrgenommene Risiko.

Andererseits verweist die Untersuchung von Miles und Frewer (2003) auf einige Wirkungen. Dabei haben Unsicherheiten bezüglich des Risikomanagements, der Größe des Risikos sowie der Interspezies-Generalisierung den größten Effekt auf das wahrgenommene Risiko. Die Studie zeigt weiterhin, dass der

14 Zusammenfassende Diskussion und Schlussfolgerungen

Einfluss von Unsicherheiten auf die Risikowahrnehmung kontextspezifisch ist. Es kommt beispielsweise also darauf an, ob BSE- oder Pestizid-Risiken abgeschätzt werden.

In den beiden Studien (siehe Kapitel 12 und 13), die sich mit Unsicherheit befassen, zeigt sich, dass Informationen über die Unsicherheit bezüglich des Schutzumfangs („Manche Wissenschaftler sind der Auffassung, dass es erhebliche Unsicherheiten darüber gibt, ob der gegenwärtige Schutz vor Elektrosmog ausreicht.") nur schwache Effekte bewirken. Im dritten Experiment fanden sich für Unsicherheit keine Effekte auf Risikowahrnehmung, Qualität des wissenschaftlichen Erkenntnisstandes und Vertrauen in den Gesundheitsschutz. Als mögliche Gründe für dieses negative Ergebnis wurde in Kapitel 7 eine zu geringe Power oder eine zu schwache experimentelle Variation der Unsicherheitsbedingung diskutiert. Die Replikationsstudie (Experiment 4) zeigt jedoch für die Risikowahrnehmung und das Vertrauen in das Risikomanagement ebenfalls keine signifikanten Effekte. Nur im Hinblick auf die Einschätzung der Qualität des wissenschaftlichen Erkenntnisstandes gab es in der französischsprachigen Teilstichprobe eine signifikante Wirkung. Dort, wo Unsicherheit thematisiert wurde, wurde die Qualität höher eingeschätzt.

Sieht man von diesem eher schwer zu interpretierenden Resultat ab, so bleibt nur die erstaunliche Feststellung: Die vorliegenden Befunde legen es nahe, dass Informationen über Unsicherheiten keine signifikanten Auswirkungen auf die Risikowahrnehmung haben. Dabei ist aber im Auge zu behalten, dass Unsicherheit hier als „Unsicherheit über die Angemessenheit von Schutzmaßnahmen" operationalisiert wurde.

Eine Erklärung dieses Befundes, der die gängige Logik des Vorsorgeprinzips sprengt, ist das Unbehagen der Öffentlichkeit bezüglich der gegenwärtig installierten Schutzmaßnahmen, insbesondere bezüglich der Grenzwerte (vgl. Wiedemann 1999). Möglicherweise wird davon ausgegangen, dass es keinen 100%-igen Schutz gibt, wie die Studie 2 (siehe Kapitel 11) nahe legt. Dort zeigt sich ja, dass Laien kein Schwellenwertmodell bezüglich der Sicherheit von Handys haben. Gleiches könnte bezüglich der Grenzwerte und Vorsorgewerte bei Basisstationen gelten. Anders formuliert: Da Informationen über Schutzmaßnahmen nicht als Sicherheitsinformationen wahrgenommen werden, macht es auch keinen Unterschied, wenn darauf hingewiesen wird, dass es erhebliche Unsicherheiten darüber gibt, ob diese Maßnahmen ausreichen.

Bei künftigen Studien zur Wirkung der Kommunikation von Unsicherheit ist demnach genau zu achten, auf welche Aspekte sich die Unsicherheit bezieht: auf die Wissenslage über das Risiko, auf die Größe des Risikos oder auf die Angemessenheit der Schutzmaßnahmen.

Information und Partizipation sind nur bedingt in der Lage, Risikokonflikte zu lösen

Die Frage der Lösung von Risikokonflikten stößt verständlicherweise auf großes Interesse. In der Literatur zur Konfliktlösung wie zur Risikokommunikation gibt es dazu Standardvorschläge: Sie beziehen sich auf die Überzeugung, dass Konflikte durch Partizipation der Betroffenen reduziert, wenn nicht gar gelöst werden können. Die empirische Basis für diese Überzeugung ist allerdings eher schwach. Es gilt, was O'Leary in Bezug auf die Umweltmediation geäußert hat:

„How do we know what we know? We know what we know primarily through atheoretical case studies, „wisdom" derived from the experiences of environmental mediators, and conceptual thinking. There is little rigorous empirical evidence. . . . We need survey research and additional comparative case studies that examine not just the spectacular cases but also the less-spectacular, less successful cases of environmental mediation. Moreover, we need additional studies of what interventions are more likely to be successful than others under what conditions, as well as long-range longitudinal studies of the outcomes of environmental mediation efforts. . . . Most important, we need an adequate theoretical base from which researchers can predict effects, test them, and ascertain, in a more systematic and rigorous fashion, the impact of environmental mediation." (O'Leary1995, 32; zitiert nach Campell 2003)

In den wenigen existierenden Untersuchungen zu Umweltkonfliktlösungen gibt es jedoch Hinweise, dass vor allem psychologische Probleme deren Dynamik bestimmen. Sie sind Ausdruck der Konflikteskalation. Dazu gehören u.a. Misstrauen, konfligierende Werte, grundlegende Differenzen in den Problem- und Lösungsansichten sowie persönliche Abneigungen unter den Konfliktpartnern (siehe Susskind et al. 1999). Ob diese durch mehr Information, Dialoge oder gar Beteiligung immer ausgeräumt werden können, ist nicht bewiesen.

Mit der Studie 5 wurde eine spezielle Problematik in den Mittelpunkt gerückt. Wie wirken Informationen über Informationsaktivitäten und Beteiligungsverfahren auf die Anwohner im nachbarschaftlichen Umfeld, wenn eine Sendestation für den Mobilfunk gebaut werden soll? Beruhigt das Wissen um solche Verfahren, schafft es Vertrauen und verhilft es zu mehr Akzeptanz?

Die Ergebnisse der Studie 5 weisen darauf hin, dass Informations- und Beteiligungsverfahren bei der Debatte um akzeptable Verfahren der Standortfindung für Mobilfunksendeanlagen differenziert betrachtet werden müssen.

Informationsmodelle schneiden generell schlechter ab. Sie haben keinerlei Einfluss in Bezug auf die untersuchten Variablen. Weder öffentliche Informationsveranstaltungen noch Internetangebote der Gemeinden bewirken eine Veränderung.

14 Zusammenfassende Diskussion und Schlussfolgerungen

Beteiligungsmodelle haben einen Einfluss auf die Beurteilung der Transparenz der Standortfindung sowie auf die Einschätzung, ob die Anliegen der Anwohner berücksichtigt werden. Sie werden auch als Chance für Lösung bereits bestehender Konflikte bei der Standortfindung der Mobilfunksendestation angesehen. Dabei ist die Bewertung des Anwohnerabstimmungsmodells allerdings weniger positiv als die Konsenssuche am Runden Tisch. Allerdings wird die Akzeptanz von Mobilfunkstandorten nicht von Beteiligungsverfahren beeinflusst. Auch das Vertrauen in die Sicherheit von Mobilfunksendeanlagen wird davon nicht vergrößert. Der Nutzen ist also begrenzt.

Da die vorliegende Studie die erste im Bereich des Mobilfunks ist, sind weitere Untersuchungen notwendig, die zeigen, ob die Effekte auch stabil sind.

Außerdem sollten in Zukunft vor allem Feldexperimente und Evaluationsstudien durchgeführt werden, die prüfen, ob die vorliegenden Befunde sich auf die Praxis übertragen lassen oder ob sich in realen Situationen andere Präferenzen ergeben (vgl. Loewenstein 2005).

Überhaupt wäre es von Nutzen, die in den vorliegenden Experimenten weitgehend ausgeklammerten affektiven Einflüsse auf die Risikowahrnehmung näher zu betrachten. Denn es ist anzunehmen, dass auch bei Vorsorgemaßnahmen affektive Einflüsse wirksam werden können. Ein möglicher Ansatz besteht darin, das Konzept der Risiko-Story auf die Bewertung von Vorsorge anzuwenden. Denn Risiko-Stories haben nicht nur einen Effekt auf das Verstehen von Risikoinformationen (vgl. Finucane und Satterfield 2005). Sie beeinflussen auch die Risikowahrnehmung. Die Darstellung eines „objektiv" gleichen Risikos kann zu unterschiedlichen Beurteilungen führen, je nachdem ob die Darstellung Empörung hervorruft oder aber Nachsicht bewirkt bzw. neutral ist. Darstellungen, die Empörung induzieren, führen zu höheren Risikourteilen als Darstellungen, die neutral sind oder Nachsicht mit dem Risikoverursacher nahe legen (Wiedemann et al. 2003). Es wäre reizvoll, ähnliche Untersuchungen mit Bezug zum Vorsorgeprinzip durchzuführen.

Die vorliegenden Studien zur Wirkung von Vorsorgemaßnahmen bei Mobilfunk auf Risikowahrnehmung, Vertrauen und Akzeptanz demonstrieren anschaulich die Notwendigkeit einer evidenzbasierten Risikokommunikation. Sie zeigen allesamt, dass Common-Sense-Erwartungen nicht zum Maßstab erhoben werden sollten, wenn es um die Entwicklung und Fokussierung von Risikokommunikationsstrategien geht. Zu leicht verfallen auch Experten – wenn sie sich nicht auf empirische Studien, sondern nur auf ihre Meinungen stützen – einem Optimismus-Bias und hoffen, dass das, was sie für angemessen und richtig halten, auch angemessen und richtig ist. Dem ist aber nicht so, wie die hier vorgestellten Studien zeigen.

Insgesamt verweisen die Studien darauf, dass Kommunikation über Vorsorge eher keine oder negative Resultate erbringt. Das muss nachdenklich stimmen und mahnt zu einem vorsichtigen Umgang mit Vorsorgemaßnahmen in den Kommunen. Daraus aber den Schluss zu ziehen, dass Vorsorge nicht notwendig sei, hieße aber das Kind mit dem Bade auszuschütten. Natürlich bleibt die Frage bestehen, ob und wie bei unklaren Risiken Vorsorgemaßnahmen einzuleiten sind, um die Bevölkerung zu schützen. Damit wird aber eine andere Frage aufgeworfen, die in der vorliegenden Arbeit nicht aufgegriffen wurde: Wie viel Evidenz ist Evidenz genug, um begründet Vorsorgemaßnahmen einzuleiten?

15 Literatur

Abels, G., Bora, A. (2004): Demokratische Technikbewertung. Bielefeld: transcript Verlag.
Ajzen, I., Fishbein, M. (1977): Attitude-behavior relations: A theoretical analysis and review of empirical research. Psychological Bulletin, 84(5), 888-918.
Alhakami, A.S., Slovic, P. (1994): A psychological study of the inverse relationship between perceived risk and perceived benefit. Risk Analysis, 14(6), 1085-1096.
Ames, B.N., Gold, L.S. (1990): Falsche Annahmen über die Zusammenhänge zwischen der Umweltverschmutzung und der Entstehung von Krebs. Angewandte Chemie, 102, 1233-1246.
Bar-Hillel, M. (1980). The base-rate fallacy in probability judgments. Acta Psychologica, 44, 211-233.
Barnett, J., Timotijevic, L., Shepherd, R., Senior, V. (2007). Public responses to precautionary information from the Department of Health (UK) about possible health risks from mobile phones. Health Policy, In press
Barry, D. (2004): Risk, communication and health psychology. London: Open University Press.
Beierle, T. C. (1999): Using social goals to evaluate public participation in environmental decisions. Policy Studies Review, 16(3–4), 75–103.
Berry, D.C., Raynor, D.K., Knapp, P., Bersellini, E. (2003): Patients' understanding of risk associated with medication use: impact of European commission guidelines and other risk scales. Drug Safety, 26, 1, 1-11.
Betsch, T., Pohl, D. (2002): Tversky and Kahneman's availability approach to frequency judgement: A critical analysis. In P. Sedlmeier, T. Betsch (Eds.), ETC. Frequency processing and cognition. New York, NY: Oxford University Press, 109-119.
Beyth-Marom, R. (1982): How probable is probable? A numerical translation of verbal probability expression. Journal of Forecasting, 1, 257-269.
BMU (2001): Selbstverpflichtung der Mobilfunkbetreiber vom 05.12.01 „Maßnahmen zur Verbesserung von Sicherheit und Verbraucher-, Umwelt- und Gesundheitsschutz, Information und vertrauensbildende Maßnahmen beim Ausbau der Mobilfunknetze" (im Bundeskanzleramt eingegangen am 06.12.01). Bundesministerium für Umwelt, Naturschutz und Reaktorsicherheit.
Bord, R.J., O'Connor, R.E. (1992): Determinants of risk perceptions of a hazardous waste site. Risk Analysis, 12, 411-416.
Bostrom, A., Fischhoff, B., Morgan, M.G. (1992): Characterizing mental models of hazardous processes: A methodology and an application to radon. Journal of Social Issues, 48(4), 85-100.

Bostrom, A., Atman, C.J., Fischhoff, B., Morgan, M.G. (1994): Evaluating risk communications: completing and correcting mental models of hazardous processes, Part II. Risk Analysis, 14(5), 789-798.

Bottorff, J.L., Ratner, P.A., Johnson, J.L., Lovato, C.Y., Joab, S.A. (1998): Communicating cancer risk information: The challenges of uncertainty. Patient Educ Couns, 33(1), 67-81.

Bremer Senat (o.J.): Elektromagnetische Felder (EMF). Bremen: Senator für Arbeit, Frauen, Gesundheit, Jugend und Soziales, Bremen, Gesundheit in Bremen. Available: http://www.gesundheit-in-bremen.de/gesundheitsschutz/gesundheitsschutz2_1.html [accessed 6.10. 2004].

Brenot, J., Bonnefous, S., Marris, C. (1998): Testing the cultural theory of risk in France. Risk Analysis, 18, 729-739.

Brun, W., Teigen, K. H. (1988): Verbal probabilities: ambiguous, context-dependent, or both? Organizational Behavior and Human Decision Processes, 41, 390-404.

Budescu, D.V., Wallsten, T.S. (1985): Consistency in interpretation of probabilistic phrases. Organizational Behavior and Human Decision Processes, 36, 391-405.

Budescu, D.V., Wallsten, T.S. (1995): Processing linguistic probabilities: General principles and empirical evidence. The Psychology of Learning and Motivation, 32, 275–318

Büllingen, F., Hillebrand, A., Rätz., D. (2004): Alternative Streitbeilegung in der aktuellen EMVU-Debatte (WIK-Diskussionsbeiträge, 258). Bad Honnef: WIK, Wissenschaftliches Institut für Kommunikationsdienste.

Büllingen, F., Hillebrand, A., Wörter, M. (2002): Elektromagnetische Verträglichkeit zur Umwelt (EMVU) in der öffentlichen Diskussion – Situationsanalyse, Erarbeitung und Bewertung von Strategien unter Berücksichtigung der UMTS-Technologien im Dialog mit dem Bürger. Studie im Auftrag des Bundesministeriums für Wirtschaft und Technologie (BMWi). WIK Consult, Bad Honnef.

Burgess, A. (2004): Cellular phones, public fears, and a culture of precaution. Cambridge: Cambridge University Press.

Burns, W.J., Slovic, P., Kasperson, R.E., Kasperson, J.X., Renn, O., Emani, S. (1993): Incorporating structural models into research on the social amplification of risk: Implications for theory construction and decision making. Risk Analysis, 13(6), 611-623.

Camerer, C. F., Kunreuther, M.(1989): Decision processes for low probability events: Policy implications.Journal of Policy Analysis and Management 8(4), 565-92.

Campbell, M.C. (2003): Intractability in Environmental Disputes: Exploring a Complex Construct Journal of Planning Literature. 17: 360-371

Chaiken, S. (1980): Heuristic versus systematic information processing and the use of source versus message cues in persuasion. Journal of Personality and Social Psychology, 39(5), 752-766.

Chaiken, S., Liberman, A., Eagly, A.H. (1989): Heuristic and systematic processing within and beyond the persuasion context. In J.S. Uleman, J.A. Bargh (Eds.), Unintended thought. New York: The Guilford Press, 212-252.

15 Literatur

Champaud, C., Bassano, D. (1987): Argumentative and informative functions of french intensity modiviers „presque" (almost), a „peine" (just, barely) and „a peu pres" (about): an experimental study of children and adults. European Bulletin of Cognitive Psychology, 7, 6, 605-631.

Chess, C. (2001): Organizational theory and the stages of risk communication. Risk Analysis, 21(1), 179-188.

Chess, C., Hallman, W. (1995): Communicating about electromagnetic fields: What do we know? What should we know? New Brunswik, NJ: Rutgers University.

Coates, J.F., Coates, V.T., Jarrat, J., Heinz, L. (1986): Issues Management. How You Can Plan, Organize and Manage For The Future. Mt. Airy, Lomond Publications, Inc.

Combs, B., Slovic, P. (1979): Newspaper Coverage of Causes of Death. Public Opinion Quarterly, 56(4), 837-843, 849.

Coombs, W T. (1995): Choosing the right word: the development of guidelines for the selection of the 'appropriate' crisis response strategies. Management Communication Quarterly 8; 447-476.

Covello, V.T. (1991): Risk comparisons and risk communication: Issues and problems in comparing health and environmental risks. In R.E. Kasperson, P.J.M. Stallen (Eds.), Communicating risks to the public. International perspectives. Dordrecht: Kluwer, 79-124.

Covello, V.T., von Winterfeldt, D., Slovic, P. (1986): Risk communication: A review of literature. Risk Abstracts, 3, 171-181.

Covello, V.T., Slovic, P., von Winterfeldt, D. (1988): Disaster and crisis communications: Findings and implications for research and policy. In H. Jungermann, R.E. Kasperson und P.M. Wiedemann (Eds.), Risk Communication. Proceedings of the International Workshop on Risk Communication, October 17-21, 1988. Jülich: KFA Jülich, 131-154.

Covello, V.T., von Winterfeldt, D., Slovic, P. (1987): Communicating scientific information about health and environmental risks: Problems and opportunities from a social and behavioral perspective. In: J.C. Davies, V.T. Covello and F.W. Allen (Eds.), Risk communication. Proceedings of the National Conference on Risk Communication, held in Washington, D.C., Jan. 29-31, 1986. Washington, DC: The Conservation Foundation, 109-134.

Covello, V.T., Sandman, P.M., Slovic, P. (1988): Risk communication, risk statistics, und risk comparisons: A manual for plant managers. Washington, DC: Chemical Manufactures Association.

Covello, V.T., McCallum, D.B., Pavlova, M.T. (1989): Principles and guidelines for improving risk communication. In: V.T. Covello, D.B. McCallum, M.T. Pavlova (Eds.), Effective risk communication. New York: Plenum Press, 3-16.

Cox, P., Niewöhner, J., Pidgeon, N., Gerrard, S., Fischhoff, B., Riley, D. (2003): The Use of Mental Models in Chemical Risk Protection: Developing a Generic Workplace Methodology. Risk Analysis, 23(2), 311-324.

Cvetkovich, G., Vlek, C., Earle, T.C. (1989): Designing technological hazard information programs: Towards a model of risk-adaptive decision making. In: C. Vlek, G. Cvetkovich (Eds.), Social decision methodology for technological projects. Dordrecht: Kluwer Academic Publishers, 253-276.

Daele von, W. (1993): Hintergründe der Wahrnehmung von Risiken der Gentechnik: Naturkonzepte und Risikosemantik. In: Bayerische Rück (Hg.), Risiko ist ein Konstrukt. Wahrnehmungen zur Risikowahrnehmung. München: Knesebeck, 169-191.

Dake, K. (1991): Orienting dispositions in the perception of risk: An analysis of contemporary worldviews and cultural biases. Journal of Cross-Cultural Psychology, 22, 61-82.

Dake, K. (1992): Myths of nature: Culture and the social construction of risk. The Journal of Social Issues, 48, 21-37.

Dawes, R.M. (1988): Rational Choice in an Uncertain World. San Diego: Harcourt Brace Jovanovich.

Denes-Raj, V., Epstein, S. (1994): Conflict between intuitive and rational processing: When people behave against their better judgment. Journal of Personality and Social Psychology, 66(5), 819-829.

DeSteno, D., Petty, R.E., Wegener, D.T., Rucker, D.D. (2000): Beyond valence in the perception of likelihood: The role of emotion specificity. Journal of Personality and Social Psychology, 78(3), 397-416.

DIFU – Deutsches Institut für Urbanistik (2005): Jahresgutachten 2004 zur Umsetzung der Zusagen der Selbstverpflichtung der Mobilfunkbetreiber. Berlin, DIFU.

Dinoff, B.L., Kowalski, R.M. (1999): Reducing aids risk behavior: The combined efficacy of protection motivation theory and the elaboration likelihood model. Journal of Social and Clinical Psychology, 18(2), 223-239.

Doble, J. (1995): Public opinion about issues characterized by technological complexity and scientific uncertainty. Public Understanding of Science, 4(2), 95-118.

Douglas, M., Wildavsky, A. (1982): Risk and culture. Berkely: University of California.

Earle, T.C., Cvetkovich, G., Slovic, P. (1990): The effects of involvement, relevance and ability on risk communication effectiveness. In K. Borcherding, O.I. Larichev and D.M. Messick (Eds.), Contemporary issues in decision making. Amsterdam: North-Holland, 271-289.

Easterbrook, J. A. (1959): The effect of emotion on cue utilization and the organisation of behaviour. Psychological Review, 66, 183-201.

Erev, I., Cohen, B.L. (1990): Verbal versus numerical probabilities: Efficiency, biases, and the preference paradox. Organizational Behavior and Human Decision Processes, 45(1), 1-18.

Femers, S. (1993): Information über technische Risiken: Zur Rolle fehlenden direkten Erfahrbarkeit von Risiken und den Effekten abstrakter und konkreter Informationen. Frankfurt/Main: Peter Lang Verlag.

Fessenden-Raden, J., Fitchen. J.M.,, Heath, J.S. (1987): Providing risk information in communities: Factors influencing what is heard and accepted. Science, Technology, and Human Values, 12 (3/4), 94-101.

Fillenbaum, S., Wallsten, T.S., Cohen, B., Cox, J. (1991): Some effects of vocabulary and communication task on the understanding and use of vague probability expression. American Journal of Psychology, 140, 36-60.

Finucane, M.L., Alhakami, A., Slovic, P., Johnson, S.M. (2000): The affect heuristic in judgments of risks and benefits. Journal of Behavioral Decision Making, 13(1), 1-17.

Finucane, M.L., Satterfield, T.A. (2005) Risk as narrative value: a theoretical framework for facilitating the biotechnology debate. International Journal of Biotechnology, 7, 1-3, 128-146
Finucane, M.L., Holup, J.L. (2006): Risk as value: Combining affect and analysis in risk judgements. Journal of Risk Research. 9, 2, 141-164.
Fischhoff, B., Slovic, P., Lichtenstein, S., Read, S., Combs, B. (1978): How safe is safe enough? A psychometric study of attitudes toward technological risks and benefits. Policy Science, 29 (9), 127-152.
Fischhoff, B. (1995): Risk perception and communication unplugged: twenty years of process. Risk Analysis, 15(2), 137-145.
Fischhoff, B. (1997): Ranking risks. In: M. Bazerman, D. Messick, A. Tenbrunsel and K. Wade-Benzoni (Eds.), Environment and ethics: Psychological contributions. San Francisco: Jossey-Bass, 342-371.
Flynn, J., Slovic, P., Mertz, C.K. (1993): The Nevada initiative: A risk communication fiasco. Risk Analysis, 13, 497-502.
Foster, K.R., Bernstein, D.E., Huber, P.W. (1994): A Scientific Perspective. In: K.R. Foster, D.E. Bernstein and P.W. Huber (Eds.), Phantom Risk. Scientific Inference and the Law. Cambridge: MIT Press.
Freudenburg, W.R., Rursch, J.A. (1994): The risks of „putting the numbers in context". A cautionary tale. Risk Analysis, 14, 6, 949-958.
Frewer, L.J., Shepherd, R. (1994): Attributing information to different sources: Effects on the perceived qualities information, on the perceived relevance of information, and on attitude formation. Public Understanding of Science, 3, 385-401.
Frewer, L.J., Howard, C., Hedderley, D., Shepherd, R. (1997): The elaboration likelihood model and communication about food risks. Risk Analysis, 17(6), 759-770.
Frewer, L.J., Howard, C., Hedderley, D., Shepherd, R. (1999): Reactions to information about genetic engineering: Impact of source characteristics, perceived personal relevance, and persuasiveness. Public Understanding of Science, 8(1), 35-50.
Gardner, G.T., Gould, L.C. (1989): Public Perceptions of the Risks and Benefits of Technology. Risk Analysis, 9, 225-242.
Gee, D. (2007): Late Lessons From Early Warnings: Towards realism and precaution with EMF? In: BioInitiative Report: A Rationale for a Biologically-based Public Exposure Standard for Electromagnetic Fields (ELF and RF). Im Internet: http://www.bio initiative.org/report/docs/section_16.pdf
Gergen, K., Gergen, M. (1986): Narrative form and the construction of psychological science. In: T. Sarbin (Ed.) Narrative Psychology: The storied nature of human conduct. New York: Praeger.
Ghosh, A.K., Ghosh, K. (2005): Translating evidence-based information into effective risk communication: Current challenges and opportunities. Journal of Laboratory and Clinical Medicine, 145(4), 171-180.
Gigerenzer, G. (2002): Das Einmaleins der Skepsis. Über den richtigen Umgang mit Zahlen und Risiken. Berlin: Berlin Verlag.
Gigerenzer G., Edwards, A. (2003): Simple tools for understanding risks: from innumeracy to insight. BMJ, 327, 741-744

Gilovich, T., Griffin, D., Kahneman, D. (Eds.) (2002): Heuristics and Biases: The Psychology of Intuitive Judgment. New York: Cambridge University Press.

Golding, D., Krimsky, S., Plough, A. (1992): Evaluating risk communication: narrative vs. technical presentations of information about radon. Risk Analysis, 12, 1, 27-35.

Goldstein B, Carruth, R.S. (2004): The precautionary principle and/or risk assessment in World Trade Organization decisions: A possible role for risk perception. Risk Analysis 24(2), 491-499.

Gonzales, M., Frenck-Mestre, C. (1993): Determinants of numerical versus verbal probabilities. Acta Psychologica, 83, 33-51.

Gonzales-Vallejo, C. C., Wallsten, T. S. (1992): Effects of probability modes on preference reversal. Journal of Experimental Psychology: Learning, Memory, and Cognition, 18, 855–864.

Gonzales-Vallejo, C.C., Erev, I., Wallsten, T. S. (1994): Do decision quality and preference order depend on whether probabilities are verbal or numerical? American Journal of Psychology, 107, 57–172.

Gray, P.C.R. (1996): Risk indicators: types, criteria, effects. A framework for analysing the use of indicators and comparisons in risk communication. Arbeiten zur Risiko-Kommunikation Heft 56. Programmgruppe Mensch, Umwelt, Technik. Forschungszentrum Jülich.

Gray, P.C.R., Wiedemann, P.M. (1997): Tools for Clarifying Conflicts Over Sustainability Concepts. (Unveröffentlichtes Manuskript).

Gray, P.C.R., Wiedemann, P.M. (2000): Risk communication in print and on the web. A critical guide to manuals and internet resources on risk communication and issues management. Im Internet: http://www.fz-juelich.de/mut/rc/inhalt.html

Green, P.E., Srinivasan, V. (1978): Conjoint Analysis in Consumer Research: Issues and Outlook. Journal of Consumer Research, 5, 103-123.

Greenberg, M. R., Schneider, D.F. (1995): Gender Differences in Risk Perception: Effects Differ in Stressed vs. Non-Stressed Environments. Risk Analysis,. 15(4), 503-511.

Greenwald, A.G., MCGhee, D.E., Schwartz, J.L.K. (1998): Measuring individual differences in implicit cognition: The implicit association test. Journal of Personality and Social Psychology, 48, 1464-1480.

Gregory, R., Mendelsohn, R. (1993): Perceived Risk, Dread, and Benefits. Risk Analysis, 13, 3, 259-265.

Griffin, R.J., S. Dunwoody, & K. Neuwirth (1999): Proposed model of the relationship of risk information seeking and processing to the development of preventive behaviors. Environmental research, 80, 230-245.

Griffin, R.J., Neuwirth, K., Dunwoody, S., Giese, J. (2004): Information sufficiency and risk communication. Media Psychology, 6(1), 23-61.

Griffin, R.J., Neuwirth, K., Giese, J., Dunwoody, S. (2002): Linking the Heuristic-Systematic Model and depth of processing. Communication Research, 29(6), 705-732.

Gustafsod, P.E. (1998): Gender Differences in Risk Perception: Theoretical and Methodological Perspectives, in: Risk Analysis, 18(6), 805-811.

Gutteling, J.M., Wiegman, O. (1996): Exploring risk communication. Dordrecht: Kluwer.

15 Literatur

Halpern, D. F., Blackman, S., Salzman, B. (1989): Using statistical risk information to assess oral contraceptive safety. Applied Cognitive Psychology, 3, 251-260.
Halpern M.T., Warner, K.E. (1994): Radon risk perception and testing: sociodemographic correlates. Journal of Environmental Health, 56, 31–35.
Hamm, R.M. (1991): Selection of verbal probabilities: A solution for some problems of verbal probability expression. Organization Behavior and Human Decision Processes, 45, 1–18.
Harding, C.M., Eiser, J.R. (1984): Characterising the perceived risks and benefits of some health issues. Risk Analysis, 4, 131-141.
Heath, R.L. (1988): Strategic Issues Management. How Organizations Influence and Respond to Public Interests and Policies. San Francisco: Jossey Bass.
Heath, R.L. (1994): Management of Corporate Communication. From Interpersonal Contacts to External Affairs. Hillsdale, N.J.: Lawrence Erlbaum Associates.
Hell, W., Fiedler, K., Gigerenzer, G. (Eds.) (1993): Kognitive Täuschungen: Fehlleistungen und Mechanismen des Urteilens, Denkens und Erinnerns. Heidelberg: Spektrum Akademischer Verlag.
Hertwig, R., Pachur, T., Kurzenhäuser, S. (2005): Judgments of Risk Frequencies: Tests of Possible Cognitive Mechanisms. Journal of Experimental Psychology: Learning, Memory, and Cognition, 31(4), 621-642.
Höfler, M. (2004): Statistik in der Epidemiologie psychischer Störungen. Berlin, Heidelberg, Springer.
Holtgrave, D.R., Weber, E.U. (1993): Dimensions of risk perception for financial and health risks. Risk Analysis, 13(5), 553-558.
Hsee, C. (1996): The Evaluability Hypothesis: An Explanation of Preference Reversals Between Joint and Separate Evaluations of Alternatives. Organizational Behavior and Human Decision Processes, 46, 247-257.
Hsee, C. (2000): Attribute evaluability and its implications for joint-separate evaluation reversals and beyond. In: D. Kahneman, A. Tversky (Eds.), Choices, Values and Frames. Cambridge, UK: Cambridge University Press, 543-563.
Huss, A., Röösli, M. (2006): Consultations in primary care for symptoms attributed to electromagnetic fields – a survey among general practitioners. BioMedCentral Public Health, 6, 267.
Hutter, H.-P., Moshammer, H., Wallner, P., Piegler, B., Kundi, M. (2001): Public perception of risk concerning cell towers and mobile phones. GHU/ISEM Conference within the Conference Week on Environmental and Genetic Influences on Human Health, Garmisch-Partenkirchen, 2-8.9.01.
Hutter, H.-P., Moshammer, H., Wallner, P., Kundi, M. (2004): Public perception of risk concerning celltowers and mobile phones. Soz.-Präventivmed, 49, 62-66.
IEGMP (2000): Mobile Phones and Health. Chilton, UK: Independent Expert Group on Mobile Phones. UK: National Radiological Protection Board.
Infas (2006): Ermittlung der Befürchtungen und Ängste der breiten Öffentlichkeit hinsichtlich möglicher Gefahren der hochfrequenten elektromagnetischen Felder des Mobilfunks – jährliche Umfragen. Abschlussbericht über die Befragung im Jahr 2005

Inglehart, R. (1977): Values, objective needs, and subjective satisfaction among western publics. Comparative Political Studies, 4, 428-458.

Jablonowski, M. (1994): Communicating risk: Words or numbers? Risk Management, 41(12), 47-50.

Jaffe-Katz, A., Budescu, D.V., Wallsten, T.S. (1989): Timed magnituce comparisons of numerical and nonnumerical expressions of uncertainty. Memory, Cognition, 17, 249-264.

Johnson, B., Slovic, P. (1995): Presenting uncertainty in health risk assessment: initial studies of its effects on risk perception and trust. Risk Analysis, 15(4), 485-494.

Johnson, B., Slovic, P. (1998): Lay views on uncertainty in environmental health risk assessment. Journal of Risk Research, 1, 261-279.

Johnson, B. (2002a): Book Reviews – Risk Communication: A mental models approach. Risk Analysis, 22(4), 813-814.

Johnson, B. (2002b): Stability and inoculation of risk comparisons' effects under conflict: Replicating and extending the „asbestos jury" study by Slovic et al. Risk Analysis, 22, 4, 777-788.

Johnson, B. (2003): Further notes on public response to uncertainty in risks and science. Risk Analysis, 23, 4, 781ff.

Johnson, B., Chess, C. (2003): How Reassuring are Risk Comparisons to Pollution Standards and Emission Limits? Risk Analysis 23 (5), 999-1007.

Johnson, B. (2004): Varying risk comparison elements: effects on public reactions. Risk Analysis, 24, 1, 103ff.

Johnson,B. (2004b) Risk Comparisons, Conflict, and Risk Acceptability Claims. Risk Analysis 24 (1), 131-145.

Johnson, B. (2005): Testing and Expanding a Model of Cognitive Processing of Risk Information. Risk Analysis, 25(3), 631-650.

Johnson, E.J. and Tversky, A. (1983) Affect, generalization, and the perception of risk. Journal of Personality and Social Psychology, 4, 20-31.

Jungermann, H., Slovic, P. (1993a): Charakteristika individueller Risikowahrnehmung. In: Bayerische Rück (Ed.), Risiko ist ein Konstrukt. München: Knesebeck, 89-107.

Jungermann, H., Slovic, P. (1993b): Die Psychologie der Kognition und Evaluation von Risiko. In: G. Bechmann (Ed.), Risiko und Gesellschaft. Opladen: Westdeutscher Verlag, 167-207.

Jungermann, H., Schütz, H., Thüring, M. (1988): Mental models in risk assessment: Informing people about drugs. Risk Analysis, 8(1), 147-155.

Jungermann. H., Pfister, H.-R., Fischer, K. (2005): Die Psychologie der Entscheidung. 2. Aufl. Heidelberg: Elsevier Spektrum Akademischer Verlag

Jungermann, H., Pfister, H.-R., Fischer, K. (1996): Credibility, information preferences, and information interests. Risk Analysis, 16, 251-261.

Kahlor, L., Dunwoody, S., Griffin, R.J., Neuwirth, K., Giese, J. (2003): Studying Heuristic-Systematic Processing of Risk Communication. Risk Analysis, 23(2), 355-368.

Kahneman, D., Tversky, A. (1979). Prospect Theory. An analysis of decision under risk. Econometrica, 47, 263-291.

15 Literatur

Kahneman, D., Tversky, A. (1982): The psychology of preferences. Scientific American, 246(1), 160-173.
Kahneman, D., Tversky, A. (Eds.) (2000): Choices, values and frames. Cambridge: Cambridge University Press.
Kahneman, D., Slovic, P., Tversky, A. (Eds.) (1982): Judgment under Uncertainty: Heuristics and Biases. Cambridge: Cambridge University Press.
Karger, C.R., Wiedemann, P.M. (1996): Wahrnehmung und Bewertung von Umweltrisiken. Eine Studie im Rahmen des DFG-Projektes „Wahrnehmung von Umweltproblemen und die Beurteilung von Strategien zur Umweltvorsorge". Arbeiten zur Risiko-Kommunikation, Heft 59. Programmgruppe Mensch, Umwelt, Technik. Forschungszentrum Jülich.
Kasperson, R.E., Renn, O., Slovic, P., Brown, H.S., Emel, J., Goble, R., Kasperson, J.S., Ratrick, S. (1988): The Social Amplification of Risk: A Conceptual Framework. Risk Analysis, 8, 177-187.
Kasperson, R.E. (1992): The Social Amplification of Risk: Progress in Developing an Intergrative Framework. In: S. Krimsky, D. Golding (Eds.), Social Theories of Risk. Westport: Praeger.
Kasperson, R.E., Jhaveri, N., Kasperson, J.X. (2001): Stigma and the social amplification of risk. In: J. Flynn, P. Slovic and H. Kunreuther (Eds.), Risk, Media and Stigma (pp. 9-27). London: Earthscan Publications.
Kasperson, R.E. (1986): Six propositions on public participation and their relevance for risk communication. Risk Analysis, Sep, 6 (3) 275-81.
Kearney, A.R. 1994. Understanding global change: A cognitive perspective on communicating through stories. Climatic Change, 27, 419-441.
Keeney, R.L. (1992): Value-Focused Thinking. A Path to Creative Decisionmaking. Cambridge, Mass.: Harvard University Press.
Keeney, R.L., Renn, O., von Winterfeldt, D., Kotte, U. (1985): Die Wertbaumanalyse. Entscheidungshilfe für die Politik. München: High Tech Verlag.
Kepplinger, H.-M. (1989): Künstliche Horizonte. Folgen, Darstellung und Akzeptanz von Technik in der Bundesrepublik. Frankfurt am Main: Campus.
König, W. (2002). Öffentliche und private Vorsorge beim Schutz vor elektromagnetischen Feldern (Rede des Präsidenten des Bundesamtes für Strahlenschutz Evangelische Akademie Loccum, 11.2. bis 13.2.2002). Bundesamt für Strahlenschutz. [Online: http://www.bfs.de/elektro/papiere/rede_emf.html] [14.3. 2005].
Kovacs, D.C., Small, M.J., Davidson, C.I., Fischhoff, B. (1997): Behavioral factors affecting exposure potential for household cleaning products. Journal of Exposure Analysis and Environmental Epidemiology, 7(4), 505-520.
Krauss, S. (2001): Some Issues of Teaching Statistical Thinking. Dissertation am Fachbereich Erziehungswissenschaft und Psychologie, Freie Universität Berlin.
Kraus, N., Malmfors, T., Slovic, P. (1992): Intuitive Toxicology: Expert and Lay Judgments of Chemical Risks. Risk Analysis, 12, 215-232.
Kreinbrock, L., Schach, S. (1995): Epidemiologische Methoden. Heidelberg/Berlin: Spektrum Akademischer Verlag,.

Kreienbrock, L., Kreuzer, M., Gerken, M., Dingerkus, G., Wellmann, J., Keller, G., Wichmann, H.E. (2001): Case-control study on lung cancer and residential radon in western Germany. American Journal of Epidemiology, 153(1), 42-52.

Krewski, D., Slovic, P., Bartlett, S., Flynn, J., Mertz, C.K. (1995): Health risk perception in Canada II: Worldviews, Attitudes and Opinions. Human and Ecological Risk Assessment, 1(3), 231-248.

Kühberger, A. (1998) The influence of framing on risky decisions. A meta-analysis. Organizational Behavior and Human Decision Processes, 75(1), 23-55.

Kuhn, K.M. (2000): Message format and audience values: interactive effects of uncertainty information and environmental attitudes on perceived risk. Journal of Environmental Psychology, 20, 41-51.

Kunreuther, H., Slovic, P. (2002): The affect heuristic: Implications for understanding and managing risk-induced stigma. In: R. Gowda, J.C. Fox (Eds.), Judgments, decisions, and public policy (pp. 303-321). New York, NY, US: Cambridge University Press.

Kunreuther, H.C., Slovic, P. (Eds.) (1996): Challenges in risk assessment and risk management. Thousand Oaks: Sage.

Kurzenhäuser, S. (2001): Risikokommunikation in der BSE-Krise. Bundesgesundheitsblatt – Gesundheitsforschung – Gesundheitsschutz, 44, 4, 336-340.

Labov, W. (1972): Sociolinguistic patterns. Philadelphia, PA: University of Pennsylvania Press.

Labov, W., Waletzky, J. (1967): Narrative analysis: Oral versions of personal experience. In: J. Heim (Ed.), Essays on verbal and visual arts. Seattle, WA: Univ. of Washingon Press, 12-44.

Laird, F.N. (1993): Participatory analysis, democracy, and technological decision making. Science, Technology, Human Values, 18, 341-354.

Langford, I.H., Georgiou, S., Bateman, I.J., Day, R.J., Turner, R. (2000): Public perceptions of health risks from polluted coastal bathing waters: A mixed methodological analysis using Cultural Theory. Risk Analysis, 20, 691-704.

Lappe, H. (1991): Perceptions of Drug Risk: Individual and Public Response to Drugs. Berlin: Dissertation, Technical University Berlin.

Lasswell, H.D. (1948): The structure and function of communication in society. In L. Bryson (Ed.), The communication of ideas. New York: Harper, Row, 37-52.

Leitgeb, N., Schröttner, J., Böhm, M. (2005): Does „electromagnetic pollution" cause illness? An inquiry among Austrian general practitioners. Wiener Medizinische Wochenschrift, 155, 9-10, 237-241.

Levin, R., Hansson, S., Ruden, C. (2004): Indicators of uncertainty in chemical risk assessments. Regul Toxicol Pharmacol., 39, 1, 33-43.

Levin, I.P., Schneider, S.L., Gaeth, G.J. (1998): All Frames Are Not Created Equal A Typology and Critical Analysis of Framing Effects. Organizational Behavior and Human Decision Processes, 76(2), 149-188.

Levy, A.S., Derby, B., Roe, B. (1997): Consumer Impacts of Health Claims: An Experimental Study. Division of Market Studies, Center for Food Safety and Applied Nutrition, U.S. Food and Drug Administration. [Online: http://vm.cfsan.fda.gov/~dms/hclm-toc.html]

Lichtenstein, S., Slovic, P., Fischhoff, B., Layman, M., Combs, B. (1978): Judged Frequency of Lethal Events. Journal of Experimental Psychology: Human Learning and Memory, 4, 551-578.

Lindell, M.K., Earle, T.C. (1983). How close is close enough: Public perceptions of the risks of industrial facilities. Risk Analysis, 3(4), 245-253.

Lion, R., Meertens, R.M., Bot, I. (2002): Priorities in information desire about unknown risks. Risk Analysis, 22(4), 765-776.

Lippman-Hand, A., Fraser, F.C. (1979): Genetic counseling – the postcounseling period: I. Parents' perceptions of uncertainty. American Journal of Medical Genetics, 4, 51-71.

Loewenstein, G.F. (2005): Hot-cold empathy gaps and medical decision making. Heath Psychology 24 (4), 49-56.

Loewenstein, G.F., Weber, E.U., Hsee, C.K., Welch, N. (2001): Risk as feelings. Psychological Bulletin, 127(2), 267-286.

Luhmann, N. (1991). Soziologie des Risikos. Berlin, New York: de Gruyter.

Lundgren, R.E. (1994): Risk communication: A handbook for communicating environmental, safety, health risks. Columbus, Ohio: Battelle Press.

MacGregor, D.G., Slovic, P.(1989): Perception of Risk in Automotive Systems. Human Factors, 31 (4), 377–389.

MacGregor, D.G., Slovic, P., Morgan, M.G. (1994): Perception of risks from electromagnetic fields: a psychometric evaluation of a risk-communication approach. Risk Analysis, 14 (5), 815-828.

MacGregor, D.G., Slovic, P., Malmfors, T. (1999): „How exposed is exposed enough?" Lay inferences about chemical exposure. Risk Analysis,19 (4), 649-659.

Magat, W.A., Viscusi, W.K., Huber, J. (1987): Risk-dollar tradeoffs, risk perceptions, and consumer behavior. In: W.K. Viscusi, W.A. Magat (Eds.), Learning about risk: Consumer and worker responses to hazard information. Cambridge, MA, Harvard University Press, 83-97.

Magat, W.A., Viscusi, W.K. (1992): Informational Approaches to Regulation. MIT Press.

Marris, C., Langford, I.H., O'Riordan, T. (1998): A quantitative test of the cultural theory of risk perceptions: Comparison with the psychometric paradigm. Risk Analysis, 18, 635-647.

Mazur A (1990): Nuclear power, chemical hazards and the quantity of reporting. Minerva 28, 292-323.

McComas, K.A. (2003): Public Meetings and Risk Amplification: A Longitudinal Study. Risk Analysis, 23(6), 1257-1270

McNeil, B., Pauker, S.G., Sox, H.C. and Tversky, A. (1982) „On the elicitation of preferences for alternative therapies," The New England Journal of Medicine 306: 1259-1262.

Mertz, C.K., Slovic, P., Purchase, I.F. (1998): Judgments of chemical risks: comparisons among senior managers, toxicologists, and the public. Risk Analysis, 18(4), 391-404.

Miles, F., Frewer, L. (2003): Public perception of scientific uncertainty in relation to food hazards. Journal of Risk Research, 6, 3, 267-283.

Morgan, K. (2005): Development of a Preliminary Framework for Informing the Risk Analysis and Risk Management of Nanoparticles. Risk Analysis, 25(6), 1621-1635.

Morgan, M.G., Florig, H.K., Nair, I., Lincoln, D. (1985): Power-line fields and human health. IEEE Spectrum, Febuary 1985, 62-68.
Morgan, G.M, Florig,H.K., Nair, I., Cortes,C., Marsh, K., Pavlosky, K. (1990): „Lay Understanding of Power-Frequency Fields", Bioelectromagnetics, 11, 313-335.
Morgan, M.G., Henrion, M. (1990): Uncertainty: A Guide to Dealing with Uncertainty in Quantitative Risk and Policy Analyses. Cambridge: Cambridge University Press.
Morgan, M. G., Lave, L. (1990): Ethical Considerations in Risk Communication Practice and Research, Risk Analysis 10 (3), 355-358.
Morgan M.G., Slovic P., Nair I, Geisler D., MacGregor D., Fischhoff B., et al. (1985): Powerline frequency electric and magnetic fields: A pilot study of risk perception. Risk Analysis 5(2), 139-149.
Moxey, L., Sanford, A.J. (1993): Communicating quantities. A psychological perspective. Essays in cognitive psychology. Hove, UK: Erlbaum.
Moxey, L., Sanford, A. (2000): Communicating quantities: a review of psycholinguistic evidence of how expressions determine perspectives. Applied Cognitive Psychology, 14, 3, 237-255.
Murphy, P. (2001): Framing the nicotine debate: A cultural approach to risk. Health Communication, 13(2), 119-140.
National Research Council (1989): Improving risk communication. Washington, DC: National Academy Press.
National Research Council (1996): Understanding Risk. Washington, D.C.: National Academy Press.
Neil, N., Malmfors, T., Slovic, P. (1994): Intuitive toxicology: expert and lay judgments of chemical risks. Toxicol Pathol., 22, 2, 198-201.
Nerb, J., Spada H., Wahl, S. (1998): Kognition und Emotion bei der Bewertung von Umweltschadensfällen: Modellierung und Empirie. Zeitschrift für Experimentelle Psychologie, 45, 251-269
Neuwirth, K., Dunwoody, S., Griffin, R.J. (2000): Protection motivation and risk communication. Risk Analysis, 20(5), 721-734.
Newstead, S.E., Collis, J.M. (1987): Context and the interpretation of quantifiers of frequency. Ergonomics, 30, 1447-1462.
Niewöhner, J., Cox, P., Gerrard, S., Pidgeon, N. (2004): Evaluating the Efficacy of a Mental Models Approach for Improving Occupational Chemical Risk Protection. Risk Analysis, 24(2), 349-361.
Nilsson R (2004): Control of chemicals in Sweden: an example of misuse of the „precautionary principle". Ecotoxicol Environ Saf 57(2), 107-117.
NRPB (2003): Health effects from radiofrequency electromagnetic fields. Report of an independent Advisory Group on Non-ionising Radiation Doc NRPB, 14(2). Chilton, UK: National Radiological Protection Board.
Ogden, J., Fuks, K., Gardner, M.,Johnson, S., McLean, M., Martin, P., Shah, R. (2002): Doctors expressions of uncertainty and patient confidence. Patient Education and Counseling, 48, 171-176.
Otway, H.J., Wynne, B. (1989): Risk communication: Paradigm and paradox. Risk Analysis, 9, 141-145.

Palmlund, I. (1992): Social drama and risk evaluation. In S. Krimsky, D. Golding (Eds.), Social theories of risk (pp. 197-212). Westport, CT: Praeger.
Peters, E., Slovic, P. (1996): The role of affect and worldviews as orienting dispositions in the perception and acceptance of nuclear power. Journal of Applied Social Psychology, 26(16), 1427-1453.
Peters, E.M., Burraston, B., Mertz, C.K. (2004): An Emotion-Based Model of Risk Perception and Stigma Susceptibility: Cognitive Appraisals of Emotion, Affective Reactivity, Worldviews, and Risk Perceptions in the Generation of Technological Stigma. Risk Analysis, 24(5), 1349-1367.
Peters, H.P. (1999): Kognitive Aktivitäten bei der Rezeption von Medienberichten über Gentechnik. In: J. Hampel, O. Renn (Hrsg.), Gentechnik in der Öffentlichkeit. Wahrnehmung und Bewertung einer umstrittenen Technologie. Frankfurt a.M.: Campus, 340-382.
Petts, J. (2001): Evaluating the effectiveness of deliberative processes: Waste management case studies. Journal of Environmental Planning and Management, 44(2), 207-226.
Petty, R.E., Cacioppo, J.T. (1986a): Communication and persuasion. Central and peripheral routes to attitude change. New York: Springer.
Petty, R.E., Cacioppo, J.T. (1986b): The elaboration likelihood model of persuasion. In L. Berkowitz (Ed.), Advances in Experimental Social Psychology. Vol. 19. New York, NY: Academic Press, 124-205.
Pfeiffer, T., Manz, S., Nerb, J. (2005): Wer den Schaden macht, hat auch das Wissen: Kohärenzeffekte der kognitiven und emotionalen Bewertung von Umweltschadensfällen. Zeitschrift für Psychologie, 213 (1), 44-58.
Pidgeon, N., Kasperson, R., Slovic, P. (2003) The social amplification of risk. New York: Cambridge University Press.
Plough, A., Krimsky, S. (1987): The emergence of risk communication studies. Science, Technology, and Human Values, 12, 4-10.
Pohl, R.F. (Ed.). (2004): Cognitive illusions. New York: Taylor, Francis.
Polkinhorne, D. (1988): Narrative knowledge and the human sciences. Albany: State Univ. of New York Press.
Purchase, I., Slovic, P. (1999): Perspective: quantitative risk assessment breeds fear. Human and Ecological Risk Assessment, 5, 3, 445-453.
Purchase, I.F.H., Slovic, P. (1999): Quantitative risk assessment breeds fear. Hum Ecol Risk Assess 5(3), 445-453.
Raiffa, H. (1982): The Art and Science of Negotiation. Cambridge, Mass.: Harvard University Press.
Rayner, S. (1992): Cultural theory and risk analysis. In: S. Krimsky, D. Golding (Eds.), Social theories of risk. Westport, Connecticut: Praeger, 83-116.
Read, D., Morgan, G.M. (1998): The Efficacy of Different Methods for Informing the Public About the Range Dependency of Magnetic Fields from High Voltage Power Lines. Risk Analysis, 18, 5, 603-610.
Reber, R. (2004): Availability. In: R.F. Pohl (Ed.), Cognitive illusions. New York: Taylor, Francis, 147-163.

Renn, O., Webler, T., Wiedemann, P.M. (Hg) (1995): Fairness and competence in citizen participation: evaluating models for environmental discourse. Dordrecht: Kluwer.
Renn, O., Levine, D. (1991): Credibility and trust in risk communication. In R.E. Kasperson, P.J.M. Stallen (Eds.), Communicating risks to the public. International perspectives. Dordrecht: Kluwer, 175-218.
Renn, O. (1992) Concepts of Risk: A classification. In: S. Krimsky, D. Golding (Eds), Theories of Risk (pp. 53-79). Westport: Praeger.
Renn, O., Webler, T., Wiedemann, P.M. (Eds.) (1994): Participation models for resolving environmental conflicts. Survey and critical review. Amsterdam/Bosten: Kluwer Academic Press.
Renner, B., Schwarzer, R. (2003): Social-cognitive factors in health behavior change. In J. Suls, K.A. Wallston (Eds.), Social psychological foundations of health and illness (pp. 169-196). Malden, MA, US: Blackwell Publishing.
Risikokommission (2003): Abschlussbericht der Risikokommission. Salzgitter: Geschäftsstelle der Risikokommission, Bundesamt für Strahlenschutz (Im Internet unter: http://www.apug.de).
Rohrmann, B. (1999): Risk perception research. Review and documentation (Arbeiten zur Risiko-Kommunikation, Heft 69). Jülich, Germany: Forschungszentrum Jülich GmbH.
Rohrmann, B. (1994): Risk perception of different societal groups – a cross-national comparison. Australian Journal of Psychology, 46, 150-163.
Rohrmann, B. (1993): Die Setzung von Grenzwerten als Risiko-Management. In: Bayerische Rück (Hg.), Risiko ist ein Konstrukt. Wahrnehmungen zur Risikowahrnehmung. München: Knesebeck, 293-315.
Rohrmann, B. (2000): Cross-cultural studies on the perception and evaluation of hazards. In: O. Renn, B. Rohrmann (eds.), Cross-cultural risk perception. Dordrecht: Kluwer, 103-143.
Roth, E., Morgan, M.G., Fischhoff, B., Lave, L., Bostrom, A. (1990): What do we know about making risk comparisons? Risk Analysis, 10, 3, 375-387.
Rowe, G.,, Frewer, L. J. (2000): Public Participation Methods: A framework for evaluation. Science, Technology and Human Values, 25(1), 3–29.
Rozin, P., Millman, L., Nemeroff, L. (1986): Operations of the law of sympathetic magic in disgust and other domains. Journal of Personality and Social Psychology, 50, 703-712.
Rozin ,P., Royzman E.B. (2001): Negativity bias, negativity dominance, and contagion. Personality and Social Psychology Review 5(4), 296-320.
Röösli, M., Rapp, R. (2003): Hochfrequente Strahlung und Gesundheit. Umwelt-Materialien Nr. 162 Bern: BUWAL.
Ruff, F.M. (1990): Ökologische Krise und Risikobewusstsein. Wiesbaden: Deutscher Universitätsverlag.
Sagan, L.A. (1996): Electric and Magnetic Fields: Invisible Risks? Australia: Gordon and Breach Publishers.
Sandman, P.M., Miller, P. M., Johnson, B.B., Weinstein, N. D. (1993): Agency communication, community outrage, and perception of risk: Three simulation experiments. Risk Analysis, 13, 585-598.

15 Literatur

Sandman, P., Weinstein, N., Miller, P. (1994) High risks or low: How location on a risk ladder affects risk perception. Risk Analysis, 14, 35-45.

Sanford, A.J., Fay, N., Stewart, A.,, Moxey, L. (2002): Perspective in statements of quantity, with implications for consumer psychology. Psychological Science, 13, 2, 130-134.

Sattler, B., Lippy, B., J. Tyrone G. (1997) Hazard Communication: A Review of the Science Underpinning the Art of Communication for Health and Safety. Submitted to ToxaChemica, International in a subcontract to the Occupational Safety and Health Administration. Online: http://www.osha-slc.gov/SLTC/hazard communications/hc2inf2.html#*.2.3]

Schapira, M.M., Nattinger, A.B., McHorney, C.A. (2001): Frequency or probability? A qualitative study of risk communication formats used in health care. Med Decis Making, 21(6), 459-467.

Schreier, N., Huss A, Röösli, M. (2006): The prevalence of symptoms attributed to electromagnetic field exposure: a cross-sectional representative survey in Switzerland. Sozial- und Präventivmedizin. 51 (4), 201-209.

Schroeder, E. (2002): Stakeholder-Perspektiven zur Novellierung der 26. BImSchV. Ergebnisse der bundesweiten Telefonumfrage im Auftrag des Bundesamtes für Strahlenschutz. I+G Gesundheitsforschung.

Schümann, M., Neuss, H. (1995): Risikoabschätzung, Risikokommunikation und Gestaltung von Beteiligungsmodellen. Thesenpapier zum Colloquium „Optimierung gesundheitsförderlicher Stadtplanung", Berlin, 30.03.1995.

Schütz, H., Wiedemann, P.M., Gray, P.C.R. (1995): Risk Perception of Consumer Products in Germany. Paper presented at the 1995 Anual Meeting of the Society for Risk Analysis (SRA-Europe), 21-24 May 1995, Stuttgart.

Schütz, H., Wiedemann, P.M. (1998): Judgments of personal and environmental risk of consumer products – Do they differ? Risk Analysis, 18, 119-129.

Schütz, H., Wiedemann, P.M., Gray, P.C.R. (2000): Risk perception – Beyond the psychometric paradigm (Arbeiten zur Risikokommunikation, Heft 78). Jülich: Forschungszentrum Jülich GmbH. Programmgruppe Mensch, Umwelt, Technik (Online: http://www.fz-juelich.de/mut/hefte/heft_78.pdf).

Schütz, H., Wiedemann, P.M., Hennings, W., Mertens, J., Clauberg, M. (2004): Vergleichende Risikobewertung. Konzepte, Probleme und Anwendungsmöglichkeiten. Schriften des Forschungszentrums Jülich, Reihe Umwelt, Band 45. Forschungszentrum Jülich.

Schütz, H., Wiedemann, P.M. (2005): How to deal with dissent among experts. Risk evaluation of EMF in a scientific dialogue. Journal of Risk Research, 8(6), 531 -545.

Schütz, H., Wiedemann, P.M. (1998): Judgments of personal and environmental risk of consumer products – Do they differ? Risk Analysis, 18, 119-129.

Schütz, H., Wiedemann, P.M. (1995): Implementation of the Seveso Directive in Germany – An evaluation of hazardous incident information. Saf Sci 18(3), 203-214.

Schüz, J. (2007): Epidemiology: The challenge of causality assessment. In: P.Wiedemann, H. Schütz (Eds.) Making sense of conflicting data. The role of evidence in risk characterization. Weinheim: Wiley. S ....

Schwarzer, R. (1992). Self-efficacy in the adoption and maintenance of health behaviors: Theoretical approaches and a new model. In R. Schwarzer (Ed.), Self-efficacy: Thought control of action (pp. 217-243). Washington, DC: Hemisphere.

Schwarzer, R. (1999). Self-regulatory processes in the adoption and maintenance of health behavior. Journal of Health Psychology, 4(2), 115-127.

Schwarzer, R. (2001). Social-cognitive factors in changing health-related behaviors. Current Directions in Psychological Science, 10(2), 47-51.

Schwarzer, R., Sniehotta, F., Lippke, S., Luszczynska, A., Scholz, U., Schüz, B., Wegner,M., Ziegelmann, J.P. (2003): On the Assessment and Analysis of Variables in theHealth Action Process Approach: Conducting an Investigation. Berlin: Freie Universität Berlin, November 1st 2003. http://web.fu-berlin.de/gesund/hapa_web.pdf

Severtson, D. J., Baumann, L. C., Brown, R. L. (2006): Applying a Health Behavior Theory to Explore the Influence of Information and Experience on Arsenic Risk Representations, Policy Beliefs, and Protective Behavior. Risk Analysis 26 (2), 353-368.

Shannon, C.E., Weaver, W. (1949): The Mathematical Theory of Communication. Urbana, Illinois: The University of Illinois Press.

Sheridan, S.L., Pignone, M.P., Lewis, C.L. (2003): A randomized comparison of patients' understanding of number needed to treat and other common risk reduction formats. J Gen Intern Med, 18(11), 884-892.

Siegrist, M., Cvetkovich, G., Roth, C. (2000): Salient value similarity, social trust, and risk/benefit perception. Risk Analysis, 20(3), 353-362.

Siegrist M, Cvetkovich, G. (2000): Perception of hazards: the role of social trust and knowledge. Risk Analysis 20(5), 713-719.

Siegrist, M., Cvetkovich, G. (2001): Better negative than positive? Evidence of a bias for negative information about possible health dangers. Risk Analysis 21(1), 199-206.

Siegrist, M., Earle, T.C., Gutscher, H. (2003): Test of a Trust and Confidence Model in the Applied Context of Electromagnetic Field (EMF) Risks. Risk Analysis, 23, 4, 705-716.

Siegrist, M., Earle, T.C., Gutscher, H., Keller, C. (2005): Perception of Mobile Phone and Base Station Risks. Risk Analysis, 25, 5, 1253-1264.

Siegrist, M., Keller, C., Cousin, M.-E. (2006): Implicit Attitudes Toward Nuclear Power and Mobile Phone Base Stations: Support for the Affect Heuristic. Risk Analysis, 26, 4, 1021-1029.

Simon, H.A. (1957): Models of Man. New York, NY: Wiley.

Singer, E., Endreny, P. (1993): Reporting on Risk. How the Mass Media Portray Accidents, Diseases, Disasters, and Other Hazards. New York: Russell Sage Foundation.

Sinn, H.-W., Weichenrieder, A.J. (1993): Die biologische Selektion der Risikopräferenz. In: Bayerische Rück (Hrsg.), Risiko ist ein Konstrukt. München: Knesebeck, 71-88.

Sjöberg, L. (1996): A discussion of the limitations of the psychometric and Cultural Theory approaches to risk perception. Radiation Protection Dosimetry, 68, 219-225.

Sjöberg, L. (1997): Explaining risk perception: An empirical and quantitative evaluation of cultural theory. Risk, Decision and Policy, 2, 113-130.

Sjöberg, L. (1998): World views, political attitudes and risk perception. Risk: Health, Safety and Environment, 9, 137-152.
Sjöberg, L. (2000): Factors in risk perception. Risk Analysis, 20(1), 1-11.
Sjöberg, L. (2000): Specifying factors in radiation risk perception. Scandinavian Journal of Psychology, 41(2), 169-174.
Sjöberg, L. (2001): Limits of knowledge and the limited importance of trust. Risk Analysis, 21(1) 189-198.
Sjöberg, L. (2002): Are received risk perception models alive and well? Risk Analysis, 22(4), 665-669.
Slovic, P. (1962): Convergent validation of risk-taking measures. Journal of Abnormal and Social Psychology, 65, 68-71.
Slovic, P., Kunreuther, H.C., White, G.F. (1974): Decision processes, rationality and adjustment to natural hazards. In: G.F. White (Ed.), Natural hazards, local, national, and global. New York: Oxford University Press, 187-205.
Slovic, P., Fischhoff, B., Lichtenstein, S. (1979): Rating the Risks. Environment, 10, 281-185.
Slovic, P., Fischhoff, B., Lichtenstein, S. (1980): Facts and fears: Understanding perceived risk. In: R. Schwing, W.A. Albers, Jr. (Eds.), Societal risk assessment: How safe is safe enough? New York.
Slovic, P., Fischhoff, B., Lichtenstein, S. (1985): Characterizing perceived risk. In: R.W. Kates, C. Hohenemser and J.X. Kasperson (Eds.), Perilous Progress: Managing the Hazards of Technology, Boulder, Colorado.
Slovic, P., Fischhoff, B., Lichtenstein, S. (1986): The psychometric study of risk perception. In: V.T. Covello, J. Menkes, J. Mumpower (Eds.), Risk evaluation and management. New York: Plenum Publishing Corporation.
Slovic, P. (1986): Informing and educating the public about risk. Risk Analysis, 6(4), 403-415.
Slovic, P. (1987): Perception of risk. Science, 236, 280-285.
Slovic, P., Kraus, N., Lappe, H., Letzel, H., Malmfors, T. (1989): Risk perception of prescription drugs: Report on a survey in Sweden, in: B. Horrisberger, R. Dinkel (Eds.), The perception and management of drug safety risks, Berlin, 91-111
Slovic, P., Kraus, N., Covello, V.T. (1990): What should we know about making risk comparisons. Comment. Risk Analysis, 10, 3, 389-392.
Slovic, P., Layman, M., Kraus, N., Flynn, J., Chalmers, J., Gesell, G. (1991): Perceived risk, stigma, and potential economic impacts of a high-level nuclear waste report. Risk Analysis, 11, 683-696.
Slovic, P., Malmfors, T., Mertz, C.K., Neil, N., Purchase, I.F. (1997): Evaluating chemical risks: results of a survey of the British Toxicology Society. Human, Experimental Toxicology, 16(6), 289-304.
Slovic, P. (1999): Trust, emotion, sex, politics, and science: surveying the risk-assessment battlefield. Risk Analysis, 19(4), 689-701.
Slovic, P., Finucane, M.L., Peters, E., MacGregor, D.G. (2004): Risk as Analysis and Risk as Feelings: Some Thoughts about Affect, Reason, Risk, and Rationality. Risk Analysis, 24(2), 311-322.

Slovic, P. (1992): Perception of risk: Reflections on the psychometric paradigm. In: S. Krimsky, D. Golding (Eds.), Social theories of risk. Westport, Connecticut: Praeger, 117-152.
Slovic, P., Fischhoff, B., Lichtenstein, S. (1980): Facts and fears: Understanding perceived risk. In: R.C. Schwing, W.A. Albers (Eds.), Societal risk assessment: How safe is safe enough? New York: Plenum Press, 181-214.
Snow, D.A., Benford, R.D. (1988): Ideology, Frame Resonance and Participant Mobilization. In: B. Klandermans, H. Kriesi und S. Tarrow (Eds.), International Social Movement Research 1. Greenwich, London, pp. 197-218.
Snow, D.A., Benford, R.D. (1992): Master Frames and Cycles of Protest. In: Aldon Morris and Carol Mueller (Eds.), Frontiers in Social Movement Theory. New Haven.
Snow, D.A., Rochford, E.B., Worden, S.K., Benford, R.D. (1986): Frame Alignment Processes, Micromobilization, and Movement Participation. American Sociological Review, Vol. 51, 464-481.
Spangenberg, A. (2003). Risikostories und Risikobewertung – Deutschland und Bulgarien im Vergleich. Unveröffentlichte Magisterarbeit, Institut für Soziologie der Philosophischen Fakultät, RWTH Aachen, Aachen.
SSK – Strahlenschutzkommission (2001): Grenzwerte und Vorsorgemaßnahmen zum Schutz der Bevölkerung vor elektromagnetischen Feldern – Empfehlungen der Strahlenschutzkommission. Bonn: SSK.
Stahlberg, D., Frey, D. (1993): Das Elaboration-Likelihood-Modell von Petty und Cacioppo. In D. Frey, M. Irle (Eds.), Theorien der Sozialpsychologie. Bd. I: Kognitive Theorien. Bern: Huber, 327-359.
Stirling A., Gee D. (2002): Science, precaution, and practice. Public Health Reports 117, 521-533.
Stolwijk, A., DeLuca, D., Gould, L., Horowitz, W., Doob, L., Gardner, G., & Tiemann, A. (1985): Public perception of technological risk. In F. Homburger (Ed.), Safety Evaluation and Regulation of Chemicals (2). Basel: S. Karger, 166-185
Stone, E.R., Yates, J.F., Parker, A.M. (1994): Risk communication – absolute versus relative expressions of low-probability risks. Organizational Behavior and Human Decision Processes, 60, 387-408.
Susskind, L, McKearnan, S., Jennifer Thomas-Larmer, J (Eds.) (1999): The Consensus Building Handbook: A Comprehensive Guide to Reaching Agreement. Thousand Oaks, CA: Sage Publications.
Sutcliffe S., Court, J. (2005): Evidence-Based Policymaking: What is it? How does it work? What relevance for developing countries? Overseas Development Institute. http://www.odi.org.uk/RAPID/Projects/PPA0117/Index.html
Teigen, K.H. (1988): The language of uncertainty. Acta Psychologica, 68, 27-38.
Teigen, K. H., Brun, W. (1999): The directionality of verbal probability expressions: effects on decisions, predictions, and probabilistic reasoning. Organizational Behavior and Human Decision Processes, 80, 2, 155-190.
Teigen, K.H., Brun, W. (2000): Ambiguous probabilities: When does $p = 0.3$ reflect a possibility, and when does it express a doubt? Journal of Behavioral Decision Making, 13, 345-362.

15 Literatur

Thalmann, A.T. (2005): Risiko Elektrosmog. Wie ist Wissen in der Grauzone zu kommunizieren? Weinheim: Beltz-Verlag.

Thalmann, A. (2005): Risiko "Elektrosmog": Wie ist Wissen in der Grauzone zu kommunizieren? Dissertation, Fachbereich Psychologie der Universität Gesamthochschule Kassel.

Theil, M. (2002): The role of translations of verbal into numerical probability expressions in risk management: A meta-analysis. Journal of Risk Research, 5(2), 177-186.

Tickner, J., Raffensberger, C., Myers, N. (1999). The Precautionary Principle in Action – A Handbook. Science and Environmental Health Network and Lowell Center for Sustainable Production.

Thompson, M., Ellis, R., Wildavsky, A. (1990): Cultural theory. Boulder, CO: Westview Press.

Toumey, Ch. (2004) Narratives for Nanotech: Anticipating Public Reaction to Nanotechnology, Techne, 8 (2)

Trumbo, C.W. (1999): Heuristic-systematic information processing and risk judgment. Risk Analysis, 19 (3), 391-400.

Trumbo, C.W. (2002): Information processing and risk perception: An adaptation of the heuristic-systematic model. Journal of Communication, 52(2), 367-381.

Tversky, A., Kahneman, D. (1973): Availability: A Heuristic for Judging Frequency and Probability. Cognitive Psychology, 4.

Tversky, A., Kahneman, D. (1974): Judgement under uncertainty: Heuristics and biases. Science, 185, 1124-1131.

Tversky, A. and Kahneman, D. (1981): The framing of decisions and the psychology of choice. Science, 211, 453-458.

Tversky, A. and Kahneman, D. (1983): Extension versus intuititve reasoning. The conjunction fallacy in probability judgment. Psychological Review, 90, 293-315

Urbain, J. (2004): Wer fürchtet in Luxemburg den Mobilfunk? Unveröffentlichte Diplomarbeit am Institut für Psychologie, Universität Innsbruck.

Van der Pligt, J., de Boer, J. (1991): Contaminated soil: Public reactions, policy decisions and risk communication. In: R.E. Kasperson, P.J.M. Stallen (Eds.), Communicating risks to the public. International perspectives. Dordrecht: Kluwer, 127-144.

Verplanken, B (1991): Persuasive communication of risk information: A test of cue versus message processing effects in a field experiment. Journal of Personality and Social Psychology, 17, 188–193.

Viscusi, W.K. (1997): Alarmist decision with divergent risk information. The Economic Journal, 107, 1657-1670.

Viscusi, W.K. (1994): Efficacy of labeling of foods and pharmaceuticals. Annu Rev Public Health.15:325-43

Wallsten, T.S., Fillenbaum, S., Cox, J. A., (1986a): Base rate effects on the interpretation of probability and frequency expressions. Journal of Memory and Language, 25, 571-587.

Wallsten,T.S., Budescu, D.V., Rapoport, A., Zwick, R., Forsyth, B. (1986b): Measuring the vague meanings of probability terms. Journal of Experimental Psychology: General, 115, 348-365.

Wallsten, T., Budescu, D.V., Zwick, R., Kemp, S.M. (1993): Preference and reasons for communicating probabilistic information in numerical of verbal terms. Bulletin of the Psychonomic Society, 31, 135-138.

Weber, E., U., Hilton, D. J. (1990): Contextual effects in the interpretation of probability words: perceived based rate and severity of events. Journal of Experimental Psychology: Human Perception and Performance, 16, 4, 781-789.

Weinstein, N.D. (1984): Why it won't happen to me: Perceptions of risk factors and susceptibility. Health Psychology, 3, 431-457.

Weinstein, N.D. (1989): Optimistic biases about personal risks. Science, 246, 1232-1233.

Weinstein, N.D., Sandman, P.M., Roberts, N.E. (1989): Communicating effectively about risk magnitudes. Washington, DC. United States Environmental Protection Agency, Office of Policy, Planning and Evaluation (EPA 230/08-89-064)

WHO (1948): Preamble to the Constitution of the World Health Organization as adopted by the International Health Conference, New York, 19-22 June, 1946, signed on 22 July 1946 by the representatives of 61 States (Official Records of the World Health Organization, no. 2, p. 100) and entered into force on 7 April 1948.

WHO (2000): Electromagnetic fields and public health: Cautionary policies. Geneva: World Health Organization.
Online:http://www.who.int/docstore/peh-emf/publications/facts_press/EMF-Precaution.htm [accessed 6.10. 2004].

Wiedemann, P.M. (1999): Grenzwerte im Spannungsfeld zwischen intuitiver Toxikologie und „Risk Stories" – Wie lassen sich Konflikte um Grenzwerte heilen? In:P.Janich, P:C. Thieme und N. Psarros (Hrsg.) Chemischen Grenzwerte. Weinheim: Wiley-VCH, 7-24

Wiedemann, P.M., Schütz, H., Brüggemann, A. (2001): Leitfaden zum Umgang mit Problemen elektromagnetischer Felder in den Kommunen (2. Auflage). Forschungszentrum Jülich, Programmgruppe Mensch, Umwelt, Technik. [Online: http://www.emf-risiko.de/leitfaden-emf/index.html] [1.6.2005].

Wiedemann, P. M., Schütz, H. (2004): Gruppenspezifische Rezeption von Risikoargumenten beim Mobilfunk. In: H.-D. Reidenbach, K. Dollinger, J. Hofmann (Hrsg.) Nichtionisierende Strahlung, Sicherheit und Gesundheit: 36. Jahrestagung des Fachverbandes für Strahlenschutz, NIR 2004. Köln, TÜV, 935 – 939.

Wiedemann, P.M., Clauberg, M. (2005): Risikokommunikation. Forschungszentrum Jülich GmbH, Programmgruppe Mensch, Umwelt, Technik. [Online: http://www.fz-juelich.de/mut/publikationen/preprints/buchpublikationfehr1.pdf] [1.6.2005].

Wiedemann, P.M., Schütz, H., Sachse, K., Jungermann, H. (2005): SAR-Werte von Mobiltelefonen: Sicherheitswahrnehmung und Risikobewertung (Arbeiten zu Risikokommunikation, Heft 89). Jülich: Forschungszentrum Jülich GmbH. Programmgruppe Mensch, Umwelt, Technik (Online: http://www.fz-juelich.de /mut/ publikationen/hefte/ heft_89.pdf).

Wiedemann, P.M., Karger, C.R. (1998): Kognitive und affektive Komponenten der Bewertung von Umweltrisiken. Zeitschrift für Experimentelle Psychologie, 45 (4), 334-344.

15 Literatur

Wiedemann, P.M., Clauberg, M., Schütz, H. (2003): Understanding amplification of complex risk issues: The risk story model applied to the EMF case. In: N. Pidgeon, R. Kasperson and P. Slovic (Eds.), The social amplification of risk. New York: Cambridge University Press, 286-301.

Wiedemann, P.M., Bobis-Seidenschwanz, A., Schütz, H. (1994): Elektrosmog – Ein Risiko? Bedeutungskonstitution von Risiken hochfrequenter elektromagnetischer Felder. Arbeiten zur Risikokommunikation, Heft 44. Programmgruppe Mensch, Umwelt, Technik. Jülich: Forschungszentrum Jülich GmbH.

Wiedemann, P.M., Schütz, H. (1997): Risikoperzeption und Risikokommunikation in der Umweltmedizin. Zeitschrift für ärztliche Fortbildung und Qualitätssicherung, 91, 31-42.

Wiedemann, P.M., Kresser, R.M. (1997): Intuitive Risikobewertung – Strategien der Bewertung von Umweltrisiken. Arbeiten zur Risiko-Kommunikation, Heft 62. Programmgruppe Mensch, Umwelt, Technik. Forschungszentrum Jülich.

Wiedemann, P.M., Schütz, H. (2002): Wer fürchtet den Mobilfunk? Gruppenspezifische Differenzen bei der Risikowahrnehmung. Arbeiten zur Risiko-Kommunikation, Heft 84. Programmgruppe Mensch, Umwelt, Technik. Jülich: Forschungszentrum Jülich.

Wiedemann, P.M., Schütz, H., Thalmann, A. (2002): Risikobewertung im wissenschaftlichen Dialog. Forschungszentrum Jülich GmbH, Programmgruppe Mensch, Umwelt, Technik.

Wiedemann, P.M., Mertens, J., Schütz, H., Hennings, W., Kallfass, M. (2001): Risikopotenziale elektromagnetischer Felder: Bewertungsansätze und Vorsorgeoptionen. Endbericht für das Bayerische Staatsministerium für Landesentwicklung und Umweltfragen. Arbeiten zur Risikokommunikation, Heft 81. Jülich: Forschungszentrum Jülich GmbH. Programmgruppe Mensch, Umwelt, Technik.

Wildavsky, A., Dake, K. (1990): Theories of risk perception: Who fears what and why? Daedalus, 119 (4), 41-60.

Wogalter, M.S., DeJoy, D.M., Laughterty, K.R. (1999): Warnings and risk communication. London: Taylor & Francis.

Yaguchi, H., Nobutomo, K., Shingu, K., Miyakoshi, J. (2000): Attitudes of undergraduate students to electromagnetic fields. International Medical Journal, 7(4), 265-272.

Zaksek, M., Arvai, J.L. (2004): Toward Improved Communication about Wildland Fire: Mental Models Research to Identify Information Needs for Natural Resource Management. Risk Analysis, 24(6), 1503-1514.

Zimmer, A.C. (1983): Verbal versus numerical processing of subjective probabilities. In R. W. Scholz (ed.), Decision making under uncertainty. Amsterdam: Elsevier.

Zuckerman, A., & Chaiken, S. (1998): A heuristic-systematic processing analysis of the effectiveness of product warning labels. Psychology & Marketing, 15, 621-642

Zwick, M.M. (1999): Gentechnik im Verständnis der Öffentlichkeit – Intimus oder Mysterium? In: J. Hampel, O. Renn (Hrsg.), Gentechnik in der Öffentlichkeit. Wahrnehmung und Bewertung einer umstrittenen Technologie. Frankfurt a.M.: Campus, 98-132.

Zwick, M.M. (2002a): Deskriptive Befunde des Risikosurveys Baden-Württemberg 2001. In: Zwick, M.M., Renn, O. (Hg.), Wahrnehmung und Bewertung von Risiken. Ergebnisse des „Risikosurvey Baden-Württemberg 2001", 9-34.

Zwick, M.M. (2002b): Was läßt Risiken akzeptabel erscheinen? Ein empirischer Vergleich von fünf theoretischen Ansätzen. In: M.M. Zwick, O. Renn, (Hrsg.), Wahrnehmung und Bewertung von Risiken. Ergebnisse des „Risikosurvey Baden-Württemberg 2001", 35-98.

Zwick, M.M., Renn, O. (Hrsg.) (2002): Wahrnehmung und Bewertung von Risiken. Ergebnisse des „Risikosurvey Baden-Württemberg 2001". Arbeitsbericht Nr. 202. Akademie für Technikfolgenabschätzung in Baden-Württemberg.

16 Anhang: Fragebogen zu Studie 1

Nummerierung: (hier nichts eintragen!)

Befragung der Anwohner

Bei Nachfragen zum Projektträger: Die Umfrage wird vom Institut für Psychologie der Universität Innsbruck gemacht. Leiter: Dr. Peter Wiedemann und Mag. Markus Grutsch; weitere Infos: www.fz-juelich.de/mut/innsbruck

Dieser Fragebogen ist vertraulich und darf nicht an unbefugte Personen weiter gegeben werden.
 Das gesamte Interview mit allen Fragen ist in einem persönlichen Gespräch mit dem Befragten zu führen. Keinesfalls darf die Befragung telefonisch durchgeführt werden. Der Fragebogen darf auch nicht an den Befragten zum Selbstausfüllen gegeben werden.

BEVOR SIE DAS INTERVIEW BEGINNEN; MÜSSEN SIE DIES UNBEDINGT LESEN!

Instruktionen:

Motivieren Sie Ihren Interviewpartner und erklären Sie ihm, dass Sie für das gesamte Interview ca. 30 min in Anspruch nehmen werden.
 Legen Sie den Fragebogen in der Interviewsituation so auf den Tisch, dass Ihr Interviewpartner Einsicht in den Fragebogen hat (Setzen Sie sich nebeneinander – in einem Winkel von 45° bis 90°). Führen Sie das Gespräch nicht stehend – und in keinem Fall zwischen Tür und Angel!

Lesen Sie Ihrem Interviewpartner in Ruhe eine Frage vor und lassen Sie diese beantworten. Wiederholen Sie eine Frage wenn nötig, und *passen Sie die Frage gegebenenfalls sprachlich an*. Achten Sie darauf, dass nur eine Antwort angekreuzt werden darf.

Abschließend erfragen Sie die *Telefonnummer des Interviewpartners*. Dies dient der Überprüfung, ob Sie beim Ausfüllen des Fragebogens nicht geschummelt haben. Um die Telefonnummer auch zu bekommen, können Sie ihrem Interviewpartner sagen, dass diese nötig ist, um bei Nachfragen noch einmal Kontakt aufnehmen zu können.

16 Anhang: Fragebogen zur Studie 1

1. Ich glaube, dass die Risikobefürchtungen in Bezug auf den Mobilfunk übertrieben sind. Ich selbst sehe kein Risiko.

1 = Trifft überhaupt nicht zu	1	2	3	4	5	6	7	7 = Trifft völlig zu

2. Es wird so vieles aufgeregt diskutiert, auch der Mobilfunk. Ich kümmere mich darum nicht. Es gibt dringlichere Probleme.

1 = Trifft überhaupt nicht zu	1	2	3	4	5	6	7	7 = Trifft völlig zu

3. Auch wenn sicher in den Medien hin und wieder übertrieben wird, so denke ich doch, dass an den Mobilfunk-Risiken etwas dran sein kann. Aber eigentlich weiß ich zu wenig, um mir ein Urteil bilden zu können.

1 = Trifft überhaupt nicht zu	1	2	3	4	5	6	7	7 = Trifft völlig zu

4. Irgendwie ist mir nicht ganz wohl dabei. Man hört doch immer wieder, dass der Mobilfunk Risiken hat.

1 = Trifft überhaupt nicht zu	1	2	3	4	5	6	7	7 = Trifft völlig zu

5. Ich bin überzeugt, dass der Mobilfunk gesundheitsschädlich ist.

1 = Trifft überhaupt nicht zu	1	2	3	4	5	6	7	7 = Trifft völlig zu

6. Ich kläre andere Leute über die Schädlichkeit des Mobilfunks auf.

1 = Trifft überhaupt nicht zu	1	2	3	4	5	6	7	7 = Trifft völlig zu

7. Ich bin überzeugt, dass viele meiner Beschwerden durch die Handymasten-Strahlung ausgelöst werden.

1 = Trifft überhaupt nicht zu	1	2	3	4	5	6	7	7 = Trifft völlig zu

8. Es gibt Themen, für die man sich einsetzt, und es gibt andere, für die man sich nicht engagiert. Wie ist das bei Ihnen in Bezug auf das Thema „Mobilfunk und Gesundheit"?

1 = Ich engagiere mich gar nicht	1	2	3	4	5	6	7	7 = Ich engagiere mich sehr

9. Es gibt Themen, die einen berühren, andere Themen lassen einen kalt. Das Thema Mobilfunk im Zusammenhang mit Gesundheit

1 = Berührt mich nicht im geringsten	1	2	3	4	5	6	7	7 = Berührt mich sehr

10. Wie stark fühlen Sie sich alles in allem durch BSE bedroht?

1 = Ich fühle mich gar nicht bedroht	1	2	3	4	5	6	7	7 = Ich fühle mich sehr bedroht

16 Anhang: Fragebogen zur Studie 1

11. Wie stark fühlen Sie sich alles in allem durch Atomkraftwerke bedroht?

1 = Ich fühle mich gar nicht bedroht	1	2	3	4	5	6	7	7 = Ich fühle mich sehr bedroht

12. Wie stark fühlen Sie sich alles in allem durch die Strahlenbelastung von Handys bedroht?

1 = Ich fühle mich gar nicht bedroht	1	2	3	4	5	6	7	7 = Ich fühle mich sehr bedroht

13. Wie stark fühlen Sie sich alles in allem durch Rauchen bedroht?

1 = Ich fühle mich gar nicht bedroht	1	2	3	4	5	6	7	7 = Ich fühle mich sehr bedroht

14. Wie stark fühlen Sie sich alles in allem durch gentechnisch veränderte Lebensmittel bedroht?

1 = Ich fühle mich gar nicht bedroht	1	2	3	4	5	6	7	7 = Ich fühle mich sehr bedroht

15. Wie stark fühlen Sie sich alles in allem durch Strahlenbelastung von Handymasten bedroht?

1 = Ich fühle mich gar nicht bedroht	1	2	3	4	5	6	7	7 = Ich fühle mich sehr bedroht

16. Wie stark fühlen Sie sich alles in allem durch den weltweiten Klimawandel bedroht?

1 = Ich fühle mich gar nicht bedroht	1	2	3	4	5	6	7	7 = Ich fühle mich sehr bedroht

17. Wie stark fühlen Sie sich alles in allem durch Kriminalität bedroht?

1 = Ich fühle mich gar nicht bedroht	1	2	3	4	5	6	7	7 = Ich fühle mich sehr bedroht

Was würde Ihre Einschätzung des Risikos von Handymasten verändern?

18. Wenn die Strahlenkommission beim Bundesministerium für Gesundheit, Sport und Konsumentenschutz in Österreich warnen würde, dann würde meine Einschätzung des Risikos von Handymasten steigen.

1 = Gar nicht	1	2	3	4	5	6	7	7 = Sehr stark

19. Wenn in meiner unmittelbaren Nachbarschaft eine Station errichtet würde, würde meine Einschätzung des Risikos von Handymasten steigen.

1 = Gar nicht	1	2	3	4	5	6	7	7 = Sehr stark

16 Anhang: Fragebogen zur Studie 1

20. Wenn die Weltgesundheitsorganisation vor Handymasten warnen würde, würde meine Einschätzung des Risikos von Handymasten steigen.

1 = Gar nicht	1	2	3	4	5	6	7	7 = Sehr stark

21. Wenn einer meiner Bekannten in der Aufstellung eines Sendemastes den Grund für seine Gesundheitsstörungen sähe, würde meine Einschätzung des Risikos vor Handymasten steigen.

1 = Gar nicht	1	2	3	4	5	6	7	7 = Sehr stark

22. Wenn ich selber Gesundheitsstörungen wahrnehmen würde, würde meine Einschätzung des Risikos von Handymasten steigen.

1 = Gar nicht	1	2	3	4	5	6	7	7 = Sehr stark

23. Wenn die Zeitungen immer mehr über gesundheitliche Beeinträchtigungen durch den Mobilfunk berichten würden, würde meine Einschätzung des Risikos von Handymasten steigen.

1 = Gar nicht	1	2	3	4	5	6	7	7 = Sehr stark

24. Wenn sich Bürgerinitiativen im Ort dagegen gründen würden, würde meine Einschätzung des Risikos von Handymasten steigen.

1 =Gar nicht	1	2	3	4	5	6	7	7 = Sehr stark

25. Wenn der ansässige Arzt davor warnen würde, würde meine Einschätzung des Risikos von Handymasten steigen.

1 =Gar nicht	1	2	3	4	5	6	7	7 = Sehr stark

26. Wenn ich über Probleme bei der Tierhaltung hören würde, würde meine Einschätzung des Risikos von Handymasten steigen.

1 =Gar nicht	1	2	3	4	5	6	7	7 = Sehr stark

27. Wenn die Strahlenschutzkommission beim Bundesministerium für Gesundheit, Sport und Konsumentenschutz in Österreich entwarnen würde, würde sich meine Einschätzung des Risikos von Handymasten verringern.

1 =Gar nicht	1	2	3	4	5	6	7	7 = Sehr stark

16 Anhang: Fragebogen zur Studie 1

28. Wenn die Sendestation noch weiter weg wäre, würde sich meine Einschätzung des Risikos von Handymasten verringern.

1 = Gar nicht | 1 | 2 | 3 | 4 | 5 | 6 | 7 | 7 = Sehr stark

29. Wenn die Weltgesundheitsorganisation entwarnen würde, würde sich meine Einschätzung des Risikos von Handymasten verringern.

1 = Gar nicht | 1 | 2 | 3 | 4 | 5 | 6 | 7 | 7 = Sehr stark

30. Wenn keiner meiner Bekannten in der Aufstellung eines Sendemastes den Grund für seine Gesundheitsstörungen sieht, würde sich meine Einschätzung des Risikos von Handymasten verringern.

1 = Gar nicht | 1 | 2 | 3 | 4 | 5 | 6 | 7 | 7 = Sehr stark

31. Wenn ich selber keine Gesundheitsstörungen wahrnehme, würde sich meine Einschätzung des Risikos von Handymasten verringern.

1 = Gar nicht | 1 | 2 | 3 | 4 | 5 | 6 | 7 | 7 = Sehr stark

32. Wenn in Zeitungen immer weniger über gesundheitliche Probleme ausgelöst durch den Mobilfunk berichtet würde, würde sich meine Einschätzung des Risikos von Handymasten verringern.

1 = Gar nicht	1	2	3	4	5	6	7	7 = Sehr stark

33. Wenn der ansässige Arzt entwarnen würde, würde sich meine Einschätzung des Risikos von Handymasten verringern.

1 = Gar nicht	1	2	3	4	5	6	7	7 = Sehr stark

34. Wenn keine Probleme bei der Tierhaltung auffallen, würde sich meine Einschätzung des Risikos von Handymasten verringern.

1 = Gar nicht	1	2	3	4	5	6	7	7 = Sehr stark

16 Anhang: Fragebogen zur Studie 1

Wenn Sie sich für die Sicherheit des Mobilfunks bzw. mögliche Risiken interessieren, wem würden Sie Glauben schenken?

35. Den Betreibern

1 = Gar nicht	1	2	3	4	5	6	7	7 = Vollständig

36. Den Bürgerinitiativen

1 = Gar nicht	1	2	3	4	5	6	7	7 = Vollständig

37. Den „offiziellen" Stellen (Behörden etc.)

1 = Gar nicht	1	2	3	4	5	6	7	7 = Vollständig

38. Den Medien

1 = Gar nicht	1	2	3	4	5	6	7	7 = Vollständig

39. Der Wissenschaft

1 = Gar nicht	1	2	3	4	5	6	7	7 = Vollständig

40. Den Ärzten vor Ort

1 =Gar nicht	1	2	3	4	5	6	7	7 = Vollständig

Wenn Sie sich für die Technik des Mobilfunks interessieren, wem würden Sie Glauben schenken?

41. Den Betreibern

1 =Gar nicht	1	2	3	4	5	6	7	7 = Vollständig

42. Den Bürgerinitiativen

1 =Gar nicht	1	2	3	4	5	6	7	7 = Vollständig

43. Den „offiziellen" Stellen (Behörden etc.)

1 =Gar nicht	1	2	3	4	5	6	7	7 = Vollständig

44. Den Medien

1 =Gar nicht	1	2	3	4	5	6	7	7 = Vollständig

45. Der Wissenschaft

1 =Gar nicht	1	2	3	4	5	6	7	7 = Vollständig

46. Den Ärzten vor Ort

1 =Gar nicht	1	2	3	4	5	6	7	7 = Vollständig

Wenn Sie sich für die Einhaltung der Grenzwerte des Mobilfunks vor Ort interessieren, wem würden Sie Glauben schenken?

47. Den Betreiber

1 =Gar nicht	1	2	3	4	5	6	7	7 = Vollständig

48. Den Bürgerinitiativen

1 =Gar nicht	1	2	3	4	5	6	7	7 = Vollständig

49. Den „offiziellen" Stellen (Behörden etc.)

1 =Gar nicht	1	2	3	4	5	6	7	7 = Vollständig

50. Den Medien

1 =Gar nicht	1	2	3	4	5	6	7	7 = Vollständig

51. Der Wissenschaft

1 =Gar nicht	1	2	3	4	5	6	7	7 = Vollständig

52. Den Ärzten vor Ort

1 =Gar nicht	1	2	3	4	5	6	7	7 = Vollständig

53. Wie schätzen Sie Ihren eigenen Informationsstand im Hinblick auf Risiko/Sicherheit des Mobilfunks ein?

1 =Gar nicht	1	2	3	4	5	6	7	7 = Vollständig

54. Wie schätzen Sie Ihren eigenen Informationsstand im Hinblick auf Technik des Mobilfunks ein?

1 =Gar nicht	1	2	3	4	5	6	7	7 = Vollständig

55. Wie schätzen Sie Ihren eigenen Informationsstand im Hinblick auf rechtliche Rahmensetzung/Genehmigungsverfahren des Mobilfunks ein?

1 =Gar nicht informiert	1	2	3	4	5	6	7	7 = Bin sehr gut informiert

Bewertung von Aussagen

56. Es gibt ungefähr 30.000 wissenschaftliche Arbeiten zu biologischen Wirkungen von elektromagnetischen Feldern. Mehr als bei anderen neuen Techniken. Deswegen kann man sagen, dass der Mobilfunk gut untersucht ist.

1 =Halte ich gar nicht für überzeugend	1	2	3	4	5	6	7	7 = Halte ich für sehr überzeugend

57. Wenn man sich überlegt, wie Umweltschadstoffe auf den Menschen wirken, so kann man sich den Menschen als ein Fass vorstellen, das langsam mit Schadstoffen aufgefüllt wird. Irgendwann kann auch ein kleiner Beitrag, z.b. Elektrosmog durch Mobilfunk, das Fass zum Überlaufen bringen. Deswegen ist Mobilfunk ein Risiko.

1 =Halte ich gar nicht für überzeugend	1	2	3	4	5	6	7	7 = Halte ich für sehr überzeugend

58. Bei der Risikobewertung ist die Dosis, d.h. welcher Menge oder welcher Intensität eines Schadstoffes der Mensch ausgesetzt ist, entscheidend. Die Dosis kann so gering sein, dass kein Risiko mehr besteht. Anwohner von Handymasten sind sehr geringen elektromagnetischen Feldern ausgesetzt. Deswegen geht von den Handymasten kein Risiko aus.

1 =Halte ich gar nicht für überzeugend	1	2	3	4	5	6	7	7 = Halte ich für sehr überzeugend

16 Anhang: Fragebogen zur Studie 1

59. Wenn Menschen dauernd einer Strahlung ausgesetzt sind, so kann dies über die Zeit zu Gesundheitsrisiken führen. Handymasten senden im 24-Stunden-Betrieb. Deswegen ist Mobilfunk ein Risiko.

1 =Halte ich gar nicht für überzeugend	1	2	3	4	5	6	7	7 = Halte ich für sehr überzeugend

60. Nur international renommierte Experten, die in anerkannten Gremien zusammenarbeiten, verfügen über das Fachwissen, um die Risiken des Mobilfunks einschätzen zu können. Diese Gremien kommen zu dem Schluss, dass es keinen begründeten Verdacht auf ein Risiko gibt. Deswegen ist Mobilfunk gesundheitlich unbedenklich.

1 =Halte ich gar nicht für überzeugend	1	2	3	4	5	6	7	7 = Halte ich für sehr überzeugend

61. Menschen hatten schon immer vor neuen Technologien Angst gehabt – So hat man nach der Erfindung des Telefons geglaubt, dass das Telefonieren gesundheitsschädlich ist. Später hat sich dies als falsch erwiesen. Deswegen ist das Neusein allein noch kein Grund für Befürchtungen. Das gilt auch für den Mobilfunk.

1 =Halte ich gar nicht für überzeugend	1	2	3	4	5	6	7	7 = Halte ich für sehr überzeugend

62. Es gab immer wieder Fälle, da hatten wissenschaftliche Außenseiter – die sich gegen die herrschende wissenschaftliche Meinung stellten – Recht mit ihren Risikoeinschätzungen gehabt. Das kann auch beim Mobilfunk der Fall sein. Deswegen kann nicht ausgeschlossen werden, dass der Mobilfunk ein Risiko ist.

1 =Halte ich gar nicht für überzeugend	1	2	3	4	5	6	7	7 = Halte ich für sehr überzeugend

63. Der Mobilfunk ist eine neue Technik. Es gibt noch keine Langzeituntersuchungen über 10 Jahre und mehr. Deswegen ist beim Mobilfunk besondere Vorsicht geboten.

1 =Halte ich gar nicht für überzeugend	1	2	3	4	5	6	7	7 = Halte ich für sehr überzeugend

64. Besitzen Sie selbst ein Handy?   Ja   Nein

65. Wie häufig telefonieren Sie täglich mit dem Handy? (eine Kategorie ankreuzen!)

Weniger als eine Minute
1 - 2 Minuten
3 - 5 Minuten
5 - 10 Minuten
10 - 20 Minuten
mehr als 20 Minuten

66. Meinen Sie, dass Sie in der Nähe einer Basisstation wohnen?

Ja   Nein

16 Anhang: Fragebogen zur Studie 1

67. Es gibt Menschen, die handeln und entscheiden mit großer Vorsicht. Andere gehen freiwillig auch mal höhere Risiken ein. Wie ist das bei Ihnen?

1 = Ich bin ein sehr vorsichtiger Mensch	1	2	3	4	5	6	7	7 = Ich bin en sehr risikofreudiger Mensch

68. Es gibt Menschen, die sind sehr misstrauisch. Andere wieder geben sehr viel Vertrauensvorschuss. Wie ist das bei Ihnen?

1 = Ich gebe sehr viel Vertrauensvorschuss	1	2	3	4	5	6	7	7 = Ich bin sehr misstrauisch

Angaben zur Person

69. Geschlecht: männlich   weiblich   (selbst ankreuzen!)

70. Alter:

71. Familienstand: ledig   verheiratet   sonstiges _____

72. Telefonnummer des Interviewten (Die Telefonnummer hat keine Bedeutung für die Auswertung. Alle Daten werden vertraulich behandelt und kommen ausschließlich einer Gesamtauswertung zugute!)

73. Wohnort:
   Thaur   Ellbögen   Anderer Wohnort: _____

74. Straße, Hausnummer. (tragen Sie die Anschrift im Anschluss an das Interview selbst ein!)
Platz für abschließende Bemerkungen
(sowohl vom Interviewer als auch vom Interviewten):

17 Anhang: Materialien zu Studie 2

Profile

Profilnummer 1
Preis: 79 Euro
Austattung: ohne Kamera
SAR-Wert: 1,14 W/kg
Design: nicht aufklappbar
Technik: nicht internetfähig

Profilnummer 2
Preis: 10 Euro
Austattung: mit Kamera
SAR-Wert: 0,58 W/kg
Design: nicht aufklappbar
Technik: internetfähig

Profilnummer 3
Preis: 10 Euro
Austattung: mit Kamera
SAR-Wert: 1.63 W/kg
Design: aufklappbar
Technik: nicht internetfähig

Profilnummer 4
Preis: 10 Euro
Austattung: ohne Kamera
SAR-Wert: 1,14 W/kg
Design: aufklappbar
Technik: internetfähig

Profilnummer 5
Preis: 27 Euro
Austattung: ohne Kamera
SAR-Wert: 0,58 W/kg
Design: nicht aufklappbar
Technik: nicht internetfähig

Profilnummer 6
Preis: 27 Euro
Austattung: mit Kamera
SAR-Wert: 1,14 W/kg
Design: aufklappbar
Technik: nicht internetfähig

Profilnummer 7
Preis: 27 Euro
Austattung: mit Kamera
SAR-Wert: 1.63 W/kg
Design: nicht aufklappbar
Technik: internetfähig

Profilnummer 8
Preis: 79 Euro
Austattung: ohne Kamera
SAR-Wert: 1.63 W/kg
Design: aufklappbar
Technik: internetfähig

17 Anhang: Materialien zu Studie 2

Profilnummer 9
Preis: 27 Euro
Austattung: ohne Kamera
SAR-Wert: 0,16 W/kg
Design: aufklappbar
Technik: internetfähig

Profilnummer 10
Preis: 79 Euro
Austattung: mit Kamera
SAR-Wert: 0,16 W/kg
Design: nicht aufklappbar
Technik: internetfähig

Profilnummer 11
Preis: 10 Euro
Austattung: ohne Kamera
SAR-Wert: 0,58 W/kg
Design: aufklappbar
Technik: internetfähig

Profilnummer 12
Preis: 10 Euro
Austattung: ohne Kamera
SAR-Wert: 1.63 W/kg
Design: nicht aufklappbar
Technik: nicht internetfähig

Profilnummer 13
Preis: 10 Euro
Austattung: mit Kamera
SAR-Wert: 1,14 W/kg
Design: nicht aufklappbar
Technik: internetfähig

Profilnummer 14
Preis: 79 Euro
Austattung: mit Kamera
SAR-Wert: 0,58 W/kg
Design: aufklappbar
Technik: nicht internetfähig

Profilnummer 15
Preis: 10 Euro
Austattung: ohne Kamera
SAR-Wert: 0,16 W/kg
Design: nicht aufklappbar
Technik: nicht internetfähig

Profilnummer 16
Preis: 10 Euro
Austattung: mit Kamera
SAR-Wert: 0,16 W/kg
Design: aufklappbar
Technik: nicht internetfähig

Pb-Nummer:	

Erfassung des Profil-Rankings

Rang	Profil-Nummer
Rang 1	
Rang 2	
Rang 3	
Rang 4	
Rang 5	
Rang 6	
Rang 7	
Rang 8	
Rang 9	
Rang 10	
Rang 11	
Rang 12	
Rang 13	
Rang 14	
Rang 15	
Rang 16	

(Bitte für jeden Rangplatz die entsprechende Profilnummer eintragen)

17 Anhang: Materialien zu Studie 2

Jetzt interessiert uns Ihre Einschätzung der Sicherheit, die SAR-Werte für die Gesundheit bieten. Der Grenzwert für Mobilfunktelefone liegt in Deutschland bei einem SAR-Wert von 2,0 W/kg. Wie schätzen Sie die Sicherheit der folgenden SAR-Werte für die Gesundheit ein?

SAR-Wert: 0,16 W/kg
SAR-Wert: 0,58 W/kg
SAR-Wert: 1,14 W/kg
SAR-Wert: 1,63 W/kg

Bitte drücken Sie Ihre Einschätzung in Prozentangaben anhand folgender Skala aus.

|—————————————————————————————|

0 %   100 %
Sicherheit   Sicherheit

Wenn Sie zum Beispiel meinen, dass ein bestimmter SAR-Wert vollständige Sicherheit für die Gesundheit bietet, tragen Sie für den SAR-Wert 100% ein. Wenn Sie der Ansicht sind, dass der SAR-Wert überhaupt keine Sicherheit bietet, tragen Sie 0% ein. Natürlich sind auch alle anderen Prozentwerte zwischen diesen beiden Endpunkten möglich.

Ein SAR-Wert von 0,16 W/kg bietet _____ % Sicherheit die Gesundheit.
Ein SAR-Wert von 0,58 W/kg bietet _____ % Sicherheit die Gesundheit.
Ein SAR-Wert von 1,14 W/kg bietet _____ % Sicherheit die Gesundheit.
Ein SAR-Wert von 1,63 W/kg bietet _____ % Sicherheit die Gesundheit.

Auf dieser Seite sind einige Meinungen zur aktuellen Diskussion um mögliche Risiken des Mobilfunks aufgeführt. Bitte kreuzen Sie für jede Aussage an, wie sehr diese auf Sie zutrifft.

Ich glaube, dass die Risikobefürchtungen in Bezug auf den Mobilfunk übertrieben sind. Ich selbst sehe kein Risiko.

1 = Trifft überhaupt nicht zu	1	2	3	4	5	6	7	7 = Trifft völlig zu

Es wird so vieles aufgeregt diskutiert, auch der Mobilfunk. Ich kümmere mich darum nicht. Es gibt dringlichere Probleme.

1 = Trifft überhaupt nicht zu	1	2	3	4	5	6	7	7 = Trifft völlig zu

Auch wenn sicher in den Medien hin und wieder übertrieben wird, so denke ich doch, dass an den Mobilfunk-Risiken etwas dran sein kann. Aber eigentlich weiß ich zu wenig, um mir ein Urteil bilden zu können.

1 = Trifft überhaupt nicht zu	1	2	3	4	5	6	7	7 = Trifft völlig zu

Irgendwie ist mir nicht ganz wohl dabei. Man hört doch immer wieder, dass der Mobilfunk Risiken hat.

1 = Trifft überhaupt nicht zu	1	2	3	4	5	6	7	7 = Trifft völlig zu

17 Anhang: Materialien zu Studie 2

Ich bin überzeugt, dass der Mobilfunk gesundheitsschädlich ist.

1 =Trifft überhaupt nicht zu	1	2	3	4	5	6	7	7 = Trifft völlig zu

Ich bin überzeugt, dass Handymasten-Strahlung bei mir hin und wieder gesundheitliche Beschwerden auslöst.

1 =Trifft überhaupt nicht zu	1	2	3	4	5	6	7	7 = Trifft völlig zu

Im Folgenden geht es um Ihre Einschätzung einiger Risiken. Bitte kreuzen Sie wieder jeweils den Wert an, der Ihrer Einschätzung entspricht.

Wie stark fühlen Sie sich alles in allem durch BSE bedroht?

1 =Ich fühle mich gar nicht bedroht	1	2	3	4	5	6	7	7 = Ich fühle mich sehr bedroht

Wie stark fühlen Sie sich alles in allem durch Atomkraftwerke bedroht?

1 =Ich fühle mich gar nicht bedroht	1	2	3	4	5	6	7	7 = Ich fühle mich sehr bedroht

Wie stark fühlen Sie sich alles in allem durch die Strahlenbelastung von Handys bedroht?

1 =Ich fühle mich gar nicht bedroht	1	2	3	4	5	6	7	7 = Ich fühle mich sehr bedroht

Wie stark fühlen Sie sich alles in allem durch Rauchen bedroht?

1 =Ich fühle mich gar nicht bedroht	1	2	3	4	5	6	7	7 = Ich fühle mich sehr bedroht

Wie stark fühlen Sie sich alles in allem durch gentechnisch veränderte Lebensmittel bedroht?

1 =Ich fühle mich gar nicht bedroht	1	2	3	4	5	6	7	7 = Ich fühle mich sehr bedroht

Wie stark fühlen Sie sich alles in allem durch Strahlenbelastung von Handymasten bedroht?

1 =Ich fühle mich gar nicht bedroht	1	2	3	4	5	6	7	7 = Ich fühle mich sehr bedroht

Wie stark fühlen Sie sich alles in allem durch den weltweiten Klimawandel bedroht?

1 =Ich fühle mich gar nicht bedroht	1	2	3	4	5	6	7	7 = Ich fühle mich sehr bedroht

17 Anhang: Materialien zu Studie 2

Wie stark fühlen Sie sich alles in allem durch Kriminalität bedroht?

1 = Ich fühle mich gar nicht bedroht	1	2	3	4	5	6	7	7 = Ich fühle mich sehr bedroht

Zum Abschluss noch einige Angaben zur Ihrer Person:

Geschlecht: weiblich männlich

Alter: _____ Jahre

Welchen Schulabschluss haben Sie?   Hauptschulabschluss
Realschulabschluss
Abitur
Hochschulabschluss

Besitzen Sie ein Handy? nein ja

Wenn ja: Welchen SAR-Wert hat Ihr Handy?

SAR: _____ W/kg

weiß nicht

18 Anhang: Fragebogen zu Studie 3

Id.-Nr. ....

Fragenbogentyp: A1B1

Fragebogen

Im folgenden Fragebogen geht es um den Mobilfunk. Sie finden dazu einige Fragen, zu denen wir gerne Ihre Meinung wissen würden.

Vielen Dank für Ihre Mitarbeit.

Die Untersuchung findet in Zusammenarbeit des Instituts für Psychologie und des Forschungszentrums Jülich statt.
Projektleitung: Dr. P. Wiedemann
Telefon: +49 (02461) 614806

18 Anhang: Fragebogen zu Studie 3

Wie stark fühlen Sie sich alles in allem durch BSE bedroht?

1 =Ich fühle mich gar nicht bedroht	1	2	3	4	5	6	7	7 = Ich fühle mich sehr bedroht

Wie stark fühlen Sie sich alles in allem durch Atomkraftwerke bedroht?

1 =Ich fühle mich gar nicht bedroht	1	2	3	4	5	6	7	7 = Ich fühle mich sehr bedroht

Wie stark fühlen Sie sich alles in allem durch Rauchen bedroht?

1 =Ich fühle mich gar nicht bedroht	1	2	3	4	5	6	7	7 = Ich fühle mich sehr bedroht

Wie stark fühlen Sie sich alles in allem durch gentechnisch veränderte Lebensmittel bedroht?

1 =Ich fühle mich gar nicht bedroht	1	2	3	4	5	6	7	7 = Ich fühle mich sehr bedroht

Wie stark fühlen Sie sich alles in allem durch den weltweiten Klimawandel bedroht?

1 =Ich fühle mich gar nicht bedroht	1	2	3	4	5	6	7	7 = Ich fühle mich sehr bedroht

Wie stark fühlen Sie sich alles in allem durch Kriminalität bedroht?

1 =Ich fühle mich gar nicht bedroht	1	2	3	4	5	6	7	7 = Ich fühle mich sehr bedroht

18 Anhang: Fragebogen zu Studie 3

A1B1

Bitte lesen Sie sich jetzt folgenden Text durch:

> Über mögliche Risiken des Elektrosmogs wird derzeit viel diskutiert. Die Internationale Strahlenschutzkommission weist aber darauf hin, dass die gegenwärtigen Grenzwerte den Schutz der Bevölkerung gewährleisten.

Wie stark fühlen Sie sich alles in allem durch Elektrosmog bedroht?

1 = Ich fühle mich gar nicht bedroht	1	2	3	4	5	6	7	7 = Ich fühle mich sehr bedroht

Wie schätzen Sie den Stand der wissenschaftlichen Erkenntnis zu den gesundheitlichen Risiken von Elektrosmog ein?

1 = In der Wissenschaft ist das Wissen darüber sehr mangelhaft	1	2	3	4	5	6	7	7 = Die Wissenschaft weiß sehr gut Bescheid

18 Anhang: Fragebogen zu Studie 3

Bitte geben Sie an, was Sie mit dem Wort „Elektrosmog" verbinden.

Nutzen Sie dazu die aufgeführten Eingangspaare.

	1	2	3	4	5	6	7	
unruhig	☐	☐	☐	☐	☐	☐	☐	ruhig
natürlich	☐	☐	☐	☐	☐	☐	☐	künstlich
unfreundlich	☐	☐	☐	☐	☐	☐	☐	freundlich
vielfältig	☐	☐	☐	☐	☐	☐	☐	monoton
schmutzig	☐	☐	☐	☐	☐	☐	☐	sauber
schön	☐	☐	☐	☐	☐	☐	☐	hässlich
harmlos	☐	☐	☐	☐	☐	☐	☐	bedrohlich
unstimmig	☐	☐	☐	☐	☐	☐	☐	stimmig
ärgerlich	☐	☐	☐	☐	☐	☐	☐	erfreulich
fremd	☐	☐	☐	☐	☐	☐	☐	heimatlich
zerstückelt	☐	☐	☐	☐	☐	☐	☐	ganzheitlich
befreiend	☐	☐	☐	☐	☐	☐	☐	bedrückend

18 Anhang: Fragebogen zu Studie 3

Im Folgenden möchten wir Ihre Meinung zu einer Reihe von Maßnahmen zum Umgang mit dem Elektrosmog erfahren.

Für wie sinnvoll halten Sie die Vorsorgemaßnahmen, Belastungen mit Elektrosmog so klein wie möglich zu halten?

1 = gar nicht sinnvoll	1	2	3	4	5	6	7	7 = sehr sinnvoll

Für wie sinnvoll halten Sie die Vorsorgemaßnahme wie in der Schweiz die Grenzwerte dort, wo Menschen sich dauerhaft aufhalten, noch einmal um das 10-fache zu verschärfen?

1 = gar nicht sinnvoll	1	2	3	4	5	6	7	7 = sehr sinnvoll

Für wie sinnvoll halten Sie die Vorsorgemaßnahme, darauf zu achten, dass Mobilfunksendestationen nicht in der Nähe von sensiblen Einrichtungen wie Kindergärten, Schulen und Krankenhäusern errichtet werden?

1 = gar nicht sinnvoll	1	2	3	4	5	6	7	7 = sehr sinnvoll

Bitte beantworten Sie noch folgende Fragen:

Alter: ....

Geschlecht: männlich ❏   weiblich ❏

Ich besitze ein Handy   Ja ❏   Nein ❏

19 Anhang: Fragebogen zu Studie 4

St. Gallen, den _   A
                     C:_____

Information zur Studie

Vielleicht haben Sie schon mal etwas über das Thema Elektrosmog – Mobilfunk und Gesundheit gehört. Wir möchten gerne wissen, was Sie von Elektrosmog, der vom Mobilfunk ausgeht, halten.
Nehmen Sie sich für das Beantworten der Fragen die Zeit, die Sie brauchen. Es gibt keine richtigen oder falschen Antworten.
Die Teilnahme an der Befragung ist freiwillig. Ihre Angaben werden anonym behandelt und statistisch ausgewertet. Die Umfrage wird von der Programmgruppe „Mensch Umwelt Technik" des Forschungszentrums Jülich (Deutschland) durchgeführt (www.fz-juelich.de/mut). Für weitere Informationen steht Ihnen Dr. Markus Grutsch, Dozent an der HSG, zur Verfügung (markus.grutsch@unisg.ch).
Zur Beantwortung der Fragen haben wir Ihnen einen kurzen Einstiegstext mit aktuellen Informationen zum Thema zusammengestellt. Bitte lesen Sie den Text in Ruhe durch und beantworten Sie dann die unten stehenden Fragen.

Über mögliche Risken des Elektrosmogs, der vom Mobilfunk ausgeht, wird derzeit viel diskutiert.

Die Internationale Strahlenschutzkommission weist aber darauf hin, dass die bestehenden Grenzwerte den Schutz der Bevölkerung gewährleisten

	Für wie bedrohlich halten Sie alles in allem das Risiko des Elektrosmogs?
Risikoeinschätzung	Gar nicht bedrohlich 1 ☐ 2 ☐ 3 ☐ 4 ☐ 5 ☐ 6 ☐ 7 ☐ Sehr bedrohlich
Vertrauen	

19 Anhang: Fragebogen zu Studie 4

In wie weit vertrauen Sie darauf, dass der Gesundheitsschutz der Bevölkerung in Bezug auf Elektrosmog gewährleistet ist?

Überhaupt nicht 1 2 3 4 5 6 7 Vollständig

Stand der wissenschaftlichen Erkenntnis

Wie schätzen Sie das Wissen über die gesundheitlichen Auswirkungen des Elektrosmogs ein?

Das Wissen ist sehr schlecht 1 2 3 4 5 6 7 Das Wissen ist sehr gut

Was assoziieren Sie mit dem Begriff „Elektrosmog"?
Nutzen Sie die folgenden Eigenschaftspaare

	1	2	3	4	5	6	7	
unruhig								ruhig
klar								verwirrend
unfreundlich								freundlich
natürlich								unnatürlich
überflüssig								notwendig
schön								hässlich
harmlos								bedrohlich

unstimmig	☐	☐	☐	☐	☐	☐	☐	stimmig
erfreulich	☐	☐	☐	☐	☐	☐	☐	ärgerlich
fremd	☐	☐	☐	☐	☐	☐	☐	bekannt
befreiend	☐	☐	☐	☐	☐	☐	☐	bedrückend

Einschätzung der Vorsorge	Für wie sinnvoll halten Sie die Einführung von Vorsorgemaßnahmen im Bereich des Mobilfunks?
	Gar nicht sinnvoll 1 ☐ 2 ☐ 3 ☐ 4 ☐ 5 ☐ 6 ☐ 7 ☐ sinnvoll

Angaben zur Person:

Alter: _____ Jahre

Geschlecht: Weibl. ☐   Männl. ☐

Vielen Dank für Ihre Teilnahme!

Wenn Sie Fragen oder Interesse an den Ergebnissen der Studie haben, steht Ihnen Dr. Markus Grutsch unter markus.grutsch@unisg.ch gerne zur Verfügung. Ebenfalls finden Sie unter http://www.mobile-research.ethz.ch/projekte.htm#15 weitere Informationen zu dieser Studie.

20 Anhang: Textbausteine und Fragebogen zu Studie 5

Textbausteine

Instruktion A1/B1

Stellen Sie sich vor, dass ein Mobilfunkbetreiber in ihrem Wohngebiet plant, eine neue Sendestation für den Mobilfunk zu errichten.
Die Mobilfunkbetreiber haben im Juli 2001 eine Vereinbarung mit allen Gemeinden in Deutschland getroffen. Hierin wurde festgelegt, dass die Standortfindung für die Sendemasten des Mobilfunks in Abstimmung mit den Kommunen zu erfolgen hat.
Deswegen hat der Betreiber die Kommune über den geplanten Standortbereich vorab informiert.
Die Politik wird abschließend in einer Sitzung beraten und eine Entscheidung zum Standort treffen.

Zusatz:
Die Kommune hat damit die Möglichkeit, die Standortentscheidung zu beeinflussen. Sie hat aber auch mehr Arbeit und muss die Verantwortung für die Entscheidung in der Öffentlichkeit mittragen.

Instruktion A2/B1

Stellen Sie sich vor, dass ein Mobilfunkbetreiber in ihrem Wohngebiet plant, eine neue Sendestation für den Mobilfunk zu errichten.

Die Mobilfunkbetreiber haben im Juli 2001 eine Vereinbarung mit allen Gemeinden in Deutschland getroffen. Hierin wurde festgelegt, dass die Standortfindung für die Sendemasten des Mobilfunks in Abstimmung mit den Kommunen zu erfolgen hat.
Deswegen hat der Betreiber die Kommune über den geplanten Standortbereich vorab informiert.
Außerdem hatten alle Einwohner die Möglichkeit, sich im Internet zu informieren.
Die Politik wird abschließend in einer Sitzung beraten und eine Entscheidung zum Standort treffen.

Zusatz:
Informationen im Internet sind ein Weg, Bürgerinnen und Bürger zu informieren und ihnen Einblick zu verschaffen. Solche Internetpräsentationen sind aber auch nicht ganz billig, sie verlangen seitens der Kommune eine zusätzliche Vorbereitung.

Instruktion A3B1

Stellen Sie sich vor, dass ein Mobilfunkbetreiber in ihrem Wohngebiet plant, eine neue Sendestation für den Mobilfunk zu errichten.
Die Mobilfunkbetreiber haben im Juli 2001 eine Vereinbarung mit allen Gemeinden in Deutschland getroffen. Hierin wurde festgelegt, dass die Standortfindung für die Sendemasten des Mobilfunks in Abstimmung mit den Kommunen zu erfolgen hat.
Deswegen hat der Betreiber die Kommune über den geplanten Standortbereich vorab informiert.

Außerdem hatten alle Einwohner die Möglichkeit, sich im Internet zu informieren. Darüber hinaus wurden alle Einwohner zu einer öffentlichen Informationsveranstaltung eingeladen, auf der sie ihre Wünsche und Anliegen vorbringen konnten.
Die Politik wird abschließend in einer Sitzung beraten und eine Entscheidung zum Standort treffen.

Zusatz:
Informationsveranstaltungen sind ein Weg, Bürgerinnen und Bürger über Probleme der Gemeinde zu informieren und ihnen Gehör zu verschaffen. Informationsveranstaltungen verursachen zusätzliche Kosten und verlangen seitens der Gemeinde eine zeitaufwändige Vorbereitung. Es ist nicht auszuschließen, dass solche Veranstaltungen dazu führen, dass die Konflikte zunehmen.

Instruktion A1 B2

Stellen Sie sich vor, dass ein Mobilfunkbetreiber in ihrem Wohngebiet plant, eine neue Sendestation für den Mobilfunk zu errichten.
Die Mobilfunkbetreiber haben im Juli 2001 eine Vereinbarung mit allen Gemeinden in Deutschland getroffen. Hierin wurde festgelegt, dass die Standortfindung für die Sendemasten des Mobilfunks in Abstimmung mit den Kommunen zu erfolgen hat.
Deswegen hat der Betreiber die Kommune über den geplanten Standortbereich vorab informiert.
Die Kommune hat einen Runden Tisch eingerichtet, an dem neben Vertretern der Kommune und des Mobilfunkbetreibers auch Bürgerinitiativen beteiligt sind.

Der Runde Tisch wird abschließend eine Entscheidung zum Standort treffen, die im Einvernehmen erfolgen soll.

Zusatz:

Ein Runder Tisch ist ein Weg, um Einvernehmen zu erzielen. Er ist aber personal-, kosten- und vor allem zeitaufwändig. Es ist nicht sicher, ob hier auch ein Einvernehmen erzielt werden kann. Wenn aber hier eine Einigung gefunden wird, wird diese in der Regel von allen akzeptiert.

Instruktion A2 B2

Stellen Sie sich vor, dass ein Mobilfunkbetreiber in ihrem Wohngebiet plant, eine neue Sendestation für den Mobilfunk zu errichten.
Die Mobilfunkbetreiber haben im Juli 2001 eine Vereinbarung mit allen Gemeinden in Deutschland getroffen. Hierin wurde festgelegt, dass die Standortfindung für die Sendemasten des Mobilfunks in Abstimmung mit den Kommunen zu erfolgen hat.
Deswegen hat der Betreiber die Kommune über den geplanten Standortbereich vorab informiert.
Die Kommune hat einen Runden Tisch eingerichtet, an dem neben Vertretern der Kommune und des Mobilfunkbetreibers auch Bürgerinitiativen beteiligt sind. Außerdem hatten alle Einwohner die Möglichkeit, sich im Internet zu informieren.
Der Runde Tisch wird abschließend eine Entscheidung zum Standort treffen, die im Einvernehmen erfolgen soll.

20 Anhang: Textbausteine und Fragebogen zu Studie 5

Zusatz:
* Informationen im Internet sind ein Weg, Bürgerinnen und Bürger zu informieren und ihnen Einblick zu verschaffen. Solche Internetpräsentationen sind aber auch nicht ganz billig, sie verlangen seitens der Kommune eine zusätzliche Vorbereitung.
* Ein Runder Tisch ist ein Weg, um Einvernehmen zu erzielen. Er ist aber personal-, kosten- und vor allem zeitaufwändig. Es ist nicht sicher, ob hier auch ein Einvernehmen erzielt werden kann. Wenn aber hier eine Einigung gefunden wird, wird diese in der Regel von allen akzeptiert.

Instruktion A3B2

Stellen Sie sich vor, dass ein Mobilfunkbetreiber in ihrem Wohngebiet plant, eine neue Sendestation für den Mobilfunk zu errichten.
Die Mobilfunkbetreiber haben im Juli 2001 eine Vereinbarung mit allen Gemeinden in Deutschland getroffen. Hierin wurde festgelegt, dass die Standortfindung für die Sendemasten des Mobilfunks in Abstimmung mit den Kommunen zu erfolgen hat.
Deswegen hat der Betreiber die Kommune über den geplanten Standortbereich vorab informiert.
Die Kommune hat einen Runden Tisch eingerichtet, an dem neben Vertretern der Kommune und des Mobilfunkbetreibers auch Bürgerinitiativen beteiligt sind. Der Runde Tisch soll die Entscheidung über den Standort treffen.
Außerdem hatten alle Einwohner die Möglichkeit, sich im Internet zu informieren. Darüber hinaus wurden alle Einwohner zu einer öffentlichen Informationsveranstaltung eingeladen, auf der sie ihre Wünsche und Anliegen vorbringen konnten.
Der Runde Tisch wird abschließend eine Entscheidung zum Standort treffen, die im Einvernehmen erfolgen soll.

Zusatz:

* Informationsveranstaltungen sind ein Weg, Bürgerinnen und Bürger über Probleme der Gemeinde zu informieren und ihnen Gehör zu verschaffen. Informationsveranstaltungen verursachen zusätzliche Kosten und verlangen seitens der Gemeinde eine zeitaufwändige Vorbereitung. Es ist nicht auszuschließen, dass solche Veranstaltungen dazu führen, dass die Konflikte zunehmen.

* Ein Runder Tisch ist ein Weg, um Einvernehmen zu erzielen. Er ist aber personal-, kosten- und vor allem zeitaufwändig. Es ist nicht sicher, ob hier auch ein Einvernehmen erzielt werden kann. Wenn aber hier eine Einigung gefunden wird, wird diese in der Regel von allen akzeptiert.

Instruktion A1B3

Stellen Sie sich vor, dass ein Mobilfunkbetreiber in ihrem Wohngebiet plant, eine neue Sendestation für den Mobilfunk zu errichten.
Die Mobilfunkbetreiber haben im Juli 2001 eine Vereinbarung mit allen Gemeinden in Deutschland getroffen. Hierin wurde festgelegt, dass die Standortfindung für die Sendemasten des Mobilfunks in Abstimmung mit den Kommunen zu erfolgen hat.
Deswegen hat der Betreiber die Politik und die zuständige Behörde über den geplanten Standortbereich vorab informiert.
Außerdem hat die Kommune eine Befragung unter den Anwohnern durchgeführt, die in der unmittelbaren Nähe des geplanten Standortes leben. Wenn 50% der Befragten plus eine Stimme für die Sendestation sind, wird der Standort gewählt, ansonsten nicht.

20 Anhang: Textbausteine und Fragebogen zu Studie 5

Zusatz
Die Befragung bringt immer eine klare Entscheidung. Sie ist auch nicht sonderlich teuer. Da aber nur die Bewohner des Hauses befragt werden, auf der die Sendestation errichtet werden soll, ist nicht sicher, ob die übrigen Betroffenen dem Standort auch zustimmen.

Instruktion A2B3

Stellen Sie sich vor, dass ein Mobilfunkbetreiber in ihrem Wohngebiet plant, eine neue Sendestation für den Mobilfunk zu errichten.
Die Mobilfunkbetreiber haben im Juli 2001 eine Vereinbarung mit allen Gemeinden in Deutschland getroffen. Hierin wurde festgelegt, dass die Standortfindung für die Sendemasten des Mobilfunks in Abstimmung mit den Kommunen zu erfolgen hat.
Deswegen hat der Betreiber die Politik und die zuständige Behörde über den geplanten Standortbereich vorab informiert.
Alle Einwohner hatten die Möglichkeit, sich im Internet zu informieren. Außerdem hat die Kommune eine Befragung unter den Anwohnern durchgeführt, die in der unmittelbaren Nähe des geplanten Standortes leben. Wenn 50% der Befragten plus eine Stimme für die Sendestation sind, wird der Standort gewählt, ansonsten nicht.

Zusatz
* Informationen im Internet sind ein Weg, Bürgerinnen und Bürger zu informieren und ihnen Einblick zu verschaffen. Solche Internetpräsentationen sind aber auch nicht ganz billig, sie verlangen seitens der Kommune eine zusätzliche Vorbereitung. * Die Befragung bringt immer eine klare Entscheidung. Sie ist auch nicht sonderlich teuer. Da aber nur die Bewohner des Hauses befragt werden, auf der die Sendestation errichtet werden soll, ist nicht sicher, ob die übrigen Betroffenen dem Standort auch zustimmen.

Instruktion A3 B3
Stellen Sie sich vor, dass ein Mobilfunkbetreiber in ihrem Wohngebiet plant, eine neue Sendestation für den Mobilfunk zu errichten. Die Mobilfunkbetreiber haben im Juli 2001 eine Vereinbarung mit allen Gemeinden in Deutschland getroffen. Hierin wurde festgelegt, dass die Standortfindung für die Sendemasten des Mobilfunks in Abstimmung mit den Kommunen zu erfolgen hat. Deswegen hat der Betreiber die Politik und die zuständige Behörde über den geplanten Standortbereich vorab informiert. Alle Einwohner hatten die Möglichkeit, sich im Internet zu informieren. Darüber hinaus wurden alle Einwohner zu einer öffentlichen Informationsveranstaltung eingeladen, auf der sie ihre Wünsche und Anliegen vorbringen konnten. Außerdem hat die Kommune eine Befragung unter den Anwohnern durchgeführt, die in der unmittelbaren Nähe des geplanten Standortes leben. Wenn 50% der Befragten plus eine Stimme für die Sendestation sind, wird der Standort gewählt, ansonsten nicht.

20 Anhang: Textbausteine und Fragebogen zu Studie 5

Zusatz

* Informationsveranstaltungen sind ein Weg, Bürgerinnen und Bürger über Probleme der Gemeinde zu informieren und ihnen Gehör zu verschaffen. Informationsveranstaltungen verursachen zusätzliche Kosten und verlangen seitens der Gemeinde eine zeitaufwändige Vorbereitung. Es ist nicht auszuschließen, dass solche Veranstaltungen dazu führen, dass die Konflikte zunehmen.

* Die Befragung bringt immer eine klare Entscheidung. Sie ist auch nicht sonderlich teuer. Da aber nur die Bewohner des Hauses befragt werden, auf der die Sendestation errichtet werden soll, ist nicht sicher, ob die übrigen Betroffenen dem Standort auch zustimmen.

21 Fragebogen

Fragebogen 1

Wie gut ist – Ihrer Meinung nach – diese Vorgehensweise geeignet, die Standortfindung für die Mobilfunksendestation transparent und nachvollziehbar zu machen?

1 =gar nicht	1	2	3	4	5	6	7	7 = in sehr hohem Maße

Wie gut ist – Ihrer Meinung nach – diese Vorgehensweise geeignet, um Anliegen der Anwohner bei der Standortfindung für die Mobilfunksendestation berücksichtigen zu können?

1 =gar nicht	1	2	3	4	5	6	7	7 = in sehr hohem Maße

Wie gut ist – Ihrer Meinung nach – diese Vorgehensweise geeignet, um bereits bestehende Konflikte bei der Standortfindung der Mobilfunksendestation zu lösen?

1 =gar nicht	1	2	3	4	5	6	7	7 = in sehr hohem Maße

21 Fragebogen

Wie wird – Ihrer Meinung nach – durch diese Vorgehensweise das Vertrauen in die Sicherheit der Mobilfunksendeanlagen beeinflusst?

1 =gar nicht	1	2	3	4	5	6	7	7 = in sehr hohem Maße

Wie gut ist – Ihrer Meinung nach – diese Vorgehensweise geeignet, um Konflikte bei der Standortfindung der Mobilfunksendestation zu vermeiden?

1 =überhaupt nicht geeignet	1	2	3	4	5	6	7	7 = sehr gut geeignet

Wie wirkt sich – Ihrer Meinung nach – diese Vorgehensweise auf die Akzeptanz des Standorts der Sendestation in Ihrem Wohngebiet aus?

1 =gar nicht	1	2	3	4	5	6	7	7 = in sehr hohem Maße

Fragebogen 2

Auf dieser Seite sind einige Meinungen zur aktuellen Diskussion um mögliche Risiken des Mobilfunks aufgeführt. Bitte kreuzen Sie für jede Aussage an, wie sehr diese auf Sie zutrifft.

Ich glaube, dass die Risikobefürchtungen in Bezug auf den Mobilfunk übertrieben sind. Ich selbst sehe kein Risiko.

1 = Trifft überhaupt nicht zu	1	2	3	4	5	6	7	7 = Trifft völlig zu

Es wird so vieles aufgeregt diskutiert, auch der Mobilfunk. Ich kümmere mich darum nicht. Es gibt dringlichere Probleme.

1 = Trifft überhaupt nicht zu	1	2	3	4	5	6	7	7 = Trifft völlig zu

Auch wenn sicher in den Medien hin und wieder übertrieben wird, so denke ich doch, dass an den Mobilfunk-Risiken etwas dran sein kann. Aber eigentlich weiß ich zu wenig, um mir ein Urteil bilden zu können.

1 = Trifft überhaupt nicht zu	1	2	3	4	5	6	7	7 = Trifft völlig zu

21 Fragebogen

Irgendwie ist mir nicht ganz wohl dabei. Man hört doch immer wieder, dass der Mobilfunk Risiken hat.

1 =Trifft überhaupt nicht zu	1	2	3	4	5	6	7	7 = Trifft völlig zu

Ich bin überzeugt, dass der Mobilfunk gesundheitsschädlich ist.

1 =Trifft überhaupt nicht zu	1	2	3	4	5	6	7	7 = Trifft völlig zu

Ich bin überzeugt, dass viele Beschwerden durch die Handymasten-Strahlung ausgelöst werden.

1 =Trifft überhaupt nicht zu	1	2	3	4	5	6	7	7 = Trifft völlig zu

Wie schätzen Sie Ihren Informationsstand zum Thema „Gesundheit und Mobilfunk" ein?

1 = Bin sehr schlecht informiert	1	2	3	4	5	6	7	7 = Bin sehr gut informiert

Wie stark fühlen Sie sich alles in allem durch die Strahlenbelastung von Mobilfunksendestationen bedroht?

1 = Ich fühle mich gar nicht bedroht	1	2	3	4	5	6	7	7 = Ich fühle mich sehr bedroht

Zum Abschluss noch einige Angaben zur Ihrer Person:

Geschlecht: ☐ weiblich   ☐ männlich

Alter: _____ Jahre

Welchen Schulabschluss haben Sie?   ☐ Hauptschulabschluss
                                      ☐ Realschulabschluss
                                      ☐ Abitur
                                      ☐ Hochschulabschluss

Besitzen Sie ein Handy?   ☐ ja   ☐ nein

| MIX |
| Papier aus verantwortungsvollen Quellen |
| Paper from responsible sources |
| FSC® C105338 |

If you have any concerns about our products,
you can contact us on
ProductSafety@springernature.com

In case Publisher is established outside the EU,
the EU authorized representative is:
Springer Nature Customer Service Center GmbH
Europaplatz 3, 69115 Heidelberg, Germany

Printed by Libri Plureos GmbH
in Hamburg, Germany